化工原理实验

（第三版）

主　编　孙　德　徐冬梅　刘慧君
副主编　胡燕辉　代文双　陈怀春
　　　　吕东灿　王　巍
参　编　左卫元　陆素芬　黄卫东
主　审　杜长海

华中科技大学出版社
http://press.hust.edu.cn
中国·武汉

内 容 提 要

本书由长春工业大学、山东科技大学、南华大学、湖北理工学院、辽宁科技学院、青岛农业大学、河南农业大学、百色学院、河池学院等多所院校长期工作在教学一线的教师，根据多年教学实践，参考国内外同类教材编写而成。全书分五大部分，包括实验基础知识、虚拟仿真实验、化工基础实验、演示性实验、研究创新型实验。

本书可作为普通高等院校化工类及相关专业本科生化工原理实验教材或参考教材，也可供从事化工、环境、制药、生物、食品、材料等专业工程技术人员参考。

图书在版编目(CIP)数据

化工原理实验 / 孙德，徐冬梅，刘慧君主编. -- 3 版. -- 武汉 ：华中科技大学出版社，2025. 1.
ISBN 978-7-5772-0020-0

Ⅰ. TQ02-33

中国国家版本馆 CIP 数据核字第 2025PA1226 号

化工原理实验(第三版) 孙 德 徐冬梅 刘慧君 主编

Huagong Yuanli Shiyan(Di-san Ban)

策划编辑：王新华

责任编辑：王新华

封面设计：秦 茹

责任校对：朱 霞

责任监印：周治超

出版发行：华中科技大学出版社(中国·武汉) 电话：(027)81321913

武汉市东湖新技术开发区华工科技园 邮编：430223

录 排：华中科技大学惠友文印中心

印 刷：武汉市洪林印务有限公司

开 本：710mm×1000mm 1/16

印 张：16.75

字 数：335 千字

版 次：2025 年 1 月第 3 版第 1 次印刷

定 价：38.00 元

前　　言

化工原理实验是化工类专业的化工基础实验课。作为一门重要的实践性课程,其任务是培养学生,使其掌握基础化工实验研究方法及技术。具体来说,本课程应达到以下几个方面的教学要求:

(1) 在学习化工原理课程的基础上,进一步了解和掌握一些比较典型的已被或将被广泛应用的化工过程与设备的原理和操作;

(2) 进行化工实验基本技能的训练,学习化工实验的基本方法和测量技术,提高动手能力和从事化工实验研究的能力;

(3) 培养理论联系实际的学风,运用所学的化工原理等化工基础理论知识,解决在实验中遇到的各种问题,并且学习如何通过实验获得新的知识和信息;

(4) 培养观察问题、分析问题、解决问题的能力以及团队合作精神;

(5) 培养实事求是的科学作风和科学的思维方法、科学态度;

(6) 培养独立思考能力、独立工作能力和创新能力。

本书共分为五大部分。

第一部分为实验基础知识,包括工程实验研究方法、化工原理实验基本要求、实验误差分析及数据处理、常用化工实验参数的测量仪表与测量方法、化工原理实验安全。

第二部分为虚拟仿真实验,包括流体流动阻力实验、离心泵实验、传热实验、精馏实验。

第三部分为化工基础实验,以化工单元操作实验研究中常用的基础实验技术为主要内容,共选择了10个实验,分别为单相流动阻力测定实验、流量计性能测定实验、离心泵性能测定实验、过滤实验、搅拌实验、传热实验、精馏实验、吸收实验、干燥实验、液-液萃取实验,有的实验提供了备选方案。这些实验以配合化工原理课程教学,训练学生基本实验技术和技能为目的,使学生加深对所学理论知识的理解,同时注重培养学生的工程意识和团队合作精神。

第四部分为演示性实验,包括雷诺实验、能量转换(伯努利方程)实验、旋风分离器实验、电除尘实验、热边界层实验及板式塔实验,以供学生观察相关实验现象,加深对相关原理的理解。

第五部分为研究创新型实验,分别为反应精馏实验、超临界萃取实验、膜分离实验、分子蒸馏实验。本部分实验内容为化工新型分离技术,以扩大学生知识面、启发创新意识为目的,培养学生的创新能力,可供有科研兴趣的同学选做。

本书内容强调实践性,注重工程意识,做到“四个结合”:验证化工原理基本理论与掌握实验研究方法,提高分析和解决问题的能力相结合;单一验证性实验与综合性、设计性实验,培养学生综合处理问题的能力相结合;传统的实验方法与现代的实验方法相结合;完成实验教学基本内容与拓宽加深实验教学内容,培养创新意识、创新能力相结合。

本书在培养专业技能的同时,培养学生不断追求真理、勇于探索未知领域的精神;提高学生的辩证思维、科学思维、创新思维能力;提高学生的思想道德水平,进行正确的价值取向引导;培养学生精益求精的大国工匠精神,激发学生以科技报国的家国情怀和使命担当;培养学生遵守标准规范的职业素养,创新、绿色、安全化工的理念,树立化工生产"安全至上,生态和谐"的意识。

本书由长春工业大学、山东科技大学、南华大学、湖北理工学院、辽宁科技学院、青岛农业大学、河南农业大学、百色学院、河池学院等院校老师共同编写,长春工业大学孙德、山东科技大学徐冬梅、南华大学刘慧君主编,长春工业大学杜长海主审。本书的编者有长春工业大学孙德、王巍,山东科技大学徐冬梅,南华大学刘慧君,湖北理工学院胡燕辉、黄卫东,辽宁科技学院代文双,青岛农业大学陈怀春,河南农业大学吕东灿,百色学院左卫元,河池学院陆素芬。

在本书编写过程中,参考了国内外公开出版的同类教材,长春工业大学、山东科技大学等校领导给予了大力支持,在此一并表示衷心感谢。在成书过程中,还得到长春工业大学教务处的专题立项资助,特此致谢。

由于编者的学识和经验有限,书中难免存在不妥之处,敬请读者批评指正。

编　者

目　录

第一部分　实验基础知识

第二部分　虚拟仿真实验

第三部分　化工基础实验

第四部分　演示性实验

第五部分　研究创新型实验

第一部分　实验基础知识

第 1 章　工程实验研究方法

工程实验不同于基础课程实验，后者采用的方法是理论的、严密的，研究的对象通常是简单的、基本的，甚至是理想的，而工程实验面对的是复杂的实验问题和工程问题。对象不同，实验研究方法必然不一样，工程实验的困难在于变量多，涉及的物料千变万化，设备大小悬殊。化学工程学科，如同其他工程学科一样，除了生产经验总结以外，实验研究是学科建立和发展的重要基础。多年来，化工原理实验在发展过程中形成的研究方法主要有直接实验法、因次分析法和数学模型法三种。

1.1　直接实验法

直接实验法是一种解决工程实际问题的最基本的方法，对特定的工程问题直接进行实验测定，所得到的结果较为可靠，但它往往只能适用于条件相同的情况，具有较大的局限性，工作量大且烦琐。例如，过滤某种物料，已知滤浆的浓度，在某一恒压条件下，直接进行过滤实验，测定过滤时间和所得滤液量，根据过滤时间和所得滤液量二者之间的关系，可以得到该物料在某一压力下的过滤曲线。但如果滤浆浓度改变或过滤压力改变，所得过滤曲线就有所不同。

对于一个多变量影响的工程问题，要通过实验研究过程的规律，往往首先要规划实验，以减少工作量，并做到由此及彼、由小到大，使得到的结果具有一定的普遍性。

1.2　因次分析法

因次分析法是化工原理实验广泛使用的一种研究方法。

1.2.1 因次、基本因次、导出因次及无因次量

因次(又称量纲)就是物理量单位的种类。例如,长度可以用米、厘米、尺等不同的单位度量,但这些单位均属于同一类,即长度类,所以长度的单位具有同一因次,以 L 表示。其他物理量,如时间、速度、加速度、密度、力、温度等也具有不同种类的因次。

在力学中常取长度、时间及质量(或者力)这三个量为基本量。它们的因次相应地以 L、T、M(或 F)表示,称为基本因次。其他力学量可由这三个量通过某种公式导出,称为导出量,它们的因次则称为导出因次。导出量的因次既然由基本因次经公式推导而出,那么它必然由基本因次组成,一般可以把它写为各基本因次的幂指数乘积的形式。例如,某导出量 Q 的因次为 $\dim Q=\mathrm{M}^a\mathrm{L}^b\mathrm{T}^c$,这里,指数 a、b、c 为常数。几种常见的因次导出如下。

面积 A:面积是两个长度的乘积,所以它的因次就是两个长度因次相乘,即长度因次的平方,$\dim A=\mathrm{L}\cdot\mathrm{L}=\mathrm{L}^2$。一般形式为 $\dim A=\mathrm{M}^a\mathrm{L}^b\mathrm{T}^c$,其中 $a=c=0$,$b=2$。同理可得体积 V 的因次为 $\dim V=\mathrm{L}^3$。

速度 u:定义为距离对时间的导数,即 $u=\dfrac{\mathrm{d}S}{\mathrm{d}t}$,它是当 $\Delta t\to 0$ 时,$\dfrac{\Delta S}{\Delta t}$的极限。距离增量 ΔS 的因次仍为 L,而时间增量 Δt 的因次为 T。因此,速度的因次为

$$\dim u=\mathrm{L}/\mathrm{T}=\mathrm{M}^0\mathrm{L}\mathrm{T}^{-1}$$

加速度 a:定义为$\dfrac{\mathrm{d}u}{\mathrm{d}t}$,具有$\dfrac{\Delta u}{\Delta t}$的因次,即

$$\dim a=\frac{\mathrm{L}\mathrm{T}^{-1}}{\mathrm{T}}=\mathrm{L}\mathrm{T}^{-2}$$

力 F:由方程 $F=ma$ 定义,因此 F 的因次为质量因次和加速度因次之乘积,即

$$\dim F=\mathrm{M}\mathrm{L}\mathrm{T}^{-2}$$

应力 σ:定义为 F/A,所以应力的因次为力 F 的因次除以面积 A 的因次,即

$$\dim\sigma=\frac{\mathrm{M}\mathrm{L}\mathrm{T}^{-2}}{\mathrm{L}^2}=\mathrm{M}\mathrm{L}^{-1}\mathrm{T}^{-2}$$

速度梯度:按定义应为速度 u 的因次除以长度 L 的因次,即

$$\mathrm{L}\mathrm{T}^{-1}/\mathrm{L}=\mathrm{T}^{-1}$$

黏度 μ:按牛顿黏性定律,μ 的因次应为切应力的因次除以速度梯度的因次,即

$$\dim\mu=\mathrm{M}\mathrm{L}^{-1}\mathrm{T}^{-2}/\mathrm{T}^{-1}=\mathrm{M}\mathrm{L}^{-1}\mathrm{T}^{-1}$$

以上的讨论都是取 L、M、T 为基本因次的,但是也可以取力因次 F 作为基本因次,这样,以上各量的因次就不同了。例如,黏度的因次 $\dim\mu=\mathrm{F}\mathrm{L}^{-2}\mathrm{T}$,而质量的因次成为导出因次,即 $\dim m=\mathrm{F}\mathrm{L}^{-1}\mathrm{T}^2$。

根据同样的方法可以导出常见力学量的因次。

由上述可见，一个量的因次没有绝对的表示方法，它取决于基本因次如何选择。导出因次和基本因次并无本质上的区别，但要指出的是，在 L、T、M、F 四个因次中，仅能选择三个作为独立的基本因次，另一个因次则由 $F=ma$ 导出。

某些物理量的因次的指数可以为零，因此成为无因次量。一个无因次量可以通过几个有因次量乘除组合而成，只要组合的结果是各个基本因次的指数为零即可。例如，反映流体流动状况的特征数——雷诺数 $Re=\frac{du\rho}{\mu}$，其中各物理量的因次(以 M、L、T 为基本因次)如下：速度 u 因次为 LT^{-1}；管径 d 因次为 L；密度 ρ 因次为 ML^{-3}；黏度 μ 因次为 $ML^{-1}T^{-1}$。

将上述各量的因次代入 Re 的表达式中，得

$$\dim Re=\dim\frac{du\rho}{\mu}=\frac{LT^{-1}LML^{-3}}{ML^{-1}T^{-1}}=M^0L^0T^0$$

注意因次和单位是不同的。因次是指物理量的种类，而单位则是比较同一物理量大小所采用的标准。同一因次可以有不同种单位，同一物理量采用不同的单位，其数值不同。如长度为 3 m，可以说是 300 cm 或 0.003 km，但其因次不变，仍为 L。因次不涉及量的方面，不论这一长度数值是 3 还是 300 或是 0.003，也不论其单位是什么，它仅表示量的物理性质。

1.2.2　物理量的组合，物理方程的因次一致性

我们知道，不同种类的物理量之间不能相加减，不能列等式，也不能比较它们的大小。例如，速度可以和速度相加，但绝不可以加上黏度或压力。当然不同单位的同类量是可以相加的，例如 3 寸加上 5 cm，仍为某一长度，只要把其中一个单位稍加换算即可。

既然不同种类的物理量(因次不同)不能相加减，也不可相等，那么反之，能够相加减和列入同一等式中的各项物理量，必然有相同的因次。也就是说，一个物理方程，只要它是根据基本原理进行数学推演而得到的，那么它的各项在因次上必然是一致的，这称为物理方程的因次一致性(或均匀性)，这种方程称为完全方程。

例如，在物理学中质点运动学有自由落体运动公式

$$S=u_0t+\frac{1}{2}gt^2$$

检验它的各项因次是否一致。等号左边 S 代表距离，因次为 L；右边第一项 u_0t 为质点在时间 t 内以速度 u_0 所经过的距离，因次为 $\frac{L}{T}T=L$；右边第二项为 $\frac{1}{2}gt^2$，是时间 t 内由于重力加速度 g 所经过的附加距离，因次为 $\frac{L}{T^2}T^2=L$。因此，方程的三项都具有同样的因次 L，因次是一致的。

"由理论推导而得出的物理方程必然是因次一致的方程"这一结论非常重要，它是因次分析法的理论基础。

事实上，从化工原理各章节推导基本公式的过程就可以更好地理解这一点。例如，推导连续方程时，取一体积微元，分析在微小时段流进这一体积的物料质量及从这一体积流出的物料质量，求出二者之差(仍是质量)，然后分析该体积内的物料质量变化。根据质量守恒原理，它应与进出该体积物料质量的差相等。可见，整个推导过程中，始终是质量之差、质量变化及质量相等。这就是说，推导过程中已经保证了它的因次一致性。又如欧拉方程，它是分析微元体积上的受力——压力、重力、"惯性力"(工程用语，指惯性作用)，然后列成等式而形成的。实际上就是使所有外力之和等于"惯性力"，这里是"力"和"力"相加减和相等的关系。对于能量方程，则是"功"和"能"的相加减和相等的关系。其他方程也是如此。由此可见，所谓一个物理方程的推导过程，无非是找出一些同类量的不同形式，根据其中原理把它们列成等式的过程。

当然，也有一些方程是因次不一致的，这就是没有理论原则指导，纯粹根据观察所得的公式，即所谓经验公式。这种公式中各个变量采用的单位是有一定限制的，并有所说明。如果用的不是所说明的那个单位，那么方程中出现的常数必须进行相应的改变。这一点正是它和因次一致方程的区别所在。应当指出，任何经验公式，只要引入一个有因次的常量，就可以使它的因次一致。

1.2.3 π 定理及因次分析

根据白金汉(Buckingham)的 π 定理，如果在某一物理现象中有几个独立自变量 $x_1, x_2, \cdots, x_n$，因变量 y 可以用因次一致的关系式来表示，即

$$y = F(x_1, x_2, \cdots, x_n)$$

或

$$f(y, x_1, x_2, \cdots, x_n) = 0$$

那么由于方程中各项因次是一致的，函数 f 与其作为 n 个独立变量 x 间的关系式，不如改为函数 f 与 $(n-m)$ 个独立的无因次参数 π(可以看作一组新的变量)间的关系式。因后者所包含的变量数目较前者减少了 m 个，而且是无因次的。π 定理可以从数学上得到证明，此处从略。下面首先阐明应用 π 定理进行因次分析的步骤，然后举一实例说明。

应用 π 定理进行因次分析的具体步骤如下。

(1) 确定对所研究的物理现象有影响的独立变量，设共有 n 个：$x_1, x_2, \cdots, x_n$，写出一般函数表达式

$$f(x_1, x_2, \cdots, x_n) = 0$$

这一点要求对该物理过程有充分的认识。

(2) 选择 n 个变量所涉及的基本因次。对于力学问题，可能是 M、L、T(或 F、

L、T)的全部或者其中任意两个。

(3) 用基本因次表示所有变量的因次。

(4) 在 n 个变量中选择 m 个变量作为基本变量(m 一般等于这 n 个变量所涉及的基本因次的数目,对于力学问题,m 一般不大于 3),条件是它们的因次能包括 n 个变量中所有的基本因次,并且它们是互相独立的,即一个变量不能由另外几个变量导出。通常选一个代表某一尺寸的量、一个表征运动的量,另一个则是与力和质量有关的量。

(5) 列出无因次参数 π。根据 π 定理,可以构成$(n-m)$个无因次参数 π。它的一般形式可以表示为

$$\pi_i = x_i x_A^a x_B^b x_C^c$$

式中:x_i——除去已选择的 m 个基本变量 x_A、x_B、x_C 以后所余下的$(n-m)$个变量中的任何一个;

a、b、c——待定指数。

把 x_i、x_A、x_B 及 x_C 的因次代入上式,根据 π 为无因次参数的要求,利用因次分析法可求得指数 a、b 和 c,从而得到 π_i 的具体形式。

(6) 该物理现象可用$(n-m)$个 π 参数的函数 F 来表达。注意,无因次参数 π 可以取倒数或取任意次方或互相乘除,以尽可能使各项成为一般熟悉的无因次量(如 Re 等)的形式。

(7) 根据函数 F 中的无因次量,进行实验,以求得函数 F 的具体关系式。

1.2.4 因次分析法在流体阻力中的应用

一空气管路直径为 300 mm,管路内安装一孔径为 150 mm 的孔板,管内空气的温度为 200 ℃,压力为常压,最大气速为 10 m/s,试估计:孔板的阻力损失为多少?

为测定孔板在最大气速下的阻力损失,可在实验设备直径为 30 mm 的水管上进行模拟实验,为此需确定实验用孔板的孔径,应为多大?若水温为 20 ℃,则水的流速应为多少?如测得模拟孔板的阻力损失读数为 20 mmHg(1 mmHg=133.3 Pa),那么孔板的实际阻力损失为多少?

已知经孔板的阻力损失 h_f 与管径 d、孔径 d_0、流体密度 ρ、流体黏度 μ 和流体速度 u 有关,即

$$f(h_f, d, d_0, \mu, \rho, u) = 0$$

各变量的因次如下:

变量	h_f	d	d_0	μ	ρ	u
因次	L^2T^{-2}	L	L	$ML^{-1}T^{-1}$	ML^{-3}	LT^{-1}

现要求把这个关系式改写为无因次形式,依上述步骤进行。

(1) 独立变量有 h_f、d、d_0、ρ、μ、u，共 6 个，$n=6$。

(2) 选基本因次 M、L、T，$m=3$。

(3) 用基本因次表示各变量的因次。

(4) 选择 m 个基本变量，它们的因次应包括基本因次。即选 ρ、d、u 为三个基本变量。

(5) 列出 π 参数。共可列出 3($n-m=3$)个 π 参数，因已选定 ρ、d、u 为基本变量，剩下仅有 h_f、d_0、μ 三个变量，所以可列出三个 π 参数：

$$\pi_1 = h_f \rho^{a_1} u^{b_1} d^{c_1}, \quad \pi_2 = d_0 \rho^{a_2} u^{b_2} d^{c_2}, \quad \pi_3 = \mu \rho^{a_3} u^{b_3} d^{c_3}$$

把各变量的因次代入，得

$$\dim \pi_1 = \dim h_f \rho^{a_1} u^{b_1} d^{c_1} = \mathrm{L}^2 \mathrm{T}^{-2} (\mathrm{ML}^{-3})^{a_1} (\mathrm{LT}^{-1})^{b_1} (\mathrm{L})^{c_1} = \mathrm{M}^0 \mathrm{L}^0 \mathrm{T}^0$$

列出指数方程，并求解如下：

M： $a_1 = 0, \quad a_1 = 0$

T： $-2 - b_1 = 0, \quad b_1 = -2$

L： $2 - 3a_1 + b_1 + c_1 = 0, \quad c_1 = 0$

将 a_1、b_1、c_1 代入 π_1 表达式，得

$$\pi_1 = h_f u^{-2} = \frac{h_f}{u^2}$$

同样的方法可得

$$\pi_2 = d_0 d^{-1} = \frac{d_0}{d}$$

$$\pi_3 = \mu \rho^{-1} u^{-1} d^{-1} = \frac{\mu}{\rho u d}$$

(6) 原来的函数关系 $f(h_f, d, d_0, \mu, \rho, u)=0$ 可化简为

$$F(\pi_1, \pi_2, \pi_3) = F\left(\frac{h_f}{u^2}, \frac{d_0}{d}, \frac{\mu}{\rho u d}\right) = 0$$

最后待定函数的无因次表达式为

$$\frac{h_f}{u^2} = F'\left(\frac{d_0}{d}, \frac{\rho u d}{\mu}\right)$$

(7) 按上式进行模拟实验。由上式可知，不论水管还是气管，只要 $\frac{d_0}{d}$ 和 $\frac{\rho u d}{\mu}$ 相等，等式左边的 $\frac{h_f}{u^2}$ 必相等。因此，模拟实验所用孔板的孔径应保证几何相似，即

$$d'_0 = \frac{d_0}{d} d' = \frac{150}{300} \times 30 \text{ mm} = 15 \text{ mm}$$

水流的流速应保证 Re 相等，即

$$u' = \frac{\rho u d}{\mu} \frac{\mu'}{\rho' d'}$$

空气的物性为

$$\rho = \frac{29}{22.4} \times \frac{273}{273+200}\ \mathrm{kg/m^3} = 0.747\ \mathrm{kg/m^3}$$

$$\mu = 2.6 \times 10^{-5}\ \mathrm{Pa \cdot s}$$

20 ℃水的物性为

$$\rho' = 1\ 000\ \mathrm{kg/m^3}$$

$$\mu' = 1 \times 10^{-3}\ \mathrm{Pa \cdot s}$$

代入前式得水的流速为

$$u' = \frac{0.747 \times 0.3 \times 10}{2.6 \times 10^{-5}} \times \frac{1 \times 10^{-3}}{1\ 000 \times 0.03}\ \mathrm{m/s} = 2.87\ \mathrm{m/s}$$

模拟孔板的阻力损失为

$$h_f' = \frac{\Delta p'}{\rho'} = \frac{13\ 600 \times 9.81 \times 0.02}{1\ 000}\ \mathrm{J/kg} = 2.67\ \mathrm{J/kg}$$

因次$\frac{h_f}{u^2}$相等，故实际孔板的阻力损失为

$$h_f = \frac{h_f'}{u'^2}u^2 = \frac{2.67}{2.87^2} \times 10^2\ \mathrm{J/kg} = 32.4\ \mathrm{J/kg}$$

从上述步骤可见，第一步是选定与该现象有关的变量。既不能把重要的变量丢掉，使结果不能反映实际情况，也不能把关系不大的变量考虑进来，使问题复杂化，否则所得结论同样不能反映实际情况。一般来说，宁可考虑得多些，也不要遗漏掉重要因素，因为前者虽然可能给分析过程带来麻烦，但所产生的次要 π 参数最终将由实验结果加以修正。当然，要做到这一点，经验是很重要的。此外，在方程中有时会出现有因次常量，而在分析因次时，这些常量可能被忽略，从而导致不正确的结果。因次分析不能区别因次相同但在方程中有着不同物理意义的量。最后，在步骤(4)中，对于如何构成无因次参数并未加以明确的限制，而且基本变量的选择也有一定的任意性。

从这个例子看出，原来 h_f 与 5 个变量之间的复杂关系，通过因次分析的方法，可简化为只有两个无因次变量的函数关系，且只要保持$\frac{d_0}{d}$和$\frac{\rho u d}{\mu}$相等，所得实验结果在几何尺寸上可以由小见大，在流体种类上可以由此及彼。如前所述，无因次变量关系式可以帮助我们安排实验，并简化实验工作。

应该指出，因次论指导下的实验研究方法，虽然可以起到由此及彼、由小见大的作用，但是影响因素太多，实验工作量仍会非常之大，对于复杂的多变量问题的解决仍然困难重重。解决这类问题的方法是过程的分解，即将待解决的问题分解成若干个弱交联的子过程，使每个子过程变量数大大减少。这种分解方法是研究复杂问题的一种基本方法，有关这一方面的内容可参考相关文献。

1.3　数学模型法

1. 数学模型法概述

数学模型是针对或参照某种事物系统的特征或数量依存关系,采取数学语言,概括地或近似地表述出的一种数学结构。数学模型是利用数学解决问题(实际问题或理论问题)的主要方式之一。利用数学模型解决问题的方法称为数学模型法。这时,常把数学模型狭义地理解为联系一个系统中各变量间内在关系的数学表述体系。

利用数学模型解决实际问题的思想可追溯到中国古代,《九章算术》早在公元1世纪就利用数学为当时社会生活各个领域提供了系统的数学模型。例如,"盈不足""勾股""方程"等章就提供了用"盈不足术"、直角三角形、线性方程组为数学模型解决各种实际问题的方法和实例。

古希腊学者托勒密(公元2世纪)提出了"地心说",采用几何模型研究天文学,这也是数学模型法的早期应用之一。1300年后,哥白尼认为托勒密的模型不能很好地解释行星运动的物理实质,他给出新的几何模型并且定量地考察了它,从而得出著名的"日心说",数学模型法在此学说的建立过程中有着重要的作用。

近代的伽利略(1564—1642)是在实际的科学研究中将实验方法与数学方法相结合的第一人。他将比率和三角形相似理论作为数学模型,并以之推导出著名的自由落体运动规律,从而开创了数学模型法在近代科学中应用的先河。笛卡儿的"万能方法"所揭示的方法论原则也是采用数学模型法解决"任何问题"的方法论原则。从此,在解决各种科学理论和实际问题时,数学模型法成为首选方法之一。笛卡儿在数学研究中也采用了数学模型法,他为几何学建立了代数模型,并通过模型推导解决了原型(几何)的问题,从而创立了解析几何学。他的这种在数学研究中采用数学模型的方法又称为关系映射反演方法,关系映射反演方法可以视为数学模型法在数学中应用的具体发展。但是反过来,在其他科学或实际问题中应用数学模型法时,也必然要求一个数学和其他科学(或实际领域)的"映射",当然,这个"映射"只是数学中映射概念的推广,所以数学模型法也可以视为关系映射反演方法在数学之外的应用的推广。

为证明非欧几里得几何学的无矛盾性,采用了解释的方法,一个解释也称为一个模型。在数学基础研究中,形式系统的意义要靠模型来说明,形式系统的数学性质也要依赖模型才能证明,这是数学模型法作用的另一个方面。

现代数学模型法在两方面都有很大的发展,在其他科学理论及实际问题中采用数学模型法所涉及的模型的构建、求解、说明等一系列问题的研究已构成独立的学科。模型的构造及模型和作为原型的形式语言的关系构成独立的学科——模型论。

数学模型法处理工程问题时，同样离不开实验，因为这种简化模型的构建要求对过程有深刻的认识，其合理性需要经过实践的检验，其中引入的参数需由实验测定。

因此，数学模型法解决工程问题的步骤如下：

(1) 通过预实验认识过程，设想简化模型；

(2) 通过实验检验简化模型的等效性；

(3) 通过实验确定模型参数。

2. 数学模型法的应用步骤

下面将较详细地说明数学模型法在流体阻力问题的研究中的应用。

流体通过颗粒层的流动(图 1-1-1)就其流动过程本身来说，并没有什么特殊性，问题的复杂性在于流体通道所呈现的不规则的几何形状。一般来说，构成颗粒层的各个颗粒，不但几何形状是不规则的，而且颗粒大小也不均匀，表面粗糙。由这样的颗粒组成的颗粒层通道，必然是不均匀的纵横交错的网状通道，倘若仍采用流体通过颗粒层的边界条件，这是很难做到的。为此，处理流体通过颗粒层的流动问题，必须寻求简化的工程处理方法。

寻求简化途径的基本思路是研究过程的特殊性，并充分利用特殊性进行有效的简化。

流体通过颗粒层的流动具有怎样的特殊性？不难想象流体通过颗粒层的流动可以有两个极限：一是极慢流动；二是高速流动。在极慢流动的情况下，流动阻力主要来自表面摩擦，而在高速流动时，流动阻力主要是形体阻力。《化工原理》中这一章的工程背景是过滤操作，对于难以过滤而导致的工程问题，其滤饼都是由细小的不规则的颗粒组成的，流体在其中的流动是极其缓慢的。因此，可以抓住极慢流动这一特殊性，对流动过程进行合理的简化。

极慢流动又称爬流。此时，可以设想流动边界所造成的流动阻力主要来自表面摩擦，因此，其流动阻力与颗粒总表面积成正比，而与通道的形状关联程度甚小。这样，就把通道的几何形状的复杂问题一举解决了。

具体步骤如下。

1) 建立颗粒床层的简化模型

根据以上分析，图 1-1-1 所示的复杂不均匀网状通道可简化为许多平行排列的均匀细管所组成的管束(图 1-1-2)，并假定：

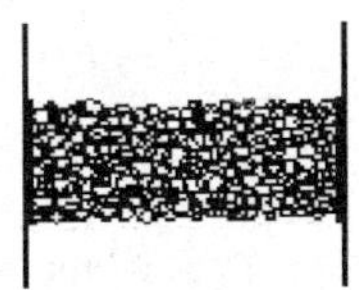

图 1-1-1　颗粒层

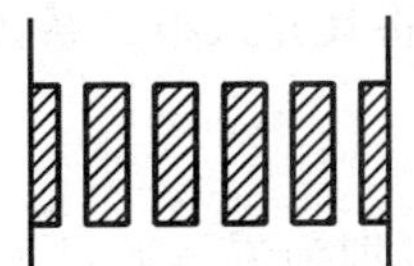

图 1-1-2　均匀细管束

(1) 细管的内表面积等于床层颗粒的全部表面积;

(2) 细管的全部流动空间等于颗粒床层的空隙容积。

根据上述假定,可求得这些虚拟细管的当量直径 d_e,即

$$d_e=\frac{4\times 通道的截面积}{湿润周边}$$

分子分母同时乘以长度 L_e,则有

$$d_e=\frac{4\times 床层的流动空间}{细管的全部内表面}$$

以 1 m^3 床层体积为基准,则床层的流动空间为 ε,1 m^3 床层的颗粒表面积即为床层的比表面积 a_B,因此

$$d_e=\frac{4\varepsilon}{a_B}=\frac{4\varepsilon}{a(1-\varepsilon)} \tag{1-1-1}$$

按此简化模型,流体通过颗粒床层(固定床)的压降(也称压力降、压强降)相当于流体通过一组当量直径为 d_e、长度为 L_e 的细管的压降。

2) 建立数学模型

上述简化模型,已将流体通过复杂几何边界的床层的压降简化为通过均匀圆管的压降,对此,不难应用现有的理论进行数学描述。

按总自由空间相等和总面积相等的原则,确定通道的当量直径和长度。

采用这样的处理后,流体通过固定床压降中床层的空隙率 ε 和床层的比表面积 a 即可确定,有

$$h_f=\frac{\Delta p}{\rho}=\lambda\frac{L_e}{d_e}\frac{u_1^2}{2} \tag{1-1-2}$$

式中:u_1——流体在细管内的流速,令其与实际填充床中颗粒空隙间的流速相等,它与空床流速(表观流速)u 的关系为

$$u=\varepsilon u_1 \quad 或 \quad u_1=\frac{u}{\varepsilon} \tag{1-1-3}$$

将式(1-1-1)、式(1-1-3)代入式(1-1-2)得

$$\frac{\Delta p}{L}=\left(\lambda\frac{L_e}{8L}\right)\frac{(1-\varepsilon)a}{\varepsilon^3}\rho u^2$$

细管长度 L_e 与实际床层高度 L 不等,但可以认为 L_e 与实际床层高度成正比,即 $\frac{L_e}{L}=$ 常数,并将其并入阻力系数,于是有

$$\frac{\Delta p}{L}=\lambda'\frac{(1-\varepsilon)a}{\varepsilon^3}\rho u^2 \tag{1-1-4}$$

式(1-1-4)即为流体通过固定床压降的数学模型,其中包括一个未知的待定系数 λ',λ' 称为模型参数,就其物理意义而言,也可称为固定床的流动摩擦因数,简称摩擦因数。

剩下的问题，就是如何描述颗粒的总表面积，处理的方法如下：

（1）根据几何面积相等的原则，确定非球形颗粒的当量直径；

（2）根据总面积相等的原则，确定非均匀颗粒的平均直径。

3）数学模型实验检验与修正

以上的理论分析是建立在流体力学的一般知识与实际过程即爬流这一特点相结合的基础上的，也即是在一般性和特殊性相结合的基础上的。这一点正是多数工程中复杂问题处理方法的共同基点。忽视流动的基本原理，不懂得爬流的基本特征，就会走向纯经验化的处理方式；抓不住对象的特殊性，就找不到简化的途径，就会走向教条式的处理方式。

如果以上的理论分析和随后作出的理论推导是严格准确的，按理就可以用伯努利方程进行定量的描述而无须用实验证实。但事实上，在理论分析与推导中已经清醒地估计到所作出的简化难免与实际情况有所出入，因此，引入一个待定的参数——摩擦因数 λ'，它与雷诺数 Re 的关系有待通过实验予以确定。这时，实验的检验，包含在摩擦因数 λ' 与雷诺数 Re 的关系测定中。如果所有的实验结果归纳出统一的摩擦因数 λ' 与雷诺数 Re 的关系，就可以认为所作出的理论分析与构思得到实验的检验。否则，必须进行若干修正。康采尼（Kozeny）对此进行了研究，发现当流速较低、床层雷诺数 Re' 小于 2 时，实验数据能较好地吻合

$$\lambda' = \frac{K'}{Re'}$$

式中：K'——康采尼常数，其值为 5.0；

Re'——床层雷诺数，其表达式为

$$Re' = \frac{d_e u_1 \rho}{4\mu} = \frac{\rho u}{a(1-\varepsilon)\mu}$$

对于各种不同的床层，康采尼常数 K' 的误差不超过 10%，这表明上述的简化模型是实际过程的合理简化，且在实验确定参数 λ' 的同时，也是对简化模型的实际检验。

对于数学模型法，决定成败的关键是对复杂过程的合理简化，即能否得到一个足够简单即可用数学方程式表示而又不失真的物理模型。只有充分地认识到过程的特殊性并根据特定的研究目的加以利用，才有可能对真实的复杂过程进行大幅度的合理简化，同时在指定的某一侧面保持等效。上述例子进行简化时，只在压降方面与实际过程这一侧面保持等效。

对于因次分析法，决定成败的关键在于能否准确地列出影响过程的主要因素。它不需对过程本身的规律有深入理解，只要做若干因次分析实验，考察每个变量对实验结果的影响程度即可。在因次分析法指导下的实验研究只能得到过程的外部联系，而对过程的内部规律则不甚了然。然而，这正是因次分析法的一大特点，它

使因次分析法成为对各种研究对象原则上皆适用的一般方法。

无论是数学模型法还是因次分析法,最后都要通过实验解决问题,但实验的目的大相径庭。数学模型法的实验目的是检验物理模型的合理性并测定为数较少的模型参数,而因次分析法的实验目的是寻找各无因次变量之间的函数关系。

第 2 章　化工原理实验基本要求

化工原理实验首要的目的是帮助学生掌握处理工程问题的一些实验方法。化工原理实验的另一个目的是理论联系实际，培养学生的创新能力及工程实践能力。化工过程由很多单元操作和设备组成，学生应该运用理论去指导并且能够独立进行化工单元的操作，应能在现有设备中完成指定的任务，并预测某些参数的变化对过程的影响。

既然如此，就要把实验的任务、实验观测的结果用表、图、公式和文字描述，并且将讨论简练明确地表达出来，不能含糊，要使阅读者一目了然，除此之外还必须做到：①数据可靠，对实验方案认真考虑，认真做实验，认真记录数据，实验前做好准备，实验时精力集中，对实验方案详细说明以供阅读者进行审查，看实验方案是否合理；②实验记录经过校核，保证能提供合格的报告。对实验过程中各个步骤、各个问题，提出如下的说明和具体要求。

2.1　实验预习

(1) 阅读实验教材，弄清本实验的目的与要求。

(2) 根据本实验的具体任务，研究实验的做法及其理论根据，分析应该测取哪些数据并估计实验数据的变化规律。

(3) 到现场观看工艺流程，主要设备的构造，仪表种类、安装位置，检查这种设备是否合适，了解它们的启动和使用方法(但不要擅自启动，以免损坏仪表设备或发生其他事故)。

(4) 根据实验任务及现场设备情况或实验可能提供的其他条件，最后确定应该测取的数据。凡是影响实验结果或者数据整理过程中所必需的数据，包括大气条件、设备有关尺寸、物料性质以及操作参数等，都必须测取。但并不是所有数据都要直接测定，凡可以根据某一其他数据导出或从手册中查出的数据，就不必直接测定。例如，水的黏度、密度等物理性质数据，一般只要测出水温后即可查出，因此不必直接测定水的黏度、密度，而应该测定水温。

(5) 拟定实验方案，决定先做什么，后做什么，操作条件如何，设备的启动程序怎样，如何调整。

(6) 通过学校网络进行网上模拟实验或到指定机房进行模拟实验。

2.2 实验操作

化工原理实验一般由几个人合作完成,因此实验时必须做好组织工作,使得既有分工,又有合作,既能保证实验质量,又能获得全面训练。每个实验小组要有一个组长,组长负责实验方案的执行、联络和指挥,必要时还应兼任其他工作。实验方案应该在小组内讨论,使得人人知晓,每个实验部分都应有专人负责(包括操作、读取数据及观察现象等),而且要在适当时间进行轮换。

1. 读取数据、做好记录

(1) 事先必须拟好记录表格(只负责记录某一项数据的同学,也要列出完整的记录表格),要保证数据完整、条理清晰从而避免张冠李戴的错误。

(2) 实验时一定要在现象稳定后才开始读数据,条件改变后,要稍等一会儿才能读取数据,这是因为达到稳定需要一定时间(有的实验甚至要很长时间才能达到稳定),而仪表通常又有滞后现象。不要条件改变后就马上测定数据,引用这种数据做报告,结论是不可靠的。

(3) 同一条件下至少要读取两次数据(研究不稳定过程中的现象时除外),而且只有当两次数据相近时才能改变操作条件,以便在另一条件下进行测定。

(4) 每个数据记录后,应该立即复核,以免发生读错或写错数字等错误。

(5) 数据记录必须真实地反映仪表的精度,一般要记录至仪表上最小分度的下一位数字。例如,温度计的最小分度为 1 ℃,如果当时温度读数为 24.6 ℃,这时就不能记为 25 ℃,如果刚好是 25 ℃,则应记为 25.0 ℃而不记为 25 ℃。因为这里有一个测量精确度的问题,一般记录数据中末位都是估计数字,如果记录为 25 ℃,它表示当时温度可能是 24 ℃,也可能是 26 ℃,或者说它的误差是±1 ℃,而 25.0 ℃则表示当时温度是 24.9~25.1 ℃,它的误差为±0.1 ℃,但是用上述温度计时也不能记为 24.58 ℃,因为它超出了所用温度计的精度。

(6) 记录数据要以当时的实际读数为准。例如,规定的水温为 50.0 ℃,而读数时实际水温为 50.5 ℃,就应该记为 50.5 ℃,如果数据稳定不变,也应照常记录,不得空着不记。如果漏记了数据,应该留出相应空格。

(7) 实验中如果出现不正常情况,以及数据有明显误差,则应在备注栏中加以注明。

2. 实验过程注意事项

有的学生在做实验时,只管读取数据,其他一概不管,这是不对的。实验过程中除了读取数据外,还应做好下列事情:

(1) 操作人员必须密切注意仪表指示值的变动,随着参数的调节,务必使整个操作过程都在规定条件下进行,尽量减小实验操作条件和规定操作条件之间的差异。操作人员不要擅离岗位。

(2) 读取数据后,应立即和以前数据相比较,也要和其他有关数据相对照,分析相互关系是否合理。如果发现不合理的情况,应该立即同小组同学研究原因,分析是自己的认识错误还是测定的数据有问题,以便及时发现问题,解决问题。

(3) 实验过程中还应注意观察过程现象,特别是发现某些不正常现象时更应抓紧时机,研究产生不正常现象的原因。

2.3　实验报告的撰写

按照一定的格式和要求表达实验过程和结果的文字材料称为实验报告,它是实验工作的全面总结和系统概括,撰写实验报告是实验工作不可缺少的一个环节。

撰写实验报告的过程,是对所测取的数据加以处理,对所观察的现象加以分析,从中找出客观规律和内在联系的过程。如果做实验而不写报告,就等于有始无终,半途而废。因此,进行实验并写出报告,对于理工科大学生来讲是一种必不可少的基本训练,也可认为是一种正式科技论文撰写的训练。因此对于本课程的实验报告,在实验之前要求写出实验报告大纲(预实验报告),目的是强化撰写科技论文的意识,培养综合分析、概括问题的能力。

完整的实验报告一般应包括以下几方面的内容。

1. 实验名称

实验名称,又称标题,列在报告的最前面。实验名称应简洁、鲜明、准确,字数要尽量少,一目了然,能恰当反映实验的内容。如《传热系数及其特征数关联式常数的测定》《离心泵的操作和性能测定》等。

2. 实验目的

简明扼要地说明为什么要进行本实验,实验要解决什么问题。例如,《填料吸收塔实验》的实验目的"(1)了解填料吸收塔的构造并练习操作;(2)了解填料塔的流体力学性能;(3)学习填料吸收塔传质能力和传质效率的测定方法"等。

3. 实验原理

简要说明实验所依据的基本原理,包括实验涉及的基本概念,实验依据的重要定律、公式及据此推算的重要结果。要求准确、充分。

4. 实验装置流程示意图

简单地画出实验装置流程示意图和测试点的位置及主要设备、仪表的名称。标出设备、仪器仪表调节阀的标号,在流程图的下面写出图名及标号相对应的设备仪器等的名称。

5. 实验操作方法和注意事项

根据实际操作程序,按时间的先后划分为几个步骤,并在其前面加上序数词

1,2,…,以使条理更为清晰。实验步骤的划分,一般以改变某一组因素(参数)作为一个步骤,对于操作过程的说明应简单明了。

对于容易引起危险、损坏仪器仪表或设备以及一些对实验结果影响比较大的操作,应在注意事项中注明,以引起注意。

6. 数据记录

实验数据是实验过程中从测量仪表所读取的数值,要根据仪表的精度决定实验数据的有效数字位数。读取数据的方法要正确,记录数据要准确。通常是将数据先记在原始记录数据表里,数据较多时,此表格宜作为附录放在实验报告的后面。

7. 数据整理

数据整理是实验报告的重点内容之一,要求将实验数据整理、加工成图或表格的形式。数据整理时应根据有效数字的运算规则进行,一般将主要的中间计算值和最后计算结果列在整理计算数据表中。表格要精心设计,使其易于显示数据的变化规律及各参数的相关性。为了更直观地表达变量间的相互关系,有时采用作图法,即用相对应的各组数据确定出若干坐标点,然后依点画出相关曲线。数据整理成表或图应按照列表法和图示法的要求去做。不经重复实验不得修改实验数据,更不得伪造数据。

8. 计算过程举例

数据整理及计算时,以某一组原始数据为例,把各项计算过程列出,以说明数据整理表中的结果是如何得到的。

9. 对实验结果的分析与讨论

实验结果的分析与讨论十分重要,它是实验者理论水平的具体体现,也是对实验方法和结果进行的综合分析研究,讨论范围应只限于本实验有关的内容。讨论的内容包括以下几点:

(1) 从理论上对实验所得结果进行分析和解释,说明其必然性;

(2) 对实验中的异常现象进行分析讨论;

(3) 分析误差的大小和产生原因,讨论如何提高测量精确度;

(4) 指出本实验结果在生产实践中的价值和意义;

(5) 由实验结果提出进一步的研究方向或对实验方法及装置提出改进建议等。

有时将7、9两项合并写为"结果与讨论",这有两个原因:一是讨论的内容少,无须另列一部分;二是实验的几项结果独立性大,内容多,需要逐项讨论,使条理更清楚。

10. 实验结论

结论是根据实验结果所作出的最后判断,得出的结论要从实际出发,有理论根据。

第 3 章　实验误差分析及数据处理

3.1　误 差 分 析

3.1.1　真值与误差

真值是指某物理量客观存在的确定值。在科学实验中，观测对象的量是客观存在的。设在测量中观察的次数为无限多，则根据误差分布定律，正、负误差出现的概率相等，故将各观察值求平均值，在无系统误差情况下，可能获得接近真值的数值。因此，“真值”在现实中是指观察次数无限多时，所求得的平均值(或是写入文献手册中所谓的“公认值”)。然而对工程实验而言，观察的次数都是有限的，故用有限观察次数求出的平均值，只能是近似真值，或称为最佳值。

每次观测所得数值称为观测值。设观测对象的真值为 x，观测值为 $x_i(i=1,2,\cdots,n)$，则差值为

$$d_i = x_i - x \quad (i = 1,2,\cdots,n) \tag{1-3-1}$$

该值称为观测误差，简称误差。

由于测量仪器、测量方法、环境条件以及人的观测能力等都不能达到完美无缺的程度，故真值是无法测得的，但通过反复多次的观测可得到逼近真值的近似值。

常用的平均值有下列几种。

1. 算术平均值

这种平均值最常用。当测量值的分布服从正态分布时，用最小二乘法原理可以证明：在一组等精确度的测量中，算术平均值为最佳值或最可信赖值，算术平均值为

$$\overline{x} = \frac{x_1 + x_2 + \cdots + x_n}{n} = \frac{\sum_{i=1}^{n} x_i}{n} \tag{1-3-2}$$

式中：$x_1,x_2,\cdots,x_n$——各次观测值；

n——观测的次数。

2. 均方根平均值

均方根平均值为

$$\overline{x}_s = \sqrt{\frac{x_1^2 + x_2^2 + \cdots + x_n^2}{n}} = \sqrt{\frac{\sum_{i=1}^{n} x_i^2}{n}} \tag{1-3-3}$$

3. 加权平均值

设对同一物理量用不同方法去测定,或对同一物理量由不同的人去测定,计算平均值时,常对比较可靠的数值予以加重平均,称为加权平均。加权平均值为

$$\overline{x}_w = \frac{w_1 x_1 + w_2 x_2 + \cdots + w_n x_n}{w_1 + w_2 + \cdots + w_n} = \frac{\sum_{i=1}^{n} w_i x_i}{\sum_{i=1}^{n} w_i} \tag{1-3-4}$$

式中:$x_1, x_2, \cdots, x_n$——各次观测值;

$w_1, w_2, \cdots, w_n$——各测量值的对应权重。各观测值的权重一般凭经验确定。

4. 几何平均值

几何平均值为

$$\overline{x}_q = \sqrt[n]{x_1 x_2 \cdots x_n} \tag{1-3-5}$$

5. 对数平均值

对数平均值为

$$\overline{x}_n = \frac{x_1 - x_2}{\ln x_1 - \ln x_2} = \frac{x_1 - x_2}{\ln \dfrac{x_1}{x_2}} \tag{1-3-6}$$

以上介绍了各种平均值。平均值的选择主要取决于一组观测值的分布类型。在化工原理实验研究中,数据分布类型多属于正态分布,故通常采用算术平均值。

测量误差分为测量点的误差和测量列(集合)的误差,它们分别有不同的表示方法。

3.1.2 误差的定义及分类

1. 误差的定义

误差是指实验测量值(包括直接测量值和间接测量值)与真值(客观存在的准确值)之差,偏差是指实验测量值与平均值之差,但实践中通常将二者不加以区别。

误差有以下含义。

(1) 误差永远不等于零。不管人们主观愿望如何,无论所用仪器多么精密,方法多么完善,实验者多么细心,误差还是要产生,不会消除,误差的存在是绝对的。

(2) 误差具有随机性。在相同的实验条件下,对同一个研究对象反复进行多次的实验、测试或观察,所得到的不会是一个确定的结果,即实验结果具有不确定性。

(3) 误差是未知的。这是由于在通常情况下真值是未知的。研究误差时,一

般从偏差入手。

2. 误差的分类

误差根据其性质及产生的原因可分为三类。

1）系统误差

系统误差又称恒定误差，是指在实验测定过程中由于仪器不良、环境改变等系统因素产生的误差。其特点是在相同条件下进行多次测量，其测量值总往一个方向偏差，误差数值的大小和正负保持恒定，或随条件改变按一定的规律变化。

由于系统误差是测量误差的重要组成部分，消除和估计系统误差对于提高测量精确度就十分重要。一般系统误差是有规律的，其产生的原因也往往是可知或找出原因后可以清除掉的。至于不能消除的系统误差，应设法确定或估计出来。

2）偶然误差

偶然误差又称随机误差，由某些不易控制的因素造成。在相同条件下做多次测量，偶然误差的大小、正负方向不一定，其产生原因一般不详，因而无法控制。偶然误差主要表现出测量结果的分散性，但完全服从统计规律，故研究偶然误差可以采用概率统计的方法。在误差理论中，常用精密度来表征偶然误差的大小。偶然误差越大，精密度越低；反之亦然。

在测量中，如果已经消除引起系统误差的一切因素，而所测数据仍在末一位或末两位数字上有差别，则为偶然误差。偶然误差主要是我们只注意认识一些影响较大的因素，而往往忽略其他的一些小的影响因素而形成的，不是我们尚未发现，就是我们无法控制，而这些影响因素正是造成偶然误差的原因。

3）过失误差

过失误差又称粗大误差，是与实际明显不符的误差，主要是由于实验人员粗心大意所致，如读错、测错、记错等都会带来过失误差。含有过失误差的测量值称为坏值，应在整理数据时依据常用的准则加以剔除。

综上所述，可以认为系统误差和过失误差总是可以设法避免的，而偶然误差是不可避免的，因此最好的实验结果应该只含偶然误差。

3.1.3　精密度和精确度(准确度)

测量的质量和水平，可用误差的概念来描述，也可用精确度(准确度)等概念来描述。国内外文献所用的名词术语颇不统一，精密度、正确度、精确度这几个术语的使用一向比较混乱，近年来趋于一致的多数意见如下。

精密度：指衡量某些物理量几次测量之间的一致性，即重复性。它可以反映偶然误差大小的影响程度。

正确度：指在规定条件下，测量中所有系统误差的综合，它可以反映系统误差大小的影响程度。

精确度:指测量结果与真值偏离的程度。它可以反映系统误差和偶然误差综合大小的影响程度。

为说明它们之间的区别,往往用打靶来做比喻,如图 1-3-1 所示。

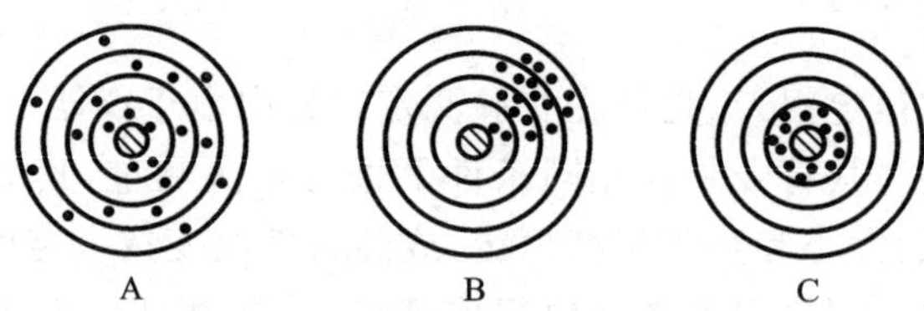

图 1-3-1 精密度与正确度的关系

图 1-3-1 所示的是三个射击手的射击成绩。A 表示精密度和正确度都不高;B 表示正确度不高而精密度高;C 表示精密度高,正确度也高,则精确度高。当然实验测量中没有像靶心那样明确的真值,而是设法去测定这个未知的真值。对于实验测量来说,精密度高,正确度不一定高;正确度高,精密度不一定高。但精确度高,必然是精密度与正确度都高。

在科学实验研究过程中,应首先着重于实验数据的正确性,其次考虑数据的精确性。

3.1.4 误差的表示方法

1. 测量点的误差表示

1) 绝对误差 $D(x)$

测量值(x)与真值(A)之差的绝对值称为绝对误差 $D(x)$,即

$$D(x) = |x - A| \tag{1-3-7}$$

或 $$x - A = \pm D(x), \quad x - D(x) \leqslant A \leqslant x + D(x)$$

绝对误差虽然很重要,但仅用它还不足以说明测量的精确度。为了判断测量的精确度,必须将绝对误差与测量值的真值相比较,即求出其相对误差。

2) 相对误差 $E_r(x)$

绝对误差与真值之比称为相对误差,即

$$E_r(x) = \frac{D(x)}{|A|} \tag{1-3-8}$$

相对误差常用百分数或千分数表示。因此不同物理量的相对误差可以互相比较,相对误差与被测量的大小及绝对误差的数值都有关系。

3) 引用误差

仪表量程内最大示值误差与满量程示值之比的百分数称为引用误差。引用误差常用来表示仪表的精度。

2. 测量列(集合)的误差表示

1) 范围误差

范围误差是指一组测量中的最高值与最低值之差,以此作为误差变化的范围。使用中常应用误差系数的概念。误差系数为

$$K = \frac{L}{\alpha} \tag{1-3-9}$$

式中:K——误差系数;

L——范围误差;

α——算术平均值。

范围误差的最大缺点是 K 只取决于两极端值,而与测量次数无关。

2) 算术平均误差

算术平均误差是表示误差的较好方法,其定义为

$$\delta = \frac{\sum_{i=1}^{n} |x_i - \overline{x}|}{n} \quad (i = 1,2,\cdots,n) \tag{1-3-10}$$

式中:n——观测次数;

$x_i - \overline{x}$——测量值与平均值的偏差。

算术平均误差的缺点是无法表示出各次测量间彼此符合的情况。

3) 标准误差

标准误差也称为根误差,其定义为

$$\sigma = \sqrt{\frac{\sum_{i=1}^{n}(x_i - \overline{x})^2}{n}} \tag{1-3-11}$$

标准误差对一组测量中的较大误差或较小误差感觉比较灵敏,成为表示精确度的较好方法。

式(1-3-11)适用于无限次测量的场合。实际测量中,测量次数是有限的,故式(1-3-11)应改写为

$$\sigma = \sqrt{\frac{\sum_{i=1}^{n}(x_i - \overline{x})^2}{n-1}} \tag{1-3-12}$$

标准误差不是一个具体的误差,σ 的大小只说明在一定条件下等精确度测量集合所属的任一次观察值对其算术平均值的分散程度。如果 σ 的值小,则说明该测量集合中相应小的误差占优势,任一次观测值对其算术平均值的分散度就小,测量的可靠性就大。

算术平均误差和标准误差的计算式中第 i 次误差可分别代入绝对误差和相对

误差,相应得到的值表示测量集合的绝对误差和相对误差。

上述的各种误差表示方法中,不论是比较各种测量的精确度还是评定测量结果的质量,均以相对误差和标准误差表示为佳。实验越准确,其标准误差越小。因此,标准误差通常被作为 n 次测量值偶然误差大小的标准,在化工实验中得到广泛应用。

3. 间接测量中的误差传递

在许多实验和研究中,所得到的结果有时不是用仪器直接测量得到的,而是把实验现场直接测量值代入一定的理论关系式中,通过计算才能求得所需要的结果,即间接测量值。由于直接测量值总有一定的误差,因此它们必然引起间接测量值也有一定的误差,也就是说,直接测量值的误差不可避免地传递到间接测量值中,从而产生间接测量值的误差。

误差的传递公式:从数学中知道,若间接测量值(y)与直接测量值($x_1,x_2,\cdots,x_n$)有函数关系,即

$$y = f(x_1,x_2,\cdots,x_n)$$

则其微分式为

$$\mathrm{d}y = \frac{\partial y}{\partial x_1}\mathrm{d}x_1 + \frac{\partial y}{\partial x_2}\mathrm{d}x_2 + \cdots + \frac{\partial y}{\partial x_n}\mathrm{d}x_n \tag{1-3-13}$$

$$\frac{\mathrm{d}y}{y} = \frac{1}{f(x_1,x_2,\cdots,x_n)}\left(\frac{\partial y}{\partial x_1}\mathrm{d}x_1 + \frac{\partial y}{\partial x_2}\mathrm{d}x_2 + \cdots + \frac{\partial y}{\partial x_n}\mathrm{d}x_n\right) \tag{1-3-14}$$

根据式(1-3-13)和式(1-3-14),当直接测量值的误差($\Delta x_1,\Delta x_2,\cdots,\Delta x_n$)很小,并且考虑到最不利的情况,则间接测量值的误差 Δy 或 $\Delta y/y$ 为

$$\Delta y = \left|\frac{\partial y}{\partial x_1}\right|\cdot|\Delta x_1| + \left|\frac{\partial y}{\partial x_2}\right|\cdot|\Delta x_2| + \cdots + \left|\frac{\partial y}{\partial x_n}\right|\cdot|\Delta x_n| \tag{1-3-15}$$

$$E_r(x) = \frac{\Delta y}{y} = \frac{1}{f(x_1,x_2,\cdots,x_n)}\left(\left|\frac{\partial y}{\partial x_1}\right|\cdot|\Delta x_1| + \left|\frac{\partial y}{\partial x_2}\right|\cdot|\Delta x_2| + \cdots + \left|\frac{\partial y}{\partial x_n}\right|\cdot|\Delta x_n|\right) \tag{1-3-16}$$

以上两个式子就是由直接测量值的误差计算间接测量值的误差的误差传递公式。对于标准误差的传递,则有

$$\sigma_y = \sqrt{\left(\frac{\partial y}{\partial x_1}\right)^2\sigma_{x_1}^2 + \left(\frac{\partial y}{\partial x_2}\right)^2\sigma_{x_2}^2 + \cdots + \left(\frac{\partial y}{\partial x_n}\right)\sigma_{x_n}^2} \tag{1-3-17}$$

式中:$\sigma_{x_1},\sigma_{x_2},\cdots,\sigma_{x_n}$——直接测量值的标准误差;

σ_y——间接测量值的标准误差。

3.2 实验数据处理

在整个实验过程中,实验数据处理是一个重要的环节,它的目的是将实验中获

得的大量数据整理成各变量之间的定量关系。有人认为实验数据处理是实验结束以后的工作，其实不然，对于一份好的研究报告而言，数据处理的思想贯穿于整个实验过程中。在设计实验方案时，除了实验流程安排、装置设计和仪表选择之外，实验数据处理方法的选择也是一项重要的工作，它直接影响实验结果的质量和实验工作量的大小。因此，它在实验过程中的作用应该引起充分的重视。

实验数据中各变量的关系表示方法有列表法、图示法和函数法等。

3.2.1　列表法

列表法是将实验数据制成表格的方法。它显示了各变量间的对应关系，反映出变量之间的变化规律。它是绘制曲线的基础。

实验数据表一般分为两大类：原始记录数据表和整理计算数据表。

(1) 原始记录数据表必须在实验前设计好，以便清楚地记录待测数据，如流体流动实验原始记录数据表的格式如表 1-3-1 所示。

表 1-3-1　流体流动实验原始记录数据表

设备常数__________；水温__________；管壁粗糙度__________；
管径__________；局部管件(阀门)__________；管长__________

序号	光滑管压差计读数/mm		粗糙管压差计读数/mm		突然扩大管压差计读数/mm	
	左	右	左	右	左	右
1						
2						
3						
⋮						

(2) 整理计算数据表应简明扼要，只表达主要物理量(参数)的计算结果，有时还可以列出实验结果的最终表达式，如流体流动实验整理计算数据表的格式如表 1-3-2 所示。

表 1-3-2　流体流动实验整理计算数据表

序号	流量 /(m^3/s)	u /(m/s)	$Re\times10^4$	$h_{f直}$ /mH_2O	λ	$h_{f局}$ /mH_2O	ξ	$\lg\lambda$	$\lg Re$
1									
2									
3									
⋮									

在拟制表格和记录实验数据时要注意下列事项:

(1) 在表格的表头中要列出变量名称和计量单位,单位不宜混在数值之中,以免分辨不清;

(2) 记录数值要注意有效数字位数,要与实验的测量仪表的精度相一致;

(3) 数值较大或较小时要用科学计数法表示,阶数部分,即 $10^{\pm n}$,记录在表头;

(4) 表格的标题要清楚、醒目,能恰当说明实验内容。

3.2.2 图示法

图示法是将离散的实验数据或计算结果标绘在坐标纸上,将各数据点用直线或曲线"圆滑"地连接起来的方法。它能直观地反映出因变量和自变量之间的关系。它比结果综合表简明直观,能显示出函数的最高点、最低点、转折点和周期性等,并能比较不同条件下的实验数据。

1. 坐标纸选择

坐标纸一般是根据变量的关系或预测的变量函数的形式来选择的,其原则是尽量使变量数据的函数关系接近直线。这样,可使数据处理工作相对容易。

(1) 线性函数:$y=ax+b$,选用直角坐标纸。

(2) 幂函数:$y=ax^b$ 或 $\lg y=\lg a+b\lg x$,选用双对数坐标纸。

(3) 指数函数:$y=ae^{bx}$ 或 $\lg y=\lg a+kx$,选用半对数坐标纸。

另外,若自变量和因变量二者均在较大的数量级范围内变化,则可采用对数坐标纸;若其中任何一变量的变化范围比另一变量的变化范围大若干数量级,则宜选用半对数坐标纸。

2. 坐标的分度

坐标的分度即坐标的比例尺。比例尺选择不当,会使图形失真。

例 1 某组实验数据如下:

x	1.0	2.0	3.0	4.0
y	8.0	8.2	8.3	8.0

试确定适当的坐标比例尺。

解 以不同的坐标比例尺标绘,如图 1-3-2 所示。

图 1-3-2 所示曲线失真的原因是没有考虑测量误差。若考虑测量误差:设 $\Delta x=\pm 0.05$,$\Delta y=\pm 0.2$,则(x,y)位于底边为 $2\Delta x$、高为 $2\Delta y$ 的矩形内,两种比例尺的图形都是一条曲线,如图 1-3-3(a)、(b)所示;设 $\Delta x=\pm 0.05$,$\Delta y=\pm 0.04$,则它们都是在 $x=3$ 时,y 具有最大值,如图 1-3-3(c)、(d)所示。

只要考虑了测量误差,选择不同的坐标比例尺都能得到同样的函数关系。但从上面的图形看出:比例太小,矩形太短;比例太大,矩形太长。这些矩形都不能作

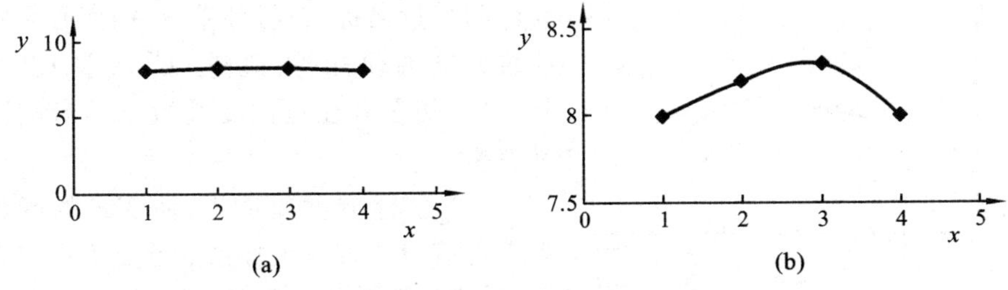

图 1-3-2　选择的坐标比例尺对函数关系的影响

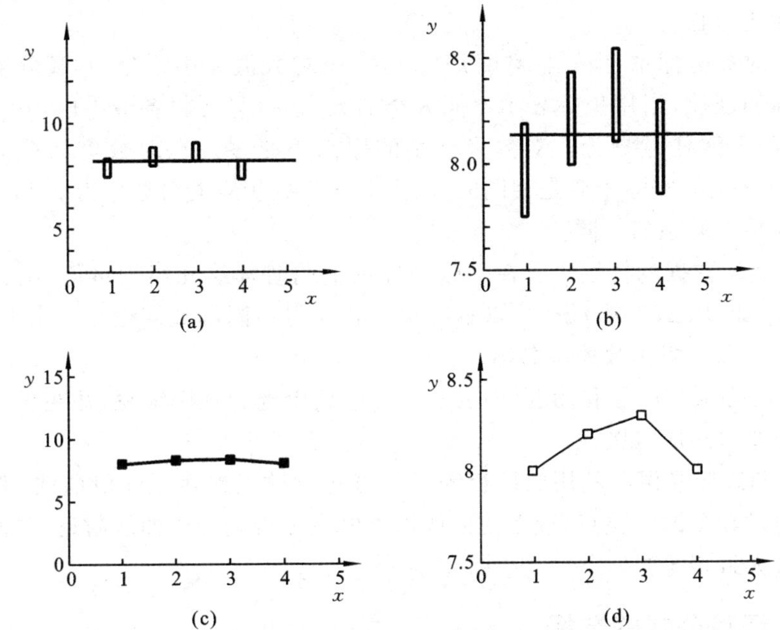

图 1-3-3　考虑测量误差的图像

为光滑的曲线的点。为了得到理想的图形，应该选择适当的比例尺。

选择比例尺原则：　　$2\Delta x=2\Delta y=2\ \text{mm}$

坐标比例尺：　$M_x=\dfrac{2}{2\Delta x}=\dfrac{1}{\Delta x}$　（mm/物理单位）

$M_y=\dfrac{2}{2\Delta y}=\dfrac{1}{\Delta y}$　（mm/物理单位）

按照上述原则描绘 $\Delta x=\pm 0.05$，$\Delta y=\pm 0.04$，则曲线应如图 1-3-4 所示。对于 x 轴：$M_x=\dfrac{1}{\Delta x}=20$（mm/物理单位）；对于 y 轴：$M_y=\dfrac{1}{\Delta y}=25$（mm/物理单位）。

在作图时应注意以下事项：

(1) 对于两个变量的系统，习惯上选横轴为自变量，纵轴为因变量。在两轴侧

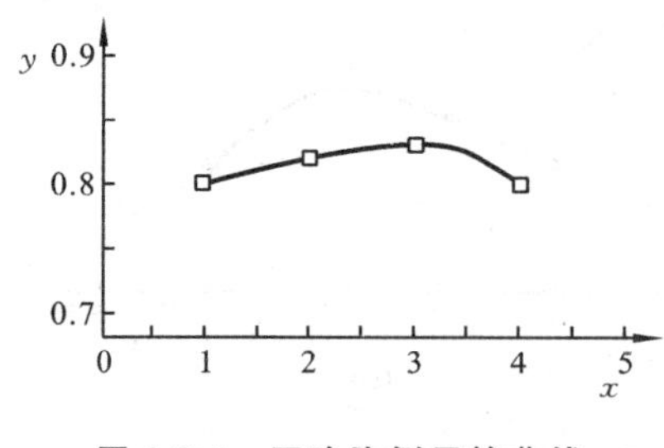

图 1-3-4　正确比例尺的曲线

要标明变量名称、符号和单位,如离心泵特性曲线的横轴须标明:流量 $Q/(m^3/h)$。尤其是单位,初学者往往因受纯数学的影响而容易忽略。

(2) 坐标分度要适当,使变量的函数关系表现清楚。直角坐标系的原点不一定选为零点,应根据所标绘数据范围,其原点移至比数据中最小者稍小一些的位置,使图形占满全幅坐标线为宜。

对于对数坐标系,坐标轴刻度是按 1,2,…对数值大小划分的,其分度要遵循对数坐标的规律,当用坐标表示不同大小的数据时,只可将各值乘以 10^n(n 取正、负整数)而不能任意划分。对数坐标系的原点不是零。在对数坐标系上,1,10,100,1000 之间的实际距离是相同的,因为上述各数相应的对数值为 0,1,2,3,这在直角坐标系上的距离相同。

(3) 实验数据的标绘。若在一张坐标纸上同时标绘几组测量值,则各组要用不同符号(如○、Δ、×等)表示,以示区别。若 n 组不同函数同绘在一张坐标纸上,则在曲线上要标明函数关系名称。

(4) 图必须有图号和图题(图名),图号应按出现的顺序编写,并在正文中有所交代。必要时还应有图注。

(5) 图线应光滑。利用曲线板等工具将各离散点连接成光滑曲线,并使曲线尽可能通过较多的实验点,或者使曲线以外的点尽可能位于曲线附近,并使曲线两侧的点数大致相等。

3.2.3　经验公式的选择

在实验研究中,除了用表格和图形描述变量之间的关系外,还常常把实验数据整理成方程式,以描述过程或现象的自变量和因变量之间的关系,即建立过程的数学模型。其方法是将实验数据绘制成曲线,与已知的函数关系式的典型曲线(线性方程、幂函数方程、指数函数方程、抛物线函数方程、双曲线函数方程等)进行对照选择,然后用图解法或者数值方法确定函数式中的各种常数。所得函数表达式是否能准确地反映实验数据所存在的关系,应通过检验加以确认。运用计算机将实验数据结果回归为数学方程已成为实验数据处理的主要手段。

鉴于化学和化工是以实验研究为主的科学领域,很难用纯数学物理方法推导出确定的数学模型,故常采用半理论分析方法、纯经验方法和由实验曲线的形状确定相应的经验公式。

1. 半理论分析方法

化工原理课程中介绍的用因次分析法推出特征数关系式的方法，是最常见的一种半理论分析方法。用因次分析法不需要首先导出现象的微分方程。但是，如果已有了微分方程，暂时还难以得出解析解，或者又不想用数值时，也可以从中导出特征数关系式，然后由实验来最后确定其系数值。例如，动量、热量和质量传递过程的特征数关系式分别为

$$Eu = A\left(\frac{l}{d}\right)^a Re^b, \quad Nu = BRe^c Pr^d, \quad Sh = CRe^e Sc^f$$

式中：常数($A,B,C,a,b,\cdots$)可由实验数据通过计算求出。

2. 纯经验方法

根据各专业人员长期积累的经验，有时也可决定整理数据时应采用什么样的数学模型。

建立数学模型是表示实验结果函数关系的一个重要方法。数学模型的确定，一般可分为三个步骤：①确定数学模型的函数类型；②确定数学模型中各个待定系数；③对数学模型的可靠程度进行评价。

1）数学模型函数类型的确定

数学模型函数为

$$y = f(x_1, x_2, \cdots)$$

化工常用的函数形式有多项式函数、幂函数和指数函数等。

多项式函数为　$y=a_0+a_1x_1+a_2x_2^2+\cdots+a_mx_m^m$

对于流体的物性，例如比热、密度、汽化热等与温度的关系，常采用多项式函数形式关联。

幂函数为　$y=A_0x_1^{A_1}x_2^{A_2}\cdots x_m^{A_m}$

动量、热量、质量传递过程中的无因次特征数之间的关系，多以幂函数的形式表示。

指数函数为　$y=A_0\mathrm{e}^{A_1x}$

化学反应、吸附、离子交换以及其他非稳态过程，常以指数函数形式关联变量之间的关系。

2）数学模型的线性化和待定系数的确定

数学模型线性化表达式为

$$Y=B_0+B_1X_1+B_2X_2+\cdots+B_mX_m$$

待定系数 B_i 常用分组平均法、图解法、最小二乘法等确定。

(1) 分组平均法。

例 2　已知实验数据如下：

x	3.4	4.3	5.4	6.7	8.7	10.6
y	4.5	5.8	6.8	8.1	10.5	12.7

试确定 y 与 x 的线性关系式。

解　若选定的数学模型为 $y=b_1x+b_2$，则有

$$\begin{cases}4.5=3.4b_1+b_2\\5.8=4.3b_1+b_2\\6.8=5.4b_1+b_2\end{cases}\quad 和 \quad \begin{cases}8.1=6.7b_1+b_2\\10.5=8.7b_1+b_2\\12.7=10.6b_1+b_2\end{cases}$$

解得　$$b_1=1.10,\quad b_2=0.89$$

故　$$y=1.10x+0.89$$

(2) 图解法。

例 3　某实验数据如下：

x	1.00	2.40	6.60	14.0
y	1.79	2.90	5.40	8.2

求 y-x 的数学模型。

解　若直接将上述数据在直角坐标纸上作图，则其图形必为曲线，而将上述数据在对数坐标纸上标绘则得一条直线，表明 y 和 x 的关系为 $y=ax^b$，即

$$\lg y=\lg a+b\lg x$$

令　$$\lg y=Y,\quad \lg x=X$$

则上式变换为　$$Y=\lg a+bX$$

根据上式，把实验数据 x、y 取对数 $\lg x=X$，$\lg y=Y$，在直角坐标纸中作图得一条直线。同理，为了解决每次取对数的麻烦，可以把 x、y 直接标在双对数坐标纸上，所得结果完全相同，如图 1-3-5 所示。

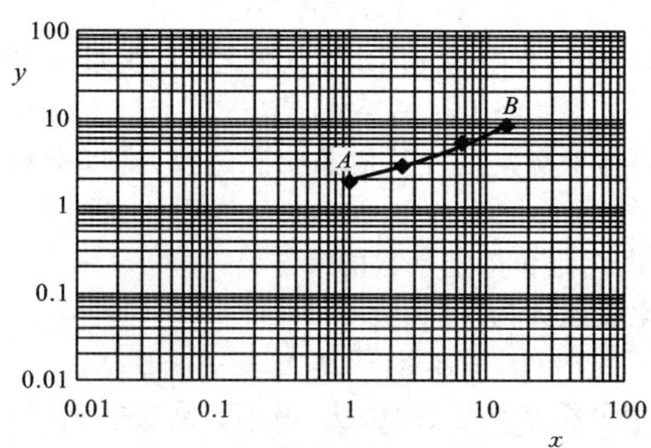

图 1-3-5　图解法求例 3 中的待定系数

① 系数 b 的求法。

系数 b 即为直线的斜率，如图 1-3-5 所示的 AB 线的斜率。在对数坐标系上求取斜率的方法与直角坐标系上的求法不同。因为在对数坐标系上标出的数值是真

数而不是对数，因此双对数坐标纸上直线的斜率需要用对数值来求算，或者在两坐标轴比例尺相同情况下直接用尺子在坐标纸上量取线段长度来求取。

$$b = \frac{\Delta y}{\Delta x} = \frac{\lg y_2 - \lg y_1}{\lg x_2 - \lg x_1} \tag{1-3-18}$$

式中：Δy 与 Δx 的数值即为尺子测量而得的线段长度。

② 系数 a 的求法。

在双对数坐标系上，直线 $x=1$ 处的纵轴与所绘直线相交处的 y 值，即为方程 $y=ax^b$ 中的 a 值。若所绘的直线在图上不能与 $x=1$ 处的纵轴相交，则可在直线上任取一组数值 x 和 y（测定结果数据以外的点）和已求出的斜率 b，代入原方程 $y=ax^b$ 中，通过计算求得 a 值。

由图 1-3-5 可得，当 $\lg x=0$ 时，$\lg a=0.2529$，即

$$a = 1.79$$

$$b = \frac{\lg y_1 - \lg y_2}{\lg x_1 - \lg x_2} = \frac{15\ \text{mm}}{25.7\ \text{mm}} = 0.584$$

故

$$y = 1.79x^{0.584}$$

（3）最小二乘法。

最小二乘法：各观测值与最佳值的残差的平方之和为最小。

对于 $y=B_0+B_1x_1+B_2x_2+\cdots+B_mx_m$，求待定系数 B_i 时，数学模型的计算值 y 和实验值 y_i 的误差（或残差）平方之和为最小，即目标函数为

$$F = \min\{\sum[f(B_i, x_i) - y_i]^2\}$$

例 4　用最小二乘法求例 3 的数学模型。

解　$y=ax^b$，即 $\lg y=\lg a+b\lg x$。

为了简单起见，设 $Y=A+BX$，则

$$F = \sum(A + BX_i - Y_i)^2$$

由 $\frac{\partial F}{\partial A}=0$ 得

$$\sum(A + BX_i - Y_i) = 0$$

由 $\frac{\partial F}{\partial B}=0$ 得

$$\sum x_i(A + BX_i - Y_i) = 0$$

$$nA + B\sum X_i = \sum Y_i$$

$$A\sum X_i + B\sum X_i^2 = \sum Y_iX_i$$

$$A=\frac{\begin{vmatrix}\sum Y_i & \sum X_i\\ \sum Y_iX_i & \sum X_i^2\end{vmatrix}}{\begin{vmatrix}n & \sum X_i\\ \sum X_i & \sum X_i^2\end{vmatrix}},\quad B=\frac{\begin{vmatrix}n & \sum Y_i\\ \sum X_i & \sum Y_iX_i\end{vmatrix}}{\begin{vmatrix}n & \sum X_i\\ \sum X_i & \sum X_i^2\end{vmatrix}}$$

解得 $A=0.2312,\quad B=0.602$

$$a=1.703,\quad b=0.602$$

即其数学模型为 $y=1.703x^{0.602}$

	$X_i=\lg x_i$	$Y_i=\lg y_i$	X_iY_i	X_i^2
	0	0.230	0	0
	0.386	0.460	0.178	0.149
	0.819	0.732	0.600	0.671
	1.146	0.914	1.047	1.313
$\sum$	2.351	2.336	1.825	2.133

3) 数学模型的可靠度

(1) 标准误差为

$$\sigma=\sqrt{\frac{\sum(y_i-y_{ci})^2}{n-m}}$$

式中:n——实验数据点数;

m——待定参数个数;

y_i——第 i 实验点的函数值;

y_{ci}——第 i 实验点的函数计算值。

σ 越小,该方程精度越高。

(2) 线性相关系数为

$$r=\frac{\sum(x_i-\overline{x})(y_i-\overline{y})}{\sqrt{\sum(x_i-\overline{x})^2\sum(y_i-\overline{y})^2}}$$

$$\overline{x}=\frac{\sum x_i}{n},\quad \overline{y}=\frac{\sum y_i}{n}$$

$r=0$,说明 x 与 y 无线性关系;$|r|$ 越接近 1,实验点越密集于回归方程周围;$|r|<0.8$,表示该方程不能描述实验数据;$r>0$,表示 y 随 x 增加而增加;$r<0$,表示 y 随 x 增加而减少。

3. 由实验曲线求经验公式

如果在整理实验数据，选择数学模型时既无理论指导，又无经验可以借鉴，则应将实验数据先标绘在普通坐标纸上，得一条直线或曲线。如果是直线，则根据初等数学知识可知，$y=a+bx$，其中 a、b 的值可由直线的截距和斜率求得。如果 y 和 x 不是线性关系，则可将实验曲线与典型的函数曲线相对照，选择与实验曲线相似的典型曲线函数，然后用直线化方法处理，最后以所选函数与实验数据的吻合程度加以检验。

常见函数的典型图形及线性化方法列于表 1-3-3 中。

表 1-3-3　化工中常见的曲线与函数式之间的关系

序号	图　形	函数及线性化方法
1	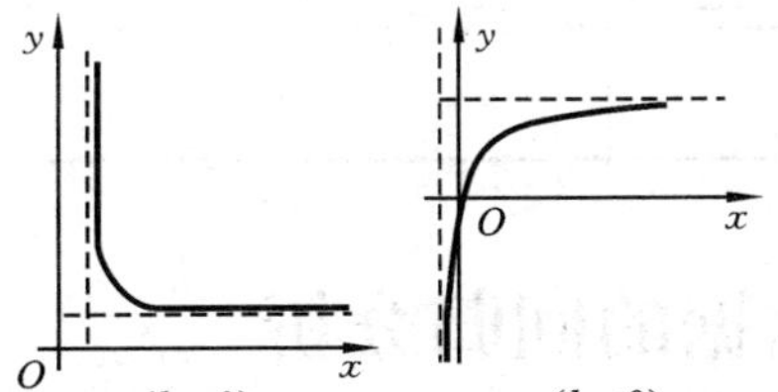 ($b>0$)　($b<0$)	双曲线函数 $y=\frac{x}{ax+b}$ 令 $Y=\frac{1}{y}$，$X=\frac{1}{x}$，则得线性方程 $Y=a+bX$
2	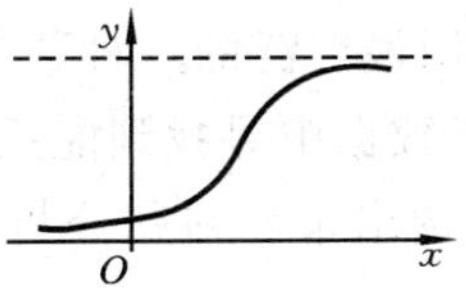	S 形曲线 $y=\frac{1}{a+be^{-x}}$ 令 $Y=\frac{1}{y}$，$X=e^{-x}$，则得线性方程 $Y=a+bX$
3	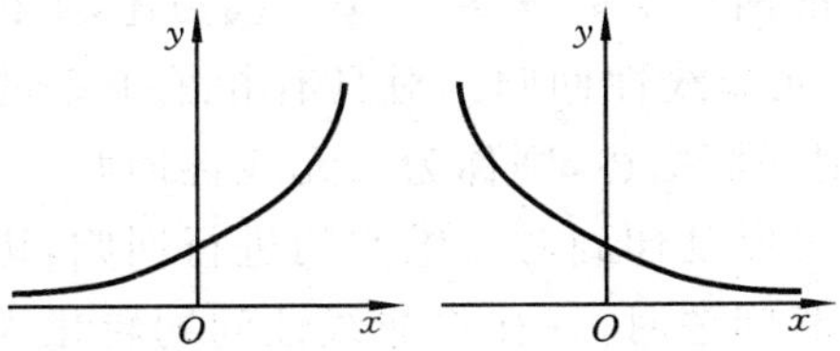 ($b<0$)　($b>0$)	指数函数 $y=ae^{bx}$ 令 $Y=\lg y$，$X=x$，$k=b\lg e$，则得线性方程 $Y=\lg a+kX$
4	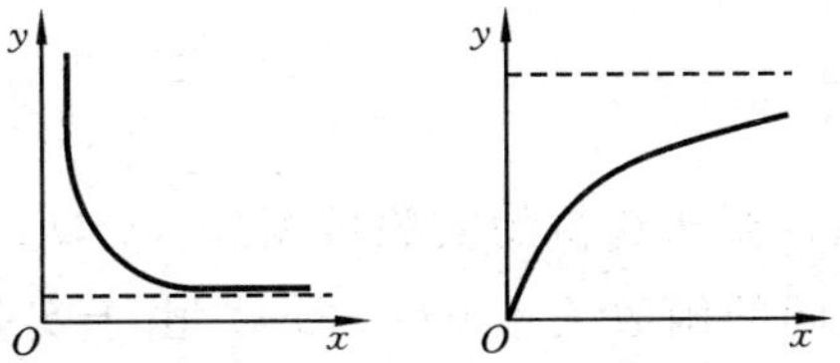 ($b>0$)　($b<0$)	指数函数 $y=ae^{\frac{b}{x}}$ 令 $Y=\lg y$，$X=\frac{1}{x}$，$k=b\lg e$，则得线性方程 $Y=\lg a+kX$

续表

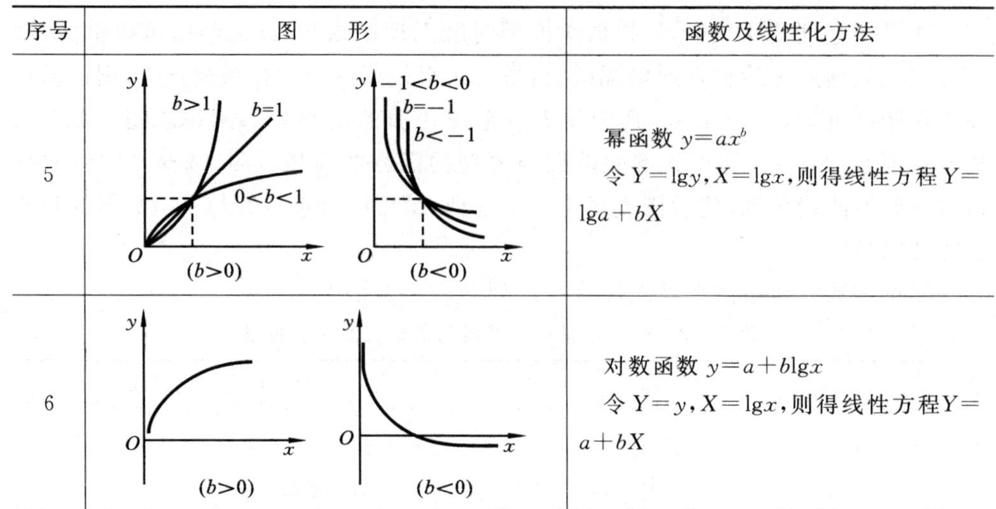

序号	图　形	函数及线性化方法
5	(b>0)　(b<0)	幂函数 $y=ax^b$ 令 $Y=\lg y, X=\lg x$,则得线性方程 $Y=\lg a+bX$
6	(b>0)　(b<0)	对数函数 $y=a+b\lg x$ 令 $Y=y, X=\lg x$,则得线性方程 $Y=a+bX$

3.3　实验数据的回归分析

尽管图解法有很多优点,但它的应用范围毕竟很有限。本节将介绍目前在寻求实验数据的变量之间关系的数学模型时,应用最广泛的一种数学方法,即回归分析法。用这种数学方法可以从大量观测的散点数据中寻找到能反映事物内部关系的一些统计规律,并可以用数学模型的形式表达出来。回归分析法与计算机相结合,已成为确定经验公式的有效手段之一。

回归也称拟合。对具有相关关系的两个变量,若用一条直线描述,则称为一元线性回归;用一条曲线描述,则称为一元非线性回归。对具有相关关系的三个变量,其中一个因变量、两个自变量,若用平面描述,则称为二元线性回归;用曲面描述,则称二元非线性回归。以此类推,可以延伸到对 n 维空间进行回归,称为多元线性回归或多元非线性回归。处理实验问题时,往往将非线性问题转化为线性问题来处理。建立线性回归方程的最有效方法为线性最小二乘法,下面主要讨论用线性最小二乘法回归一元线性方程的方法。

3.3.1　一元线性回归方程的求法

在科学实验的数据统计方法中,通常要从获得的实验数据($x_i, y_i, i=1,2,\cdots,n$)中,寻找其自变量 x_i 与因变量 y_i 之间的函数关系 $y=f(x)$。由于实验测定数据一般存在误差,因此,不能要求所有的实验点均在 $y=f(x)$所表示的曲线上,只需满足实验点(x_i, y_i)与 $f(x_i)$的残差 $d_i=y_i-f(x_i)$小于给定的误差即可。此类寻求实验数据关系近似函数表达式 $y=f(x)$ 的问题即为回归。

回归时首先应针对实验数据的特点，选择适宜的函数形式，确定回归的目标函数。例如，在取得两个变量的实验数据之后，若在普通直角坐标纸上标出各个数据点，且各点的分布近似于一条直线，则可考虑采用线性回归求其表达式。

设给定 n 个实验点 (x_1, y_1)，(x_2, y_2)，…，(x_n, y_n)，其散点图如图 1-3-6 所示。于是可以利用一条直线来表示它们之间的关系：

$$y' = a + bx \tag{1-3-19}$$

式中：y'——由回归式算出的值，称回归值；

a、b——回归系数。

对每一测量值 x_i，可由式(1-3-19)求出一回归值 y_i'。回归值 y_i' 与实测值 y_i 之差的绝对值 $d_i=|y_i-y_i'|=|y_i-(a+bx_i)|$ 表明 y_i 与回归直线的偏离程度。二者偏离程度越小，说明直线与实验数据点回归越好。$|y_i-y_i'|$ 值代表点 (x_i, y_i) 沿平行于 y 轴方向到回归直线的距离，如图 1-3-7 各竖直线 d_i 所示。

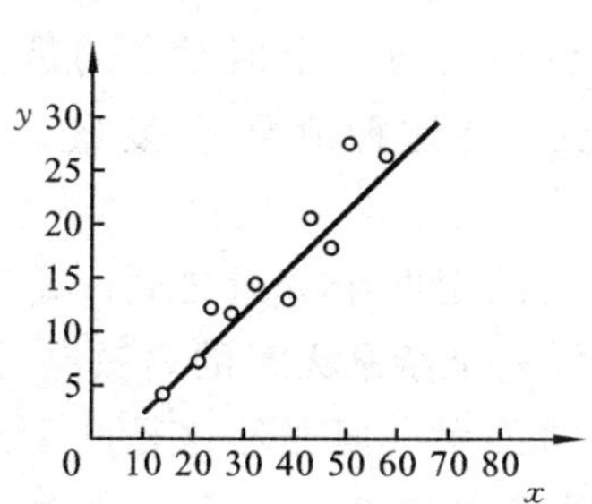

图 1-3-6　一元线性回归示意图

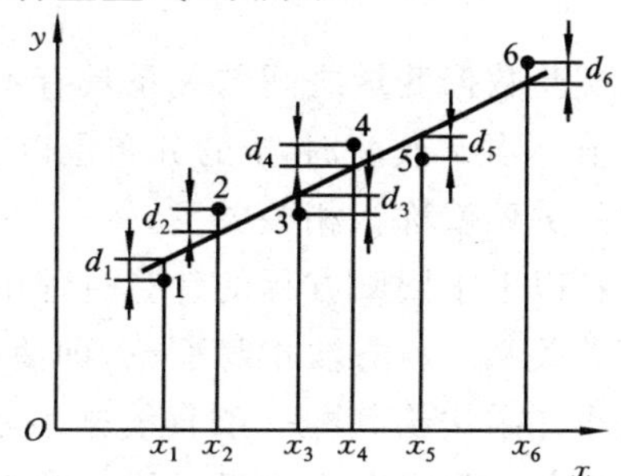

图 1-3-7　实验曲线示意图

最理想的回归就是能使曲线各点的残差平方和为最小的回归。回归时应确定目标函数。选择残差平方和为目标函数的处理方法即为最小二乘法。此法是寻求实验数据近似函数表达式的更为严格有效的方法。

设残差平方和 Q 为

$$Q = \sum_{i=1}^{n} d_i^2 = \sum_{i=1}^{n} [y_i - (a + bx_i)]^2 \tag{1-3-20}$$

其中 x_i、y_i 是已知值，故 Q 为 a 和 b 的函数。

为使 Q 值达到最小，根据数学上极值原理，只要将式(1-3-20)分别对 a 和 b 求偏导数 $\frac{\partial Q}{\partial a}$、$\frac{\partial Q}{\partial b}$，并令其等于零，即可求得 a 和 b 的值，这就是最小二乘法原理，即

$$\begin{cases} \dfrac{\partial Q}{\partial a} = -2\sum_{i=1}^{n}(y_i - a - bx_i) = 0 \\ \dfrac{\partial Q}{\partial b} = -2\sum_{i=1}^{n}(y_i - a - bx_i)x_i = 0 \end{cases} \tag{1-3-21}$$

由式(1-3-20)可得正规方程为

$$\begin{cases} a + \overline{x}b = \overline{y} \\ n\overline{x}a + (\sum_{i=1}^{n} x_i^2)b = \sum_{i=1}^{n} x_i y_i \end{cases} \tag{1-3-22}$$

式中

$$\overline{x} = \frac{1}{n}\sum_{i=1}^{n} x_i, \quad \overline{y} = \frac{1}{n}\sum_{i=1}^{n} y_i \tag{1-3-23}$$

解正规方程(1-3-22),可得到回归式中的 a(截距)和 b(斜率),即

$$b = \frac{\sum_{i=1}^{n} x_i y_i - n\overline{x}\,\overline{y}}{\sum_{i=1}^{n} x_i^2 - n(\overline{x})^2} \tag{1-3-24}$$

$$a = \overline{y} - b\overline{x} \tag{1-3-25}$$

3.3.2　回归效果的检验

实验数据变量之间的关系具有不确定性,一个变量的每一个值对应的是整个集合值。当 x 改变时,y 的分布也以一定的方式改变。在这种情况下,变量 x 和 y 之间的关系就称为相关关系。

在以上求回归方程的计算过程中,并不需要事先假定两个变量之间一定有某种相关关系。就方法本身而论,即使平面图上是一群完全杂乱无章的离散点,也能用最小二乘法给其配一条直线来表示 x 和 y 之间的关系。但显然这是毫无意义的。实际上只有两个变量是线性关系时进行线性回归才有意义。因此,必须对回归效果进行检验。

1. 相关系数

可引入相关系数 r 对回归效果进行检验,相关系数 r 是说明两个变量线性关系密切程度的一个数量性指标。

若回归所得线性方程为 $y=a+bx$,则相关系数 r 的计算式为(推导过程略)

$$r = \frac{\sum (x_i - \overline{x})(y_i - \overline{y})}{\sqrt{\sum (x_i - \overline{x})^2 \sum (y_i - \overline{y})^2}} \tag{1-3-26}$$

r 的取值范围为 $-1 \leqslant r \leqslant 1$,其正、负号取决于 $\sum (x_i - \overline{x})(y_i - \overline{y})$ 的正负,与回归线性方程的斜率 b 一致。r 的几何意义可用图 1-3-8 来说明。

当 $r=\pm 1$,即 n 组实验值 (x_i, y_i) 全部落在直线 $y=a+bx$ 上时,x,y 的关系称为完全相关,如图 1-3-8(d)和(e)所示。

当 $0<|r|<1$ 时,代表绝大多数情况,这时 x 与 y 存在着一定线性关系。当 $r>0$ 时,散点图的分布是 y 随 x 增加而增加,此时称 x 与 y 呈正相关,如图 1-3-8(b)所

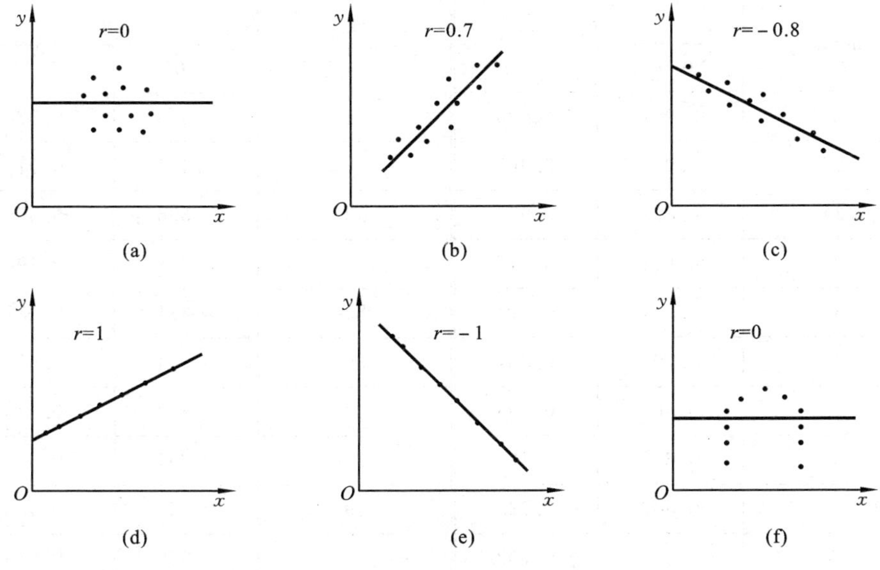

图 1-3-8　相关系数的几何意义

示；当 $r<0$ 时，散点图的分布是 y 随 x 增加而减少，此时称 x 与 y 呈负相关，如图 1-3-8(c)所示。

$|r|$越小，散点离回归线越远，越分散。$|r|$越接近 1，n 组实验值(x_i, y_i)越靠近 $y=a+bx$，变量 y 与 x 之间的关系越接近线性关系。

当 $r=0$ 时，变量之间就完全没有线性关系了，如图 1-3-8(a)所示。应该指出，没有线性关系，并不等于不存在其他函数关系，如图 1-3-8(f)所示。

2. 显著性检验

如上所述，相关系数 r 的绝对值越接近 1，x、y 间越呈线性相关。但究竟$|r|$接近到什么程度才能说明 x 与 y 之间呈线性相关？这就有必要对相关系数进行显著性检验。只有当$|r|$达到一定程度才可以采用回归直线来近似地表示 x、y 之间的关系，此时可以说明相关关系显著。若$|r|\geq 0.798$，则说明该线性相关关系在 $\alpha=0.01$ 水平上显著。若$0.798>|r|\geq 0.666$，则说明该线性相关关系在 $\alpha=0.05$ 水平上显著。若$|r|<0.666$，则说明相关关系不显著，此时认为 x、y 为非线性相关关系，回归直线毫无意义。α 越小，显著程度越高。

一般来说，相关系数 r 达到使相关关系显著的值与实验数据的个数 n 有关。因此只有$|r|>r_{min}$时，才能采用线性回归方程来描述其变量之间的关系。r_{min}值可以从表 1-3-4 中查出。利用该表可根据实验点数 n 及显著水平系数 α 查出相应的 r_{min}。显著水平系数 α 一般可取 0.01 或 0.05。

表 1-3-4 相关系数检验表(r/min)

$n-2$	α		$n-2$	α	
	0.05	0.01		0.05	0.01
1	0.997	1.000	21	0.413	0.526
2	0.950	0.990	22	0.404	0.515
3	0.878	0.959	23	0.396	0.505
4	0.811	0.917	24	0.388	0.496
5	0.754	0.874	25	0.381	0.487
6	0.707	0.834	26	0.374	0.478
7	0.666	0.798	27	0.367	0.470
8	0.632	0.765	28	0.361	0.463
9	0.602	0.735	29	0.355	0.456
10	0.576	0.708	30	0.349	0.449
11	0.553	0.684	35	0.325	0.418
12	0.532	0.661	40	0.304	0.393
13	0.514	0.641	45	0.288	0.372
14	0.497	0.623	50	0.273	0.354
15	0.482	0.606	60	0.250	0.325
16	0.468	0.590	70	0.232	0.302
17	0.456	0.575	80	0.217	0.283
18	0.444	0.561	90	0.205	0.267
19	0.433	0.549	100	0.195	0.254
20	0.423	0.537	200	0.138	0.181

以上是在一元的情况下讨论相关系数的,而多元线性回归问题的相关性检验则比较复杂,本书不作讨论,需要时可查阅有关专著。

3.4 实验数据的计算机处理

本节以 Excel 软件为例介绍实验数据的计算机处理方法。

3.4.1　Excel 基础知识

1. 在单元格中输入公式

例 5　试计算$\frac{32.76}{67}\times 4^7\times 10^3\times 10^{-2}$。

解　方法：在任意单元格中输入"＝32.76/67 ＊ 4^7 ＊ 1e3 ＊ 1e－2"，结果为 80110。

注意：①一定不要忘记输入等号"＝"；②公式中需用括号时，只允许用"()"，不允许用"{}"或"[]"；③若公式中包括函数，可通过"插入"菜单下的选"函数"命令得到；④1e3 $\Leftrightarrow 10^3$，1e－2 $\Leftrightarrow 10^{-2}$。

2. 处理化工原理实验数据时常用的函数

① POWER(number，power)$\Leftrightarrow \text{number}^{\text{power}}$。

提示：可以用"^"运算符代替函数 POWER 来表示对底数乘方的幂次，例如 4^7。

② SQRT(number)$\Leftrightarrow \sqrt{\text{number}}$，EXP(number)$\Leftrightarrow e^{\text{number}}$。

③ LN(number)⇔ln(number)，LOG10(number)⇔lg (number)。

3. 在单元格中输入符号

例 6　在单元格 A1 中输入符号"λ"。

解　方法一：打开"插入"菜单→选"符号"命令插入希腊字母"λ"。

提醒：无论要输入什么符号，都可以通过"插入"菜单下的选"符号"或"特殊符号"命令得到。

方法二：打开任意一种中文输入法，用鼠标单击键盘按钮，选择希腊字母，得到希腊字母键盘，用鼠标单击"λ"键。

3.4.2　Excel 处理化工原理实验数据示例

实验名称：流体流动阻力实验。

1. 原始数据

实验原始数据如图 1-3-9 所示。

2. 数据处理

(1) 物性数据：查得 20 ℃下水的密度与黏度分别为 998.2 kg/m^3 和 1.005 mPa · s。

(2) 数据处理的计算过程。

① 插入 2 个新工作表。插入 2 个新工作表并分别命名为"中间运算表"和"结果表"，将"原始数据记录表"第 7 至 18 行内容复制至"中间运算表"内。

② 中间运算过程。在 G4:P4 单元格区域内输入公式：

水温	18.5℃				
管子材料	不锈钢		直管压差指示剂：水银		
直管规格	管长2m，管径Φ21mm		局部压差指示剂：氯仿		
闸阀	管径Φ32mm				
仪表常数	324.15				
序号	流量计示值	直管阻力压差计示数		局部阻力压差计示数	
		左	右	左	右
1	834	3.19	5.82	9.27	0.50
2	619	3.74	5.29	7.50	2.22
3	451	4.06	4.96	6.25	3.47
4	360	4.20	4.82	5.74	3.98
5	304	4.28	4.74	5.50	4.23
6	243	4.36	4.67	5.27	4.46
7	209	4.39	4.63	5.16	4.57
8	171	4.42	4.60	5.06	4.66
9	161	4.43	4.59	5.04	4.67
10	132	4.46	4.57	4.97	4.74

图 1-3-9　流体流动阻力实验原始数据

在单元格 G4 中输入公式"=D4－C4"——计算直管压差计读数(R_1)；

在单元格 H4 中输入公式"=E4－F4"——计算局部压差计读数(R_2)；

在单元格 I4 中输入公式"=B4/325"——计算管路流量($Q=F/\xi$)；

在单元格 J4 中输入公式"=4 * I4 * 1e－3/3.14159/(0.027^2)"——计算流体在直管内的流速($u_1=4Q/(\pi d_1^2)$)；

在单元格 K4 中输入公式"=4 * I4 * 1e－3/3.14159/(0.033^2)"——计算流体在与闸阀相连的直管中的流速($u_2=4Q/(\pi d_2^2)$)；

在单元格 L4 中输入公式"=(13600－998.2) * G4/998.2"——计算流体流过长为 2 m、内径为 27 mm 的直管的阻力损失($h_1=\Delta p/\rho=(\rho_{水银}-\rho)gR_1/\rho$)；

在单元格 M4 中输入公式"=(1477.5－998.2) * H4/998.2"——计算流体流过闸阀的阻力损失($h_2=(\rho g\Delta z+\Delta p)/\rho=(\rho_{氯仿}-\rho)gR_2/\rho$)；

在单元格 N4 中输入公式"=L4 * 0.027/2 * 2/(J4^2) * 1e2"——计算摩擦因数($\lambda=h_1\cdot(d_1/l)\cdot(2/u_1^2)$)；

在单元格 O4 中输入公式"=M4 * 2/(K4^2)"——计算局部阻力系数($\zeta=2h_2/u_2^2$)；

在单元格 P4 中输入公式"=0.027 * J4 * 998.2/1.005le－3 * 1e－4"——计算流体在直管中流动的雷诺数$\left(Re=\dfrac{d_1u_1\rho}{\mu}\right)$。

选定 I4:P4 单元格区域(图 1-3-10)，再用鼠标拖动 P4 单元格下的填充柄(单元格右下方的"＋"号）至 P13，复制单元格内容，结果见图 1-3-11。

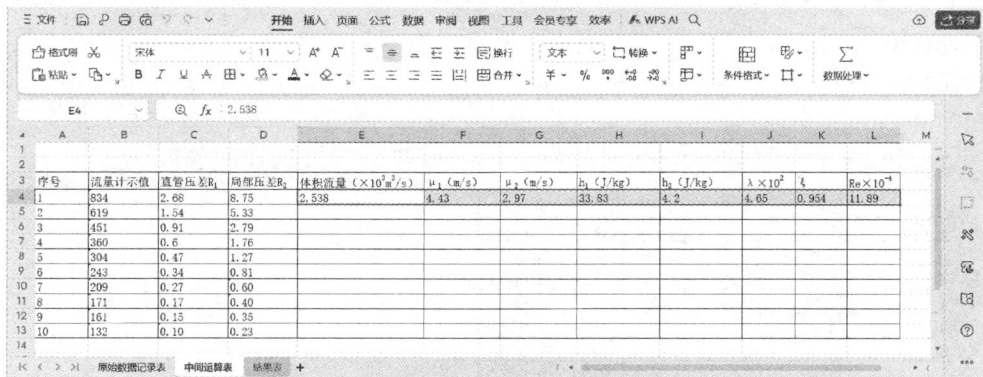

序号	流量计示值	直管压差R_1	局部压差R_2	体积流量（$\times 10^3 m^3/s$）	μ_1 (m/s)	μ_2 (m/s)	h_1 (J/kg)	h_2 (J/kg)	$\lambda \times 10^2$	ξ	$Re \times 10^{-4}$
1	834	2.68	8.75	2.538	4.43	2.97	33.83	4.2	4.65	0.954	11.89
2	619	1.54	5.33								
3	451	0.91	2.79								
4	360	0.6	1.76								
5	304	0.47	1.27								
6	243	0.34	0.81								
7	209	0.27	0.60								
8	171	0.17	0.40								
9	161	0.15	0.35								
10	132	0.10	0.23								

图 1-3-10　选定单元格 I4:P4

序号	流量计示值	直管压差R_1	局部压差R_2	体积流量（$\times 10^3 m^3/s$）	μ_1 (m/s)	μ_2 (m/s)	h_1 (J/kg)	h_2 (J/kg)	$\lambda \times 10^2$	ξ	$Re \times 10^{-4}$
1	834	2.68	8.75	2.538	4.43	2.97	33.83	4.2	4.65	0.954	11.89
2	619	1.54	5.33	1.874	3.15	1.95	19.44	2.56	5.37	1.349	8.62
3	451	0.91	2.79	1.354	2.28	1.41	11.49	1.34	6.08	1.353	6.23
4	360	0.6	1.76	1.071	1.80	1.11	7.57	0.85	6.41	1.365	4.92
5	304	0.47	1.27	0.917	1.54	0.95	5.93	0.61	6.85	1.343	4.22
6	243	0.34	0.81	0.686	1.16	0.71	4.29	0.39	8.84	1.529	3.16
7	209	0.27	0.60	0.612	1.03	0.64	3.41	0.29	8.82	1.423	2.82
8	171	0.17	0.40	0.483	0.81	0.50	2.15	0.19	8.92	1.524	2.22
9	161	0.15	0.35	0.458	0.77	0.48	1.89	0.17	8.74	1.480	2.11
10	132	0.10	0.23	0.372	0.63	0.39	1.26	0.11	8.84	1.475	1.71

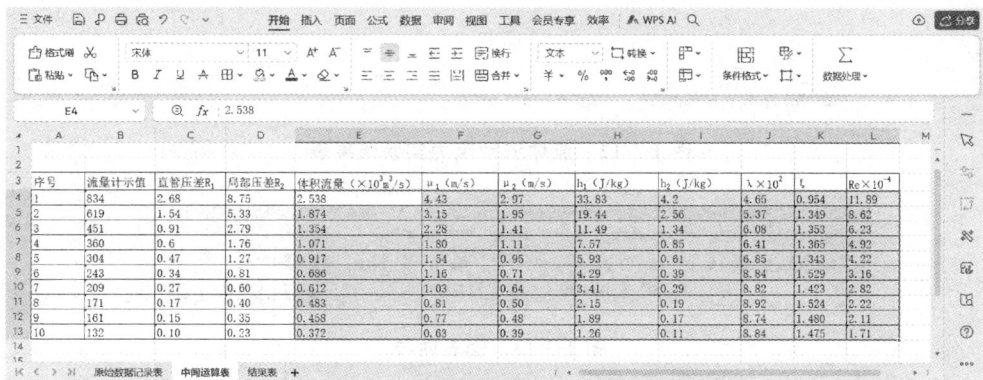

图 1-3-11　复制 I4:P4 单元格内容后的结果

③ 运算结果。将"中间运算表"中 A4:A13，N4:N13，O4:O13，P4:P13 单元格区域内容复制至"结果表"中，并添加 E 列与 F 列，其中 E2＝B2 ＊ 1e4，F2＝C2 ＊ 100，运算结果见图 1-3-12。

(3) 实验结果的图形表示——绘制 λ-Re 双对数坐标图。

① 打开图表向导。选定 E2:F11 单元格区域，单击工具栏上的"图表向导"（图 1-3-13），得到"图表向导—4 步骤之 1—图表类型"对话框（图 1-3-14）。

② 创建 λ-Re 图。单击"下一步"按钮，得到"图表向导—4 步骤之 2—图表源数据"对话框（图 1-3-15）。若系列产生在"行"，改为系列产生在"列"；单击"下一步"按钮，得到"图表向导—4 步骤之 3—图表选项"对话框（图 1-3-16），在数值 x 下输入"Re"，在数值 y 下输入"λ"；单击"下一步"按钮，得到"图表向导—4 步骤之 4—图表位置"对话框（图 1-3-17），单击"完成"按钮，得到直角坐标系下的"λ-Re"图（图 1-3-18）。

序号	$Re\times10^{-4}$	$\lambda\times10^{2}$	ξ	Re	λ
1	11.89	4.65	0.954	118896	0.0465
2	8.62	5.37	1.349	86171	0.0537
3	6.23	6.08	1.353	62258	0.0608
4	4.92	6.41	1.365	49241	0.0641
5	4.22	6.85	1.343	42166	0.0685
6	3.16	8.84	1.529	31554	0.0884
7	2.82	8.82	1.423	28158	0.0882
8	2.22	8.92	1.524	22215	0.0892
9	2.11	8.74	1.480	21083	0.0874
10	1.71	8.84	1.475	17121	0.0884

图 1-3-12　流体流动阻力实验结果表

图 1-3-13　图表向导

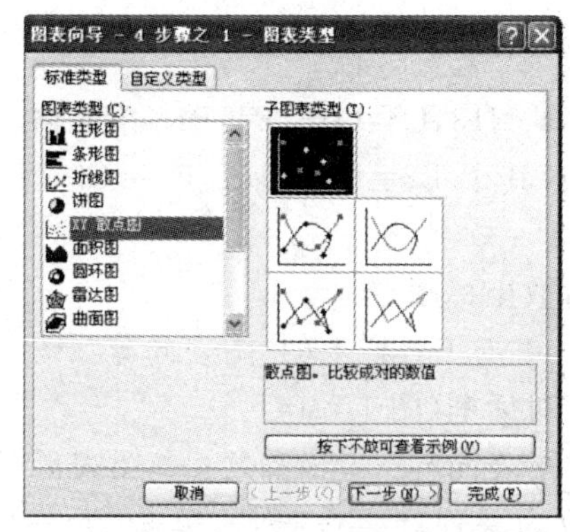

图 1-3-14　图表向导之步骤一

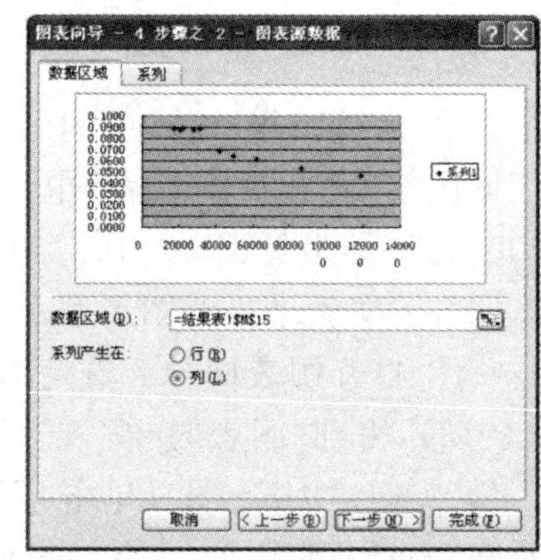

图 1-3-15　图表向导之步骤二

③ 修饰 λ-*Re* 图。

a. 清除网格线和绘图区填充效果。选定“数值 *y* 轴主要网格线”，选定绘图区，单击“Del”键，结果见图 1-3-19。

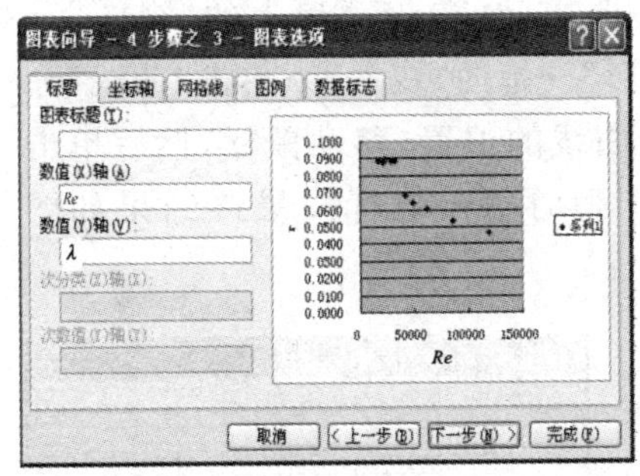

图 1-3-16 图表向导之步骤三

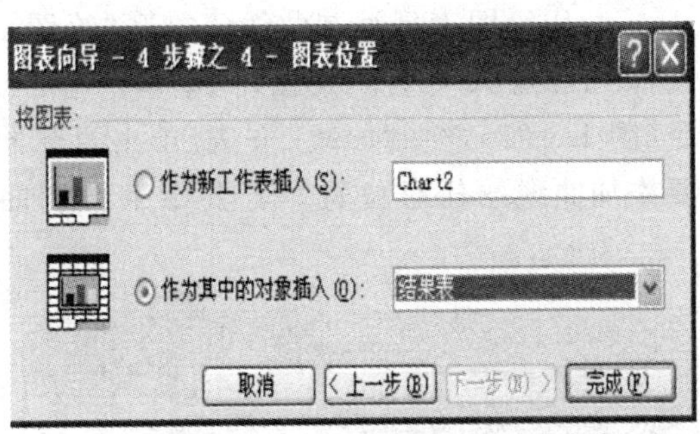

图 1-3-17 图表向导之步骤四

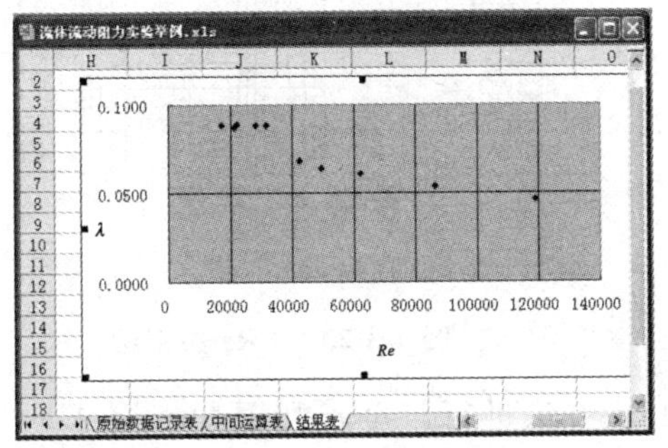

图 1-3-18 λ-*Re* 关系图

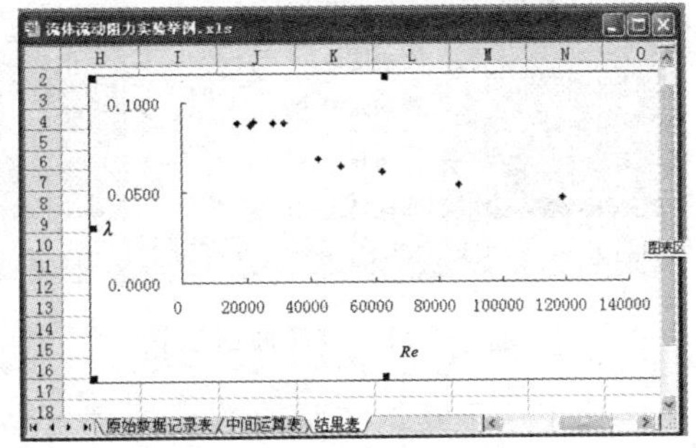

图 1-3-19 结果图

b. 将 x、y 轴的刻度由直角坐标改为对数坐标。选定 x 轴，单击右键，选择坐标轴格式得到"坐标轴格式"对话框，根据 Re 的数值范围改变"最小值""最大值"，将"主要刻度单位"改为"10"，并选中"对数刻度"，从而将 x 轴的刻度由直角坐标改为对数坐标(图 1-3-20)。同理将 y 轴的刻度由直角坐标改为对数坐标，改变坐标轴后得到结果如图 1-3-21 所示。

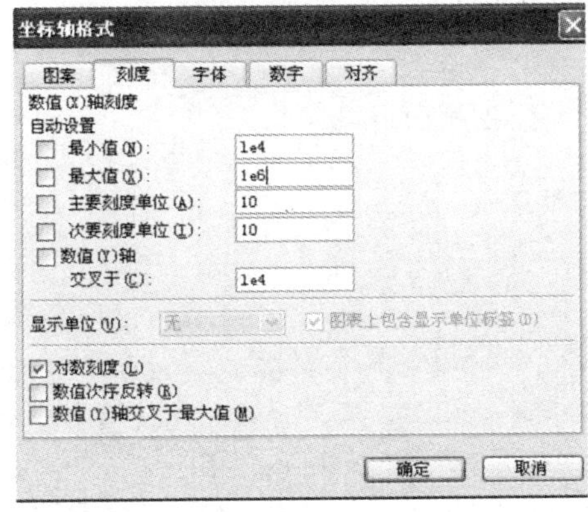

图 1-3-20 坐标轴格式对话框

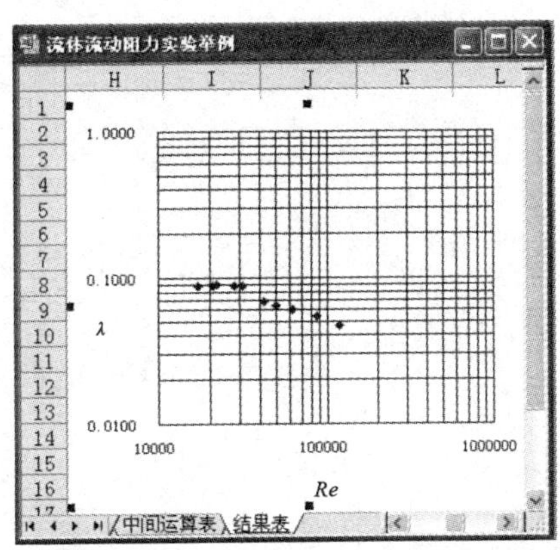

图 1-3-21 将 x、y 轴改为对数刻度

c. 用绘图工具绘制曲线。打开“绘图工具栏”(方法:单击菜单上的“视图”→选择“工具栏”→选择“绘图”命令),单击“自选图形”→指向“线条”→单击“曲线”命令(图 1-3-22),绘制曲线(方法:单击要开始绘制曲线的位置,移动鼠标,然后单击要添加曲线的任意位置。若要结束绘制曲线,则随时双击鼠标),最终结果如图 1-3-23所示。

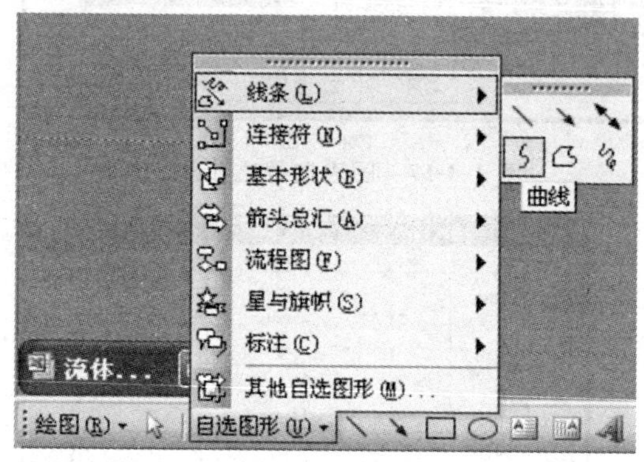

图 1-3-22　打开曲线工具

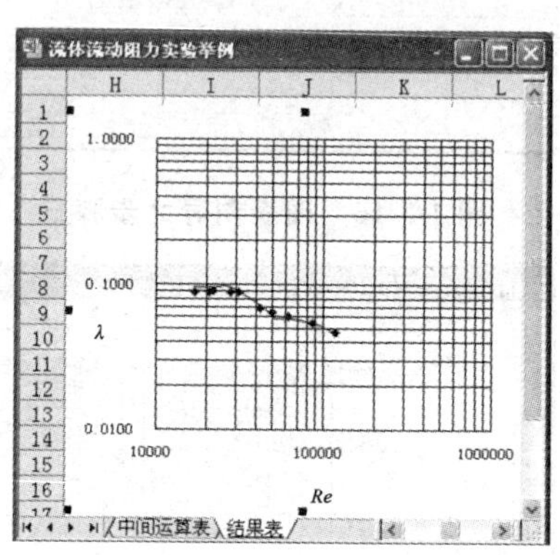

图 1-3-23　λ-*Re* 关系图

化工原理其他实验的数据处理可参照上述方法进行。至于利用 Origin 求取经验公式中的常数、绘制双对数坐标图及一横轴多纵轴图的方法,由于篇幅有限,这里就不再讨论,需要时可查阅相关专著。

第 4 章　常用化工实验参数的测量仪表与测量方法

流体的温度、压力、流量以及物料的成分等数据是化工生产和科学实验过程中的重要信息，是选择和控制最优操作条件所必需的基础数据。用来测量这些参数的仪表统称为化工测量仪表，其种类很多。了解化工常见物理量的测量方法，合理地选择和使用仪表，既可节省投资，又能取得满意的效果。

本章就在化工实验中常用的测量仪表和测量方法作简要的介绍。

4.1　压力(差)的测量

在化工生产和科学实验中，经常遇到流体压力的测量问题。均匀、垂直地作用于单位面积上的力称为压力，又称压强。压力的国际单位为 Pa(帕)，但习惯上还采用其他单位，如 atm(标准大气压)、bar(巴)、某流体液柱高度、kgf/cm^2 等。在压力测量中，常有绝对压力、正压(习惯上称表压)、负压(习惯上称真空度)之分。工程技术上所测量的多为表压。

压力是工业生产中的重要参数，压力测量仪表是用来测量气体或液体压力的工业自动化仪表，又称压力计或压力表。压力计可以指示、记录压力值，并可附加报警或控制装置。按工作原理，压力测量仪表可分为液柱式、弹性式和电气式等类型。现将各类型中常用的仪表分别作简单介绍。

1. *液柱式压差计*

液柱式压差计是根据流体静力学原理，将被测压力转换成液柱高度进行测量的压力计。它是一根直的或弯成 U 形的玻璃管，其中充有液体作为指示液。指示液要与被测流体不互溶，不起化学反应。常用的指示液有蒸馏水、水银和乙醇等。这种压差计结构简单、使用方便，但其精度受指示液的毛细管作用、密度及视差等因素的影响，故其测量范围较窄，一般用来测量较低的压力、真空度或压差。

常用的液柱式压差计主要有 U 形管压差计、倒置 U 形管压差计、单管压差计、倾斜液柱压差计、U 形管双指示液压差计等。其结构及特性详见表 1-4-1。

表 1-4-1 液柱式压差计结构及特性

名称	示意图	测量范围	静态方程	说明
U 形管压差计	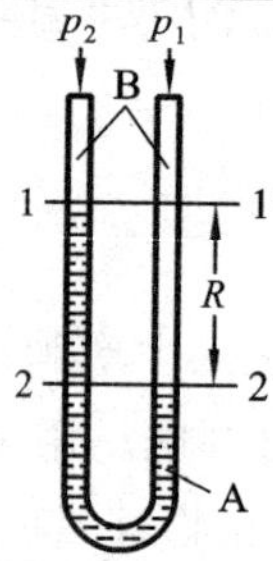	高度差 R 不超过 800 mm	$\Delta p=Rg(\rho_A-\rho_B)$ (测液体) $\Delta p=Rg\rho_A$ (测气体) A——指示液; B——待测流体	零点在标尺中间,不需调零,常作为标准压差计校正流量计
倒置 U 形管压差计	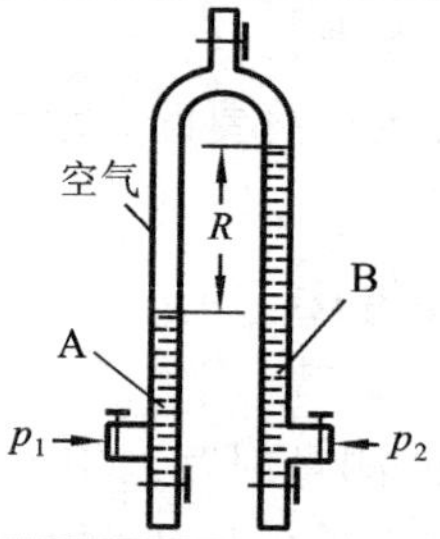	高度差 R 不超过 800 mm	$\Delta p=Rg(\rho_A-\rho_B)$ (测液体) A——指示液; B——待测流体	以待测液为指示液,适用于较小压差的测量
单管压差计	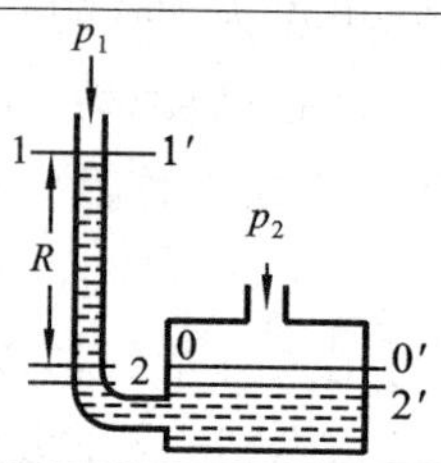	高度差 R 不超过 1500 mm	$\Delta p=R\rho\left(1+\frac{S_1}{S_2}\right)g$ 当 $S_1\ll S_2$ 时, $\Delta p=R\rho g$ S_1——垂直管截面积; S_2——扩大室截面积	零点在标尺下端,用前需调零,可作为标准器
倾斜液柱压差计	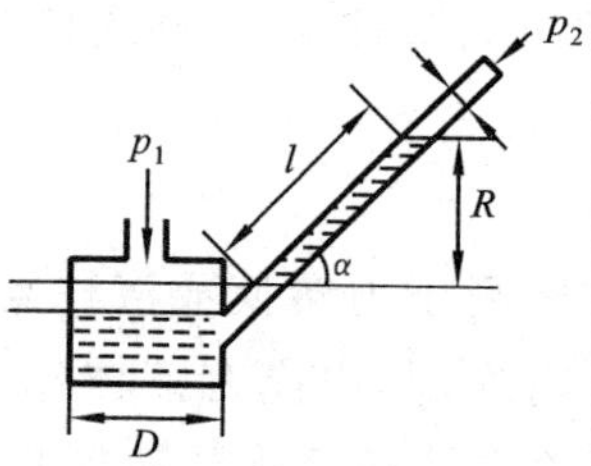	高度差 R 不超过 200 mm	$\Delta p=l\rho\left(\sin\alpha+\frac{S_1}{S_2}\right)g$ 当 $S_1\ll S_2$ 时, $\Delta p=l\rho g\sin\alpha=\rho gR$ S_1——垂直管截面积; S_2——扩大室截面积	α 小于 15°时,可改变 α 的大小来调整测量范围。零点在标尺下端,用前需调零
U 形管双指示液压差计	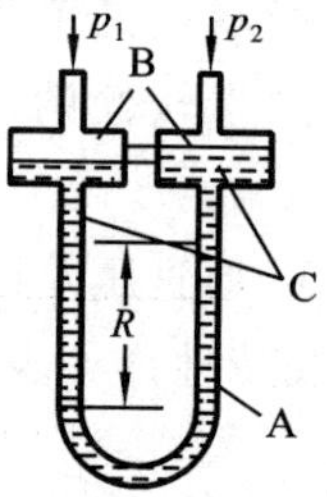	高度差 R 不超过 500 mm	$\Delta p=Rg(\rho_A-\rho_C)$ A、C——两种指示液; B——待测流体	U 形管中装有两种密度相近的指示液,且两管上方有扩大室,以提高测量精度

液柱式压差计的灵敏度高，因此主要用作实验室中的低压基准仪表，以校验工作用压力测量仪表。由于指示液的容重在环境温度、重力加速度改变时会发生变化，故对测量的结果常需要进行温度和重力加速度等方面的修正。

2. 弹性式压力计

弹性式压力计是利用各种形式的弹性元件在被测介质压力的作用下产生变形的原理制成的压力测量仪表。这种仪表具有结构简单、使用可靠、读数清晰、价格低廉、测量范围宽以及有足够的精度等优点，是压力测量仪表中应用最多的一种。

弹性元件是一种简单可靠的测压敏感元件。当测压范围不同时，所用的弹性元件也不一样，常用的几种弹性元件的结构和特性如表 1-4-2 所示。

表 1-4-2　常用弹性式压力计的弹性元件的结构和特性

类别	名称	示意图	测量范围/Pa		输出特性	动态特性	
			最小	最大		时间常数/s	自振频率/Hz
薄膜式	平薄膜	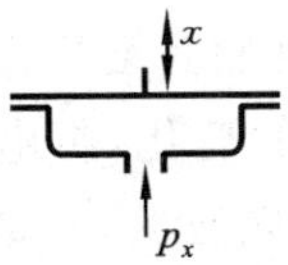	$0\sim10^4$	$0\sim10^8$	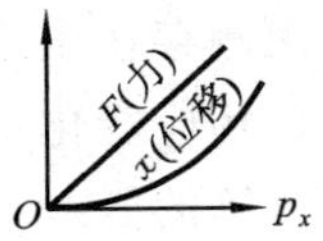	$10^{-5}\sim10^{-2}$	$10\sim10^4$
	波纹膜	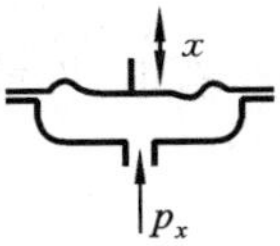	$0\sim1$	$0\sim10^6$	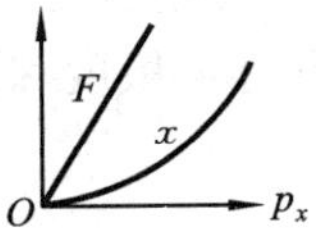	$10^{-2}\sim10^{-1}$	$10\sim10^2$
	挠性膜	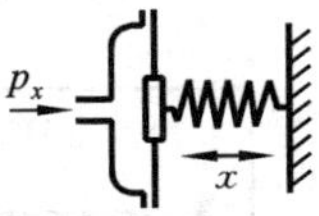	$0\sim10^{-2}$	$0\sim10^5$	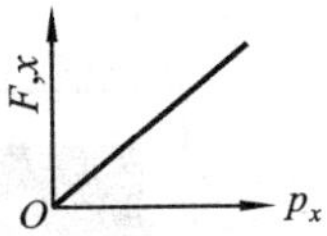	$10^{-2}\sim1$	$1\sim10^2$
波纹管式	波纹管	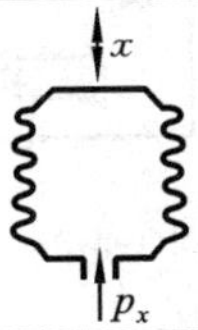	$0\sim1$	$0\sim10^6$	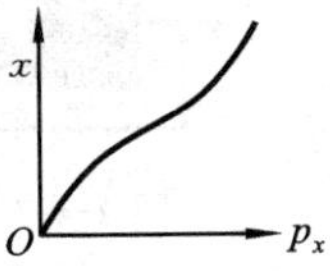	$10^{-2}\sim10^{-1}$	$10\sim10^2$
弹簧管式	单圈弹簧管	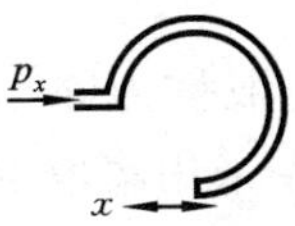	$0\sim10^2$	$0\sim10^9$	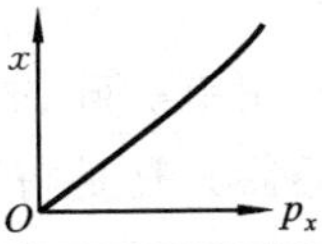	—	$10^2\sim10^3$
	多圈弹簧管	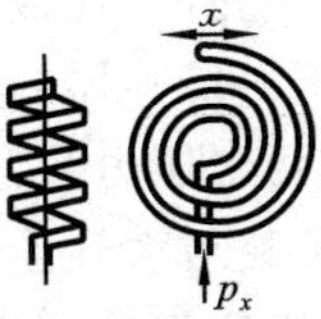	$0\sim10$	$0\sim10^8$	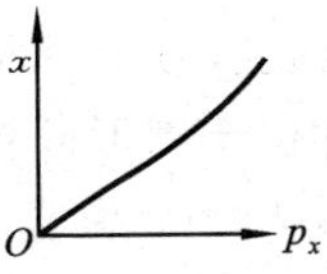	—	$10\sim10^2$

弹性式压力计按功能不同,可分为指示式压力计、电接点压力计和远传压力计等;按采用的弹性元件不同,可分为弹簧管压力计、波纹膜压力计、膜盒压力计和波纹管压力计等。其中波纹膜和波纹管多用于微压和低压测量,单圈和多圈弹簧管可用于高、中、低压,直到真空度的测量。

3. 电气式压力计

电气式压力计是一种利用金属或半导体的物理特性将压力转换为电信号(电压、电流或频率等)进行传输及显示的仪表。这种仪表的测量范围较宽,可测 $7\times10^{-5}\sim5\times10^{2}$ MPa 的压力,允许误差可小至 0.2%,并且可远距离传输信号。其代表性产品有应变片式压力传感器、压阻式压力传感器、霍尔片式压力传感器、力矩平衡式压力变送器、电容式压力变送器等。

下面简要介绍应变片式压力传感器、压阻式压力传感器和电容式压力变送器。

1) 应变片式压力传感器

应变片式压力传感器是利用电阻应变原理制成的。它将应变片粘在一个夹紧的弹性膜片上,当弹性膜片两侧存在压差时,应变片跟随弹性膜片变形。由于应变片长度发生变化,其电阻值也相应变化,测量应变片电阻值的变化,将电阻值变化转变成压差变化,即可得到待测的压差。常见的应变片有金属应变片(金属丝或金属箔,图 1-4-1、图 1-4-2)和半导体应变片(图 1-4-3)两类。

应变片式压力传感器具有灵敏度和精确度较高、信号线形输出、性能良好的特点。

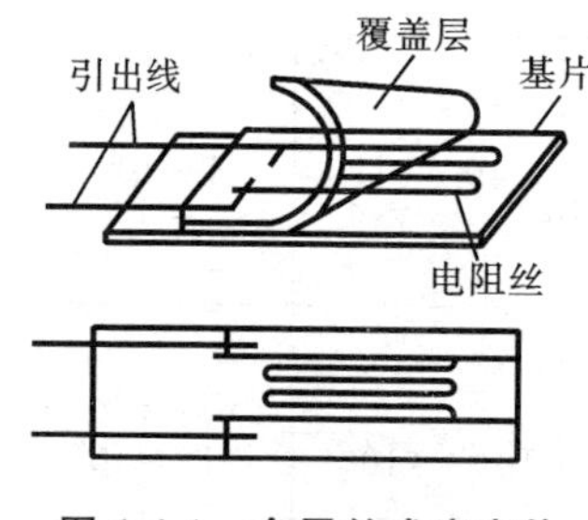

图 1-4-1　金属丝式应变片

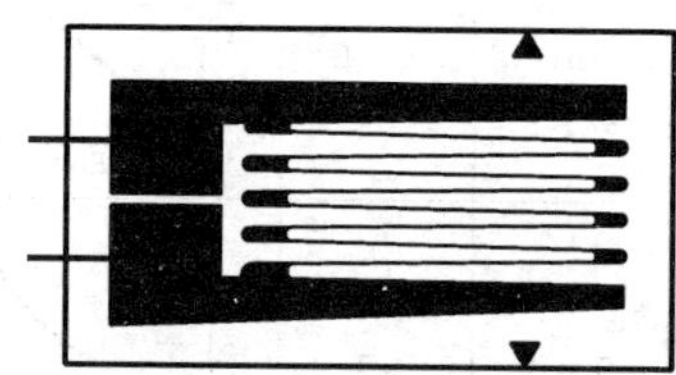

图 1-4-2　金属箔式应变片

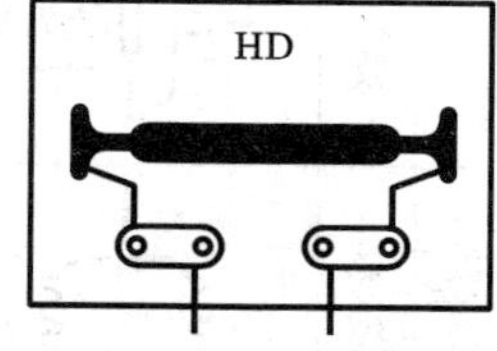

图 1-4-3　半导体应变片

2) 压阻式压力传感器

压阻式压力传感器是利用单晶硅的压阻效应制成的,一般称为固态压力传感器或扩散型压阻式压力传感器。它是将单晶硅膜片和电阻条采用集成电路工艺结合在一起,构成硅压阻芯片,然后将此芯片封接在传感器的外壳内,连接出电极引线而制成的,有时又称为集成压力传感器。典型的压阻式压力传感器的结构原理如图 1-4-4 所示。硅平膜片位于圆形硅杯的底部,其两边有两个压力腔,分别输入被测差压或被测压力与参考压力。高压腔接被测压力,低压腔与大气连通或接参考压力。膜片上的两对电阻中,一对位于受压应力区,另一对位于受拉应力区,当压差使膜片变形时，膜片上的两对电阻阻值将发生变化，使电桥输出相应压差变化的信号。为了补偿温度效应的影响，一般还可在膜片上沿对压力不敏感的晶向生成一个电阻，这个电阻只感受温度变化，可接入桥路作为温度补偿电阻，以提高测量精度。

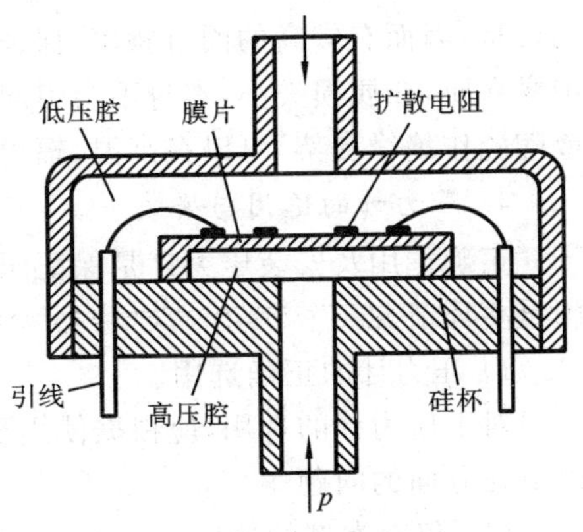

图 1-4-4　压阻式压力传感器

压阻式压力传感器具有灵敏度高、频率响应高、测量范围宽（可测低至 10 Pa 的微压到高至 60 MPa 的高压）、精度高（其精度可达±0.2%至±0.02%）、工作可靠、易于微小型化（目前国内已生产出直径为1.8～2 mm 的压阻式压力传感器），可以在恶劣的环境下工作等特点。它不仅可以用来测量压力，而且稍加改变后，就可以用来测量压差、高度、速度等参数。

3）电容式压力变送器

20 世纪 70 年代初由美国最先投放市场的电容式压力变送器是一种开环检测仪表，它先将压力的变化转换为电容量的变化，然后进行测量。利用两平板电容测量压力的电容式压力变送器如图 1-4-5 所示。

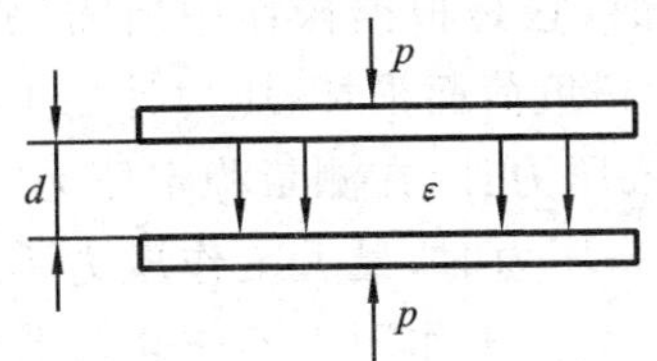

图 1-4-5　平板电容式压力变送器

当压力 p 作用于平板时，平板产生位移，改变了两平行板间的距离 d，从而引起电容量发生变化，经测量线路可以求出压力 p 的大小。当忽略边缘效应时，平板电容器的电容 C 为

$$C=\frac{\varepsilon S}{d} \tag{1-4-1}$$

式中：ε——介电常数；

S——极板间重叠面积；

d——极板间距离。

从式(1-4-1)可见，电容量的大小与 S、ε 和 d 有关。当被测压力控制 S、ε 和 d 三者中的任一参数时，就可以得到电容的增量与被测压力之间的函数关系 $\Delta C=f(p)$。由于电容式压力变送器只完成 p 与 C 的函数转换，因而，还必须进行二次转换 $U=f(C)$，这样测出电压 U 的数值便可求出被测压力 p 的大小。一般采用电感臂电桥电路和双 T 电桥电路。在电感臂电桥电路中，交流电桥的输出经放大相敏检波后进行测量；而双 T 电桥电路则把压力引起的电容变化转换成电压输出。

电容式压力变送器主要有以下特点：①灵敏度很高，特别适用于低压和微压测试；②内部几乎不存在摩擦，本身也不消耗能量，减小了测量误差；③具有极小的可动质量,因而有较高的固有频率,保证了良好的动态响应能力;④用气体或真空作绝缘介质,介质损失小,本身不会引起温度变化;⑤结构简单,多数采用玻璃、石英或陶瓷作绝缘支架,可以在高温、辐射等恶劣条件下工作。

4. 压力计的选用与安装

正确选用及安装压力计是保证压力计在生产和科学实验过程中发挥应有作用的重要环节。

1) 压力计的正确选用

对于压力计的选用,应根据使用要求,针对具体情况作具体分析。一般应考虑以下几方面的问题。

(1) 仪表类型的选用。

选用的仪表类型必须满足工艺过程或实验研究对压力测量的要求,如是否需要远传变送、报警或自动记录功能等,被测介质的物理化学性质和状态(如黏度、温度、腐蚀性、清洁程度、易燃易爆性等)是否对测量仪表提出特殊要求,环境条件(如温度、湿度、电磁场、振动等)对仪表类型是否有特殊要求等。

(2) 仪表测量范围的确定。

仪表的测量范围是指仪表刻度的下限值到上限值,它是根据操作中所需测量的参数大小来确定的。测量压力时,为了避免压力计超负荷而损坏,压力计的上限值应高于实际操作中可能的最大压力值。对于弹性式压力计,在测量稳定压力时,最大工作压力不应超过其测量上限值的 2/3;在测量高压力时,最大工作压力不应超过其测量上限值的 3/5;在测量波动较大的压力时,最大工作压力不应超过其测量上限值的 1/2。

此外,为保证测量值的准确度,所测压力值不能太接近仪表的下限值,一般以被测压力的最小值与仪表的下限值之差不低于仪表全量程的 1/3 为宜。

根据被测参数的最大、最小值计算出仪表的上、下限后,还不能以此数值直接作为选用仪表测量范围的依据,因为仪表标尺的极限值不是任意取一个数字就可以的,它是国家标准规定了的。因此,选用仪表标尺的极限值时,要按照相应标准中的数值选用(一般在相应的产品目录或工艺手册中可查到)。

(3) 仪表精度等级的选取。

仪表精度等级是由工艺生产或科学实验所允许的最大测量误差来确定的。一般来说,仪表越精密,测量结果就越精确、可靠,但不能认为选用的仪表精度越高越好。因为越精密的仪表,一般价格越高,维护和操作要求越高。因此,应在满足操作要求的前提下,本着节约的原则,尽可能地选择精度等级较低、价廉耐用的仪表。

2) 测压点的选择

所选择的测压点处的压力应能反映被测压力的真实大小,为此必须注意以下几点:

(1) 测压点要选在被测介质直线流动的管段部分,不要选在管路拐弯、分叉、死角或其他易形成旋涡的地方。

(2) 测量流动介质的压力时，测压点与流动方向应垂直，导压管内端面与设备连接处的内壁应保持平齐，不应有凹凸或毛刺。

(3) 测量液体压力时，测压点应在管道下部，导压管内不应积存气体；测量气体压力时，测压点应在管道上方，导压管内不应积存液体。

3) 测压孔的影响

测压孔又称取压孔，由于在管道壁面上开设了测压孔，不可避免地会扰乱它所在处流体流动的情况，流体流线会向孔内弯曲，并在孔内引起旋涡，这样从测压孔引出的静压力和流体真实的静压力存在偏差。此偏差与孔附近的流体流动状态有关，也与孔的尺寸、深度、几何形状和孔轴方向等因素有关。

理论上，测压孔的孔径越小越好，但孔口太小，会使加工困难，且易被堵塞，另外还使测压的动态性能变差。一般孔径取 0.5～1 mm，孔深与孔径之比不小于 3。

4) 导压管的铺设

导压管是测压孔与压力计之间的连接管，其作用是传递压力。铺设导压管时可参照以下原则：

(1) 导压管粗细要合适，一般内径为 6～10 mm，应尽可能短，不得超过 50 m，以减少压力指示的迟滞；

(2) 导压管水平安装时应保证有 1∶(10～20)的倾斜度，以利于积存于其中的液体或气体的排出；

(3) 当被测介质易冷凝或冻结时，必须加设保温伴热管线。

5) 压力计的安装

压力计的安装应注意以下几点：

(1) 安装地点应力求避免震动和高温影响。弹性式压力计在高温情况下，其指示值将偏高，因此一般应在 50 ℃以下的环境下工作，或利用必要的防高温防热措施。

(2) 测压孔与压力计之间应装有切断阀，以便于压力计和导压管的检修，对于精度较高的或量程较小的测量仪表，切断阀可防止压力的突然冲击或过载。切断阀应装设在靠近测压孔的位置。

(3) 全部导压管应密封良好，无渗漏现象，渗漏会造成很大的测量误差，因此安装导压管后应做一次耐压实验，实验压力为操作压力的 1.5 倍，气密性实验压力为 400 mmHg。

(4) 针对被测介质的不同性质，要采取相应的防热、防冻、防腐、防堵等措施。如测量蒸气压力时，应加装凝液管，以防止高温蒸气与测压元件直接接触；对于有腐蚀性介质的压力测量，应加装中性介质的隔离罐等。

(5) 在测量液体流动管道上下游两点间压差时，若气体混入，形成气液两相流，则其测量结果不可取。因为单相流动阻力与气液两相流动阻力的数值及规律差别很大。例如,在离心泵吸入口处是负压,文丘里管等节流式流量计的节流孔处可能是负压,管内液体从高处向低处常压储槽流动时,高段是负压,这些部位有空气漏入时,对测量结果影响很大。

4.2　流速与流量的测量

1. 测速管

1) 测速管的结构与测量原理

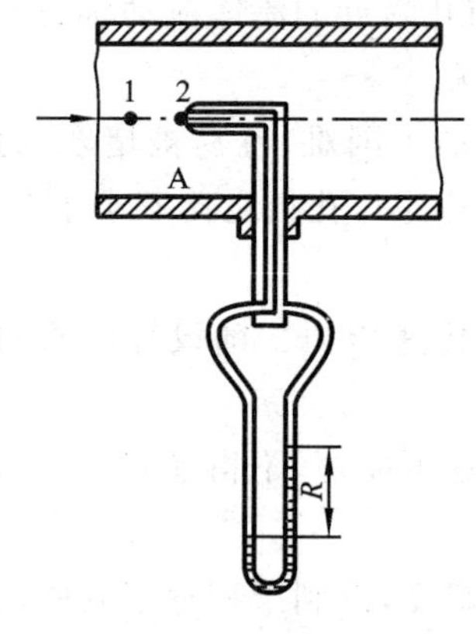

图 1-4-6　测速管(皮托管)

测速管又称皮托管(Pitot tube),如图 1-4-6 所示。测速管由两根弯成直角的同心套管组成,内管管口正对着管道中流体流动方向,外管的管口是封闭的,在外管前端壁面四周开有若干测压小孔。为了减小误差,测速管的前端经常做成半球形以减少涡流。测速管的内管与外管分别与 U 形管压差计相连。内管所测的是流体在 A 处的局部动能和静压能之和,称为冲压能。设皮托管内管的管口外侧(测量点处)沿管轴方向的点速度为 u_r(m/s),皮托管外管测压孔处的静压力为 p_1,皮托管内管的管口截面 2 处的总压力为 p_2,流体的密度为 ρ,则

$$p_2 = p_1 + \frac{\rho u_r^2}{2} \tag{1-4-2}$$

对于不可压缩流体,由上式推出测速点的流速为

$$u_r = C\sqrt{\frac{2(p_2 - p_1)}{\rho}} \tag{1-4-3}$$

式中:C——校正系数(通常取 0.98~1.00,但有时为了提高测量精度,C 值应在仪表校正时确定);

$p_2 - p_1$——总压力与静压力之差,由压差计测出。

由此可知,测速管实际测得的是流体在管截面某处的点速度,因此利用测速管可以测得流体在管内的速度分布。而流量可对速度分布曲线进行积分而得到。也可以根据皮托管测量管中心的最大流速 u_{max},利用图 1-4-7 所示的关系查取最大流速与平均流速 u 之比,求出管截面的平均流速 u,进而计算出流量,此法较常用。

测速管的优点是压降小,价格低廉,可以测量点流速和速度分布,必要时可以标定安装在大直径管路上的各种流量计,但是测量结果受流速分布影响严重,且计算繁杂,准确度较低。故其通常适用于测量大直径管路中的气体流速,而不能直接测量平均流速,且压差读数小,须配以微差压差计。

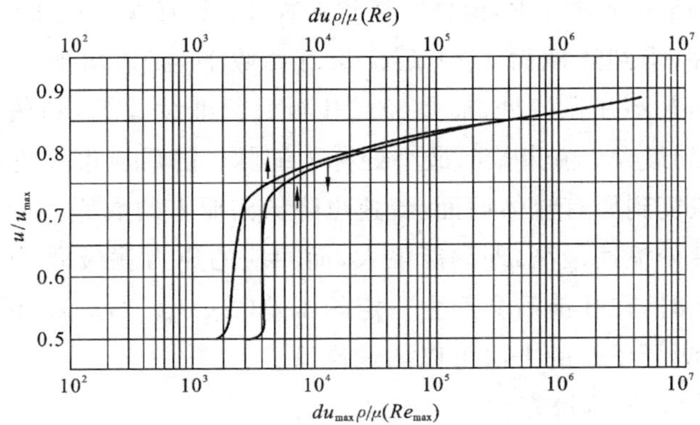

图 1-4-7　u/u_{max} 与 Re、Re_{max} 的关系

2）测速管的使用

测速管的使用须注意以下几点：

(1) 必须保证测量点位于均匀流段，测量点上、下游的直管长度最好大于 50 倍管内径，至少也应大于 8 倍。

(2) 测速管管口截面必须垂直于流体流动方向，任何偏离都将导致负偏差。

(3) 测速管的外径 d_o 不应超过管内径 d_i 的 1/50，即 $d_o \leqslant d_i/50$。

(4) 测速管对流体的阻力较小，适用于测量大直径管道中清洁气体的流速。当流体中含有固体杂质时，易将测压孔堵塞，故不宜采用。

2. 孔板流量计

1）孔板流量计的结构与测量原理

孔板流量计属于差压式流量计，是利用流体流经节流元件产生的压差来实现流量测量的。孔板流量计的节流元件为孔板，即中央开有圆孔的金属板，其结构如图 1-4-8 所示。将孔板垂直安装在管道中，以一定取压方式测取孔板前后两端的压差，并与压差计相连，即构成孔板流量计。

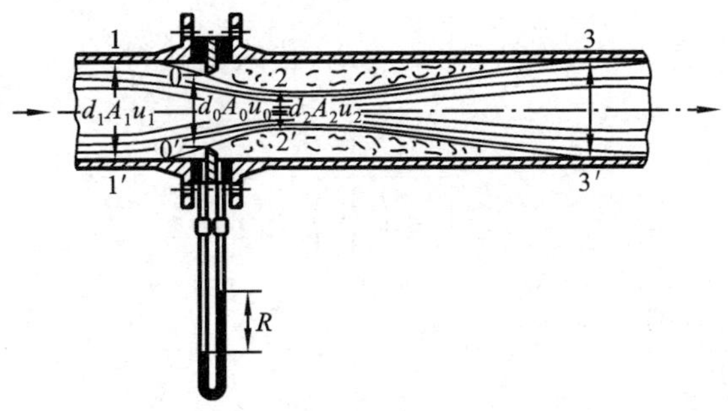

图 1-4-8　孔板流量计的结构

在图 1-4-8 所示流量计中，流体在管道截面 1—1′前，以一定的流速 u_1 流动，因后面有节流元件，当到达截面 1—1′后流束开始收缩，流速增加。由于惯性作用，流束的最小截面并不在孔口处，而是经过孔板后仍继续收缩，到截面 2—2′处达到最小，流速 u_2 达到最大。流束截面最小处称为缩脉。随后流束又逐渐扩大，直至截面 3—3′处，又恢复到原有流体截面，流速也降低到原来的数值。

流体在缩脉处流速最高，即动能最大，而相应的压力就最低，因此当流体以一定流量流经小孔时，在孔前后会产生一定的压差($\Delta p = p_1 - p_2$)。流量越大，Δp 就越大，所以利用测量压差的方法可以测量流量。

2）孔板流量计的流量方程

孔板流量计的流量与压差的关系，可由连续性方程和伯努利方程推导得到。

如图 1-4-8 所示，在 1—1′截面和 2—2′截面间列伯努利方程，暂时不计能量损失，有

$$\frac{p_1}{\rho} + \frac{1}{2}u_1^2 = \frac{p_2}{\rho} + \frac{1}{2}u_2^2 \tag{1-4-4}$$

化简得

$$\frac{u_2^2 - u_1^2}{2} = \frac{p_1 - p_2}{\rho} \tag{1-4-5}$$

或

$$\sqrt{u_2^2 - u_1^2} = \sqrt{\frac{2\Delta p}{\rho}} \tag{1-4-6}$$

考虑到：①实际上流体流经孔板时有能量损失，并且缩脉位置通常不易确定，A_2 未知；②虽然孔口截面积 A_0 已知，但为便于计算，可用孔口速度 u_0 替代缩脉处速度 u_2；③实际测量中两测压孔不一定恰好在 1—1′截面和 2—2′截面上，故实际上，引入校正系数 C 来校正上述各因素的影响，校正后的计算式为

$$\sqrt{u_2^2 - u_1^2} = C\sqrt{\frac{2\Delta p}{\rho}} \tag{1-4-7}$$

对于不可压缩流体，有 $u_1 = u_0 \dfrac{A_0}{A_1}$，且 $u_2 = u_0$，代入上式得

$$u_0 = \frac{C}{\sqrt{1 - \left(\dfrac{A_0}{A_1}\right)^2}} \cdot \sqrt{\frac{2\Delta p}{\rho}}$$

令 $C_0 = \dfrac{C}{\sqrt{1 - \left(\dfrac{A_0}{A_1}\right)^2}}$，则

$$u_0 = C_0\sqrt{\frac{2\Delta p}{\rho}} \tag{1-4-8}$$

由压差计得

$$\Delta p = Rg(\rho_0 - \rho)$$

式中:R——U形管压差计的读数。

代入上式得

$$u_0 = C_0\sqrt{\frac{2Rg(\rho_0-\rho)}{\rho}} \tag{1-4-9}$$

根据u_0的数值即可计算流体的体积流量,即

$$Q_{V,s} = A_0 u_0 = C_0 A_0\sqrt{\frac{2Rg(\rho_0-\rho)}{\rho}} \tag{1-4-10}$$

根据u_0的数值即可计算流体的质量流量,即

$$Q_{m,s} = A_0 u_0 \rho = C_0 A_0\sqrt{2R\rho g(\rho_0-\rho)} \tag{1-4-11}$$

式中:C_0——流量系数或孔板(流)系数,其值由实验确定。

采用角接法时,流量系数C_0与Re、A_0/A_1的关系如图1-4-9所示。图中$Re=\frac{d_1 u_1 \rho}{\mu}$,为流体流经管路的雷诺数,$A_0/A_1$为孔口面积与管截面积之比。

从图1-4-9可以看出,对于A_0/A_1值相同的标准孔板,C_0只是Re的函数,并随Re的增大而减小。当增大到一定界限值之后,C_0不再随Re的变化而变化,成为一个仅取决于A_0/A_1的常数。选用或设计孔板流量计时,应尽量使常用流量在此范围内。常用的C_0值为0.6～0.7。

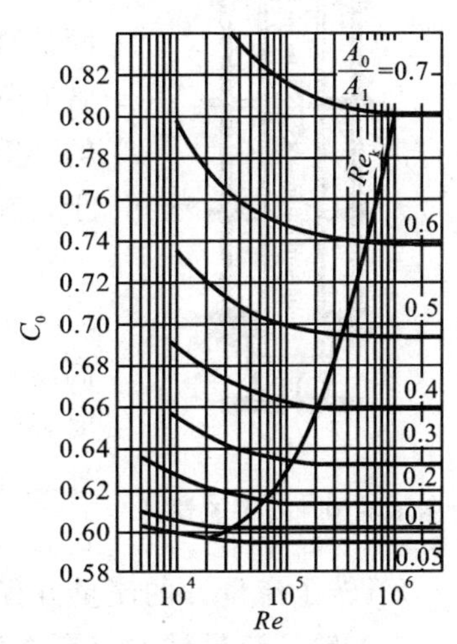

图1-4-9　孔板流量计的C_0与Re、A_0/A_1的关系曲线

用式(1-4-10)或式(1-4-11)计算流体的流量时,必须先确定流量系数C_0值,但C_0值又与Re有关,而管道中的流体流速又是未知的,故无法计算Re值,此时可采用试差法。即先假设Re超过其界限值Re_k,由A_0/A_1的值从图1-4-9中查得C_0值,然后根据式(1-4-10)或式(1-4-11)计算流量,再计算管道中的流速及相应的Re。若所得的Re值大于界限值Re_k,则表明原来的假设正确;否则需重新假设C_0值。重复上述计算,直至计算值与假设值相符为止。

由式(1-4-10)可知,当流量系数C_0值为常数时,$Q_{V,s}\propto\sqrt{R}$。这表明U形管压差计的读数R与流量的平方成正比,即流量的少量变化将导致读数R较大的变化,因此测量的灵敏度较高。此外,由以上关系可以看出,孔板流量计的测量范围受U形管压差计量程的限制,同时考虑到孔板流量计的能量损失随流量的增大而迅速地增加,故孔板流量计不适用于测量流量范围较大的情况。

3) 孔板流量计的安装及其优缺点

孔板流量计安装时,上、下游需要有一段内径不变的直管作为稳定段,上游长度至少为管径的 10 倍,下游长度为管径的 5 倍。

孔板流量计结构简单,制造与安装都很方便,但是能量损失较大,这主要是流体流经孔板时,截面的突然缩小与扩大形成大量涡流所致。如前所述,虽然流体经管口后某一位置流速已恢复至与孔板前相同,但静压力不能恢复,产生了永久压降 Δp_f。此压降随面积比 A_0/A_1 的减小而增大。另外,孔口直径减小时,孔速提高,读数 R 增大,因此设计孔板流量计时应选择适当的面积比 A_0/A_1,以期兼顾到 U 形管压差计适宜的读数和允许的压降。

3. 转子流量计

1) 转子流量计的结构与测量原理

转子流量计的结构如图 1-4-10 所示。

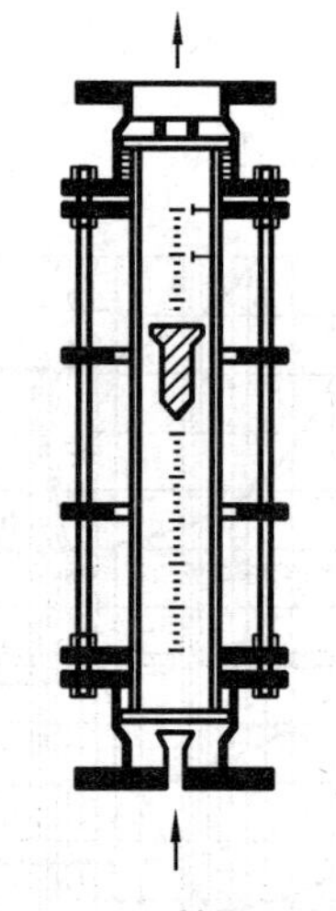

图 1-4-10 转子流量计

转子流量计由一段上粗下细的锥形玻璃管(锥角在 4°左右)和管内一个密度大于被测流体的固体转子(或称浮子)构成。流体自玻璃管底部流入,经过转子和管壁之间的环隙,再从顶部流出。管中无流体通过时,转子沉在管底部。当被测流体以一定的流量流经转子与管壁之间的环隙时,由于流道截面减小,流速增大,压力随之降低,于是在转子上、下端面形成一个压差,将转子托起,使转子上浮。随着转子的上浮,环隙面积逐渐增大,流速减小,压力增加,从而使转子两端的压差降低。当转子上浮至某一高度,转子两端面压差造成的升力恰好等于转子的重力时,转子不再上升,而悬浮在该高度。转子流量计玻璃管外表面上刻有流量值,根据转子平衡时其上端平面所处的位置,即可读取相应的流量。

2) 转子流量计的流量方程

(1) 转子流量计的流量方程可根据转子受力平衡导出。

在图 1-4-11 中,取转子下端截面为 1—1′,上端截面为 0—0′,用 V_f、A_f、ρ_f 分别表示转子的体积、最大截面积和密度。当转子处于平衡位置时,转子两端面压差造成的升力等于转子的重力,即

$$(p_1 - p_0)A_f = (\rho_f - \rho)V_f g \tag{1-4-12}$$

p_1、p_0 的关系可由在 1—1′截面和 0—0′截面间列伯努利方程获得,即

$$\frac{p_1}{\rho} + \frac{u_1^2}{2} + z_1 g = \frac{p_0}{\rho} + \frac{u_0^2}{2} + z_0 g$$

整理得

$$p_1 - p_0 = (z_0 - z_1)\rho g + \frac{\rho}{2}(u_0^2 - u_1^2)$$

两边同乘以最大截面积 A_f，则有

$$(p_1 - p_0)A_f = A_f(z_0 - z_1)\rho g + A_f\frac{\rho}{2}(u_0^2 - u_1^2) \tag{1-4-13}$$

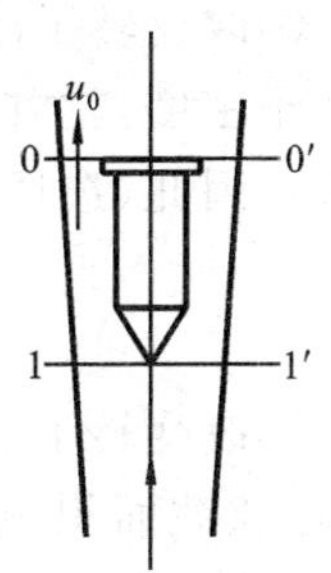

图 1-4-11　转子流量计示意图

若用 A_0 代表转子与锥形管间环隙的截面积，用 C_R 代表校正因素，则流过转子流量计的流体的体积流量为

$$Q_{V,s} = uA_0 = C_R A_0 \sqrt{\frac{2gV_f(\rho_f - \rho)}{\rho A_f}} \tag{1-4-14}$$

质量流量为

$$Q_{m,s} = u\rho A_0 = C_R A_0 \sqrt{\frac{2gV_f(\rho_f - \rho)\rho}{A_f}} \tag{1-4-15}$$

对于一定的转子流量计，C_R 为常数。

(2) 转子流量计的流量换算。

对于测量液体的转子流量计，制造厂是在常温下用水标定的，若使用时被测介质不是水而是其他液体，则由于密度不同，必须对流量计的刻度进行修正或重新标定。对一般介质，当温度和压力改变时，流体的黏度变化不大(一般不超过 0.01 Pa · s)，故可通过下式对流体的体积流量进行修正：

$$Q_{实} = \sqrt{\frac{(\rho_f - \rho)\rho_{水}}{(\rho_f - \rho_{水})\rho}} \cdot Q_{标}$$

式中：$Q_{实}$——被测介质实际流量，m^3/s；

$Q_{标}$——用水标定时的刻度流量，m^3/s；

ρ_f——转子材料的密度，kg/m^3；

ρ——被测流体的密度，kg/m^3；

$\rho_{水}$——标定条件下(20 ℃)水的密度，kg/m^3。

对于测量气体的转子流量计，制造厂是在工业标准状态下，即压力 $p_0 = 1.013 \times 10^5$ Pa、温度 $T_0 = 293$ K，用空气标定出厂的。对于非空气介质和在不同于上述标准状态下使用时，可按下式进行修正：

$$Q_1 = Q_0 \sqrt{\frac{\rho_0 p_1 T_0}{\rho_1 p_0 T_1}}$$

式中：Q_1、ρ_1、p_1、T_1——工作状态下介质的体积流量、密度、绝对压力和绝对温度；

Q_2、ρ_2、p_2、T_2——在标准状态下(1.013×10^5 Pa，293 K)空气的体积流量、密度、绝对压力和绝对温度。

(3) 转子流量计量程的改变。

当购买来的流量计不能满足实验测量范围时，可用以下方法改变量程。

①改变转子的密度。当改变转子材料的密度 ρ_f 时,会引起量程的改变。如增加转子密度,就可以增大量程,即同一高度的转子位置所对应的被测介质的流量将增大。因此,选择不同材料的同形转子,就可以达到改变转子流量计量程的目的。

$$\frac{Q_{转子1}}{Q_{转子2}}=\sqrt{\frac{\rho_{f1}-\rho_{液}}{\rho_{f2}-\rho_{液}}}$$

②改变转子直径或车削转子。由式(1-4-14)可知,转子密度 ρ_f、转子的体积 V_f、环隙截面积 A_0 都与流量有关,而其中环隙截面积与转子的最大截面积有关。当改变转子的直径,则流量变化可由下式表示:

$$\frac{Q_1}{Q_2}=\phi_{12}\frac{A_{01}}{A_{02}}$$

式中:ϕ_{12}——转子形状相对变化系数。

流量范围的变化关系为

$$\left(\frac{Q_{max}}{Q_{min}}\right)_1\Big/\left(\frac{Q_{max}}{Q_{min}}\right)_2=\left(\frac{A_{0max}}{A_{0min}}\right)_1\Big/\left(\frac{A_{0max}}{A_{0min}}\right)_2$$

式中:$\frac{Q_{max}}{Q_{min}}=\frac{A_{0max}}{A_{0min}}$——测定流量的范围;

A_{0max}/A_{0min}——玻璃管与转子之间上、下环隙截面积之比。

3) 转子流量计的安装与使用

在安装和使用转子流量计时应注意以下问题:

(1) 转子流量计必须垂直安装,不允许有明显的倾斜(倾角要小于 2°),否则会带来测量误差。

(2) 为了检修方便,在转子流量计上游应设置调节阀。

(3) 转子对沾污比较敏感。如果沾有污垢,则转子的质量、环形通道的截面积会发生变化,甚至还可能出现转子不能上下垂直浮动的情况,从而引起测量误差。

(4) 调节或控制流量不宜采用电磁阀等速开阀门。否则,开启阀门过快,转子就会冲到顶部,因骤然受阻失去平衡而将玻璃管撞破或将玻璃转子撞碎。

(5) 当被测流体温度高于 70 ℃时,应在流量计外侧安装保护套,以防玻璃管因溅到冷水而骤冷破裂。国产 LZB 系列转子流量计的最高工作温度有 120 ℃和 160 ℃两种。

4. 文丘里流量计

孔板流量计的主要缺点是其在测量过程中使流体的能量损失较大,其原因在于孔板前后的突然缩小与突然扩大。若用一段渐缩、渐扩管代替孔板,所构成的流量计称为文丘里(Venturi)流量计或文氏流量计,如图 1-4-12 所示。当流体经过文丘里管时,由于均匀收缩和逐渐扩大,流速变化平缓,涡流较少,故流体的能量损失比使用孔板流量计时大大减小。

文丘里流量计的测量原理与孔板流量计相同，也属于差压式流量计，其流量公式也与孔板流量计相似。

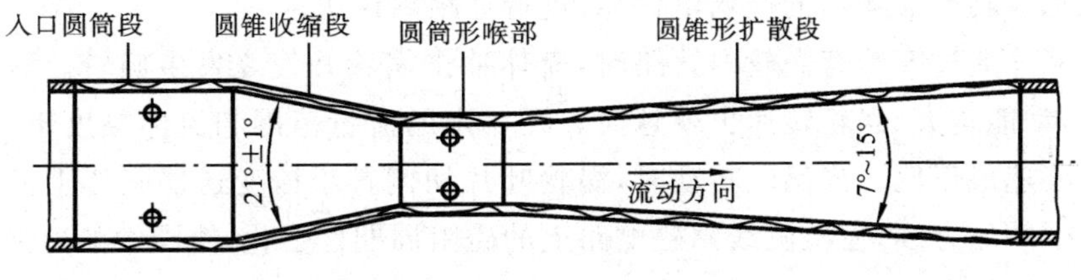

图 1-4-12　文丘里流量计

由于使用文丘里流量计测量时流体的能量损失较小，文丘里流量计流量系数较孔板大，因此在具有相同压差计读数 R 时流体流量比孔板流量计大。文丘里流量计的缺点是加工较难，加工精度要求高，造价高，安装时需占去一定管长位置。

5. 涡轮流量计

涡轮流量计是以动量矩守恒原理为基础而设计的流量测量仪表。

涡轮流量计的优点如下：①精度高。其精度可以达到 0.5 级以上，在狭小范围内甚至可达 0.1 级，故可作为校验 1.5～2.5 级普通流量计的标准计量仪表。②对被测信号变化的反应快。若被测介质为水，涡轮流量计的时间常数一般只有几毫秒到几十毫秒，因此特别适用于脉动流量的测量。

1）涡轮流量变送器的结构和工作原理

涡轮流量计由涡轮流量变送器和显示仪表组成。涡轮流量变送器包括涡轮、导流器、磁电感应转换器、外壳及前置放大器等部分，如图 1-4-13 所示。

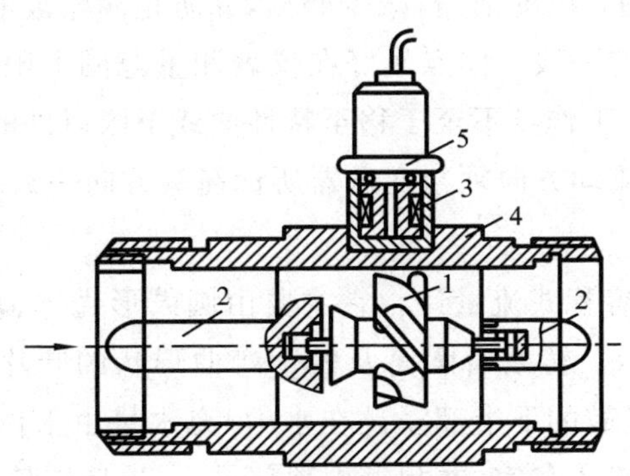

图 1-4-13　涡轮流量变送器结构图

1—涡轮；2—导流器；3—磁电感应转换器；4—外壳；5—前置放大器

涡轮由高磁导率的不锈钢材料制成，叶轮芯上装有螺旋形叶片，流体作用于叶片上使之旋转。导流器用以稳定流体的流向并支撑叶轮。磁电感应转换器由线圈和磁铁组成,用以将叶轮的转速转换成相应的电信号。涡轮流量计的外壳由非导磁不锈钢制成,用以固定和保护内部零件,并与流体管道连接。前置放大器用以放大磁电感应转换器输出的微弱电信号,进行远距离传送。

当流体通过安装有涡轮的管路时,流体冲击涡轮并使之发生旋转。流体的流速越高,动能越大,涡轮转速也就越高。在一定的流量范围和流体黏度下,涡轮的转速和流速成正比。当涡轮转动时,涡轮叶片切割置于该变送器壳体上的检测线圈所产生的磁力线,使检测线圈磁电路上的磁阻周期性变化,线圈中的磁通量也跟着发生周期性变化,检测线圈产生脉冲信号,即脉冲数,其值与涡轮的转速成正比,即与流量成正比。这个电信号经前置放大器放大后,送入电子频率仪或涡轮流量计算指示仪,以累计和指示流量。

2) 涡轮流量计的安装和使用

在安装和使用涡轮流量计时应注意以下问题:

(1) 涡轮流量计出厂时是在水平安装情况下标定的,因此为了保证涡轮流量计的精度,涡轮变送器必须水平安装,否则会导致变送器的仪表常数发生变化。

(2) 因为流场变化会使流体旋转,改变流体和涡轮叶片的作用角度,此时,即使流量稳定,涡轮的转速也会改变,所以为了保证变送器性能稳定,除了在其内部设置导流器外,还必须在变送器前后留出一定的直管段。一般入口直管段的长度至少为 20 倍管径,出口直管段的长度至少为 15 倍管径。

(3) 为了确保变送器叶轮正常工作,流体必须洁净,切勿使污物、铁屑等进入变送器。因此在使用涡轮流量计时,一般应加装过滤器,网孔密度一般为每平方厘米 100 孔,以保持被测介质的洁净,减少磨损,并防止涡轮被卡住。

(4) 涡轮流量计的一般工作点最好在仪表测量范围上限数值的 50%以上,以保证流量稍有波动时,工作点不至于移至特性曲线下限以外的区域。

(5) 被测流体的流动方向须与变送器所标箭头方向一致。

6. 湿式流量计

湿式流量计属于容积式流量计。它主要由圆鼓形壳体、转鼓及传动计数机构组成,如图 1-4-14 所示。转鼓由圆筒及四个弯曲形状的叶片构成,四个叶片构成四个体积相等的小室,鼓的下半部浸没在水中,充水量由水位器指示,气体从背部中间的进气管处依次进入各室,并相继由顶部排出,迫使转鼓转动。转动的次数通过齿轮机构由指针或机械计数器计数,也可以将转鼓的转动次数转换为电信号作远传显示。

湿式流量计在测量气体体积总量时,其准确度较高,特别是流量较小时,它的测量误差比较小,可直接用于测量气体流量,也可用作标准仪器检定其他流量计。

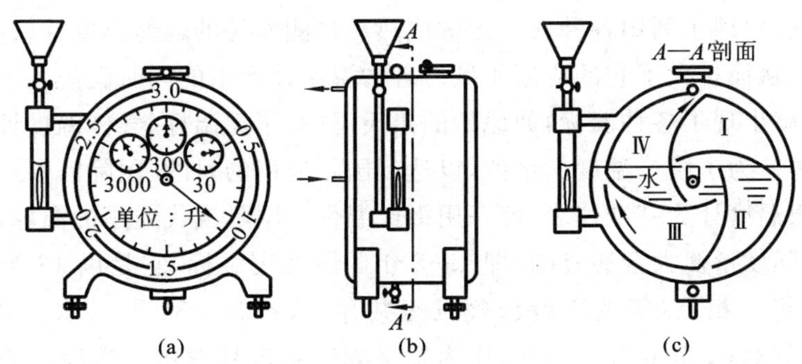

图 1-4-14　湿式流量计

它是实验室常用的仪表之一。湿式气体流量计每个气室的有效体积是由预先注入流量计的水面控制的，所以在使用时必须检查水面是否达到预定的位置，安装时，仪表必须保持水平。

4.3　温度的测量

温度测量仪表是测量物体冷热程度的工业自动化仪表。最早的温度测量仪表是意大利人伽利略于 1592 年发明的，它是一个带细长颈的大玻璃泡，倒置在一个盛有葡萄酒的容器中，从其中抽出一部分空气，酒面就上升到细颈内。当外界温度改变时，细颈内的酒面因玻璃泡内的空气热胀冷缩而随之升降，因而酒面的高低可以表示温度的高低，实际上这是一个没有刻度的指示器。1709 年，德国的华伦海特于荷兰首次创立温标，随后他又经过多年的深入研究，于 1714 年制成了以水的冰点为 32 度，沸点为 212 度，中间分为 180 度的水银温度计，即至今仍沿用的华氏温度计。1742 年，瑞典的摄尔西乌斯制成另一种水银温度计，它以水的冰点为 100 度，沸点作为 0 度。到 1745 年，瑞典的林奈将这两个固定点颠倒过来，这种温度计就是至今仍沿用的摄氏温度计。早在 1735 年，就有人尝试利用金属棒受热膨胀的原理制造温度计，到 18 世纪末，出现了双金属温度计。1802 年，查理斯定律确立之后，气体温度计也随之得到改进和发展，其精度和测温范围都超过水银温度计。1821 年，德国的塞贝克发现热电效应，同年，英国的戴维发现金属电阻随温度变化的规律，此后就出现了热电偶温度计和热电阻温度计。1876 年，德国的西门子制造出第一支铂电阻温度计。很早以前，人们在烧窑和冶锻时，通常是凭借火焰和被加热物体的颜色来判断温度的高低。据记载，1780 年韦奇伍德根据瓷珠在高温下颜色的变化来识别烧制陶瓷的温度，后来又有人根据陶土制的熔锥在高温下弯曲变形的程度来识别温度。辐射温度计和光学高温计在 20 世纪初维恩定律和普朗克定律出现以后,才真正得以使用。从 20 世纪 60 年代开始,由于红外技术和电子技术的发展,出现了利用各种新型光敏或热敏检测元件的辐射温度计(包括红外辐射温度计),从而扩大了它的应用领域。各种温度计产生的同时就规定了各自的分度方法,也就出现了各种温标,如原始的摄氏温标、华氏温标、气体温度计温标和铂电阻温标等。为了统一温度的量值,以达到国际通用的目的,国际计量局最早规定以玻璃水银温度计为基准仪表,统一用摄氏温标。国际现代通用的温标是 1967 年第 13 届国际度量衡大会通过的,即 1968 年国际实用温标,它是以 13 个纯物质的相变点,如氢三相点(氢的固、液、气三态共存点,−259.34 ℃)、水三相点(0.01 ℃)和金凝固点(1 064.43 ℃)等,作为定义固定点来复现热力学温度的。中间插值为 −259.34～+630.74 ℃时,用基准铂电阻;中间插值为 630.74～1 064.43 ℃时,用基准铂铑-铂热电偶;中间插值为 1 064.43 ℃以上时用普朗克公式复现。

一般的温度测量仪表都有检测和显示两个部分。在简单的温度测量仪表中,这两部分是连成一体的,如水银温度计。在较复杂的仪表中则分成两个独立的部分,中间用导线联结,如热电偶或热电阻是检测部分,而与之相配的指示和记录仪表是显示部分。

按测量方式不同,温度测量仪表可分为接触式和非接触式两大类。测量时,其检测部分直接与被测介质相接触的为接触式温度测量仪表;非接触式温度测量仪表在测量时,温度测量仪表的检测部分不必与被测介质直接接触,因此可测运动物体的温度。例如常用的光学高温计、辐射温度计和比色温度计,都是利用物体发射的热辐射能随温度变化的原理制成的辐射式温度计。

由于电子器件的发展,便携式数字温度计已逐渐得到应用。它配有各种样式的热电偶和热电阻探头,使用比较方便灵活。便携式红外辐射温度计的发展也很迅速,装有微处理器的便携式红外辐射温度计具有存储计算功能,能显示一个被测表面的多处温度,或一个点温度的多次测量的平均温度、最高温度和最低温度等。此外,还研制出多种其他类型的温度测量仪表,如用晶体管测温元件和光导纤维测温元件构成的仪表;采用热像扫描方式的热像仪,可直接显示和拍摄被测物体温度场的热像图,可用于检查大型炉体、发动机等的表面温度分布,对于节能非常有益;还有利用激光测量物体温度分布的温度测量仪器等。

按测温原理的不同,温度测量大致有以下几种方式:

(1) 利用固体的热膨胀、液体的热膨胀、气体的热膨胀来测量温度;

(2) 利用电阻变化的导体或半导体受热后电阻发生变化来测量温度;

(3) 利用热电效应(不同材质导线连接的闭合回路中,两接点的温度如果不同,回路内就产生热电势)来测量温度。

表 1-4-3 列出了常用的各种温度计的优缺点。

表 1-4-3　常用的各种温度计的比较

形式	工作原理	种　类	使用温度范围/℃	优　点	缺　点
接触式	热膨胀	玻璃管温度计	−80～+500	结构简单，使用方便，测量准确，价格低廉	测量上限和精度受玻璃质量限制，易碎，不能记录和远传
		双金属温度计	−80～+500	结构简单，机械强度大，价格低廉	精度低；量程和使用范围易受限制
		压力式温度计	−100～+500	结构简单，不怕震动，具有防爆性，价格低廉	精度低；测温距离较远时，仪表的滞后现象较严重
	热电阻	铂、铜电阻温度计	−200～+600	测温精度高，便于远距离测量和自动控制	不能测量高温；由于体积大，测量点温度较困难
		半导体温度计	−50～+300		
非接触式	辐射	辐射式高温计	100～2 000	感温元件不破坏被测物体的温度场，测温范围广	只能测高温，低温段测量不准；环境条件会影响测量精确度

1. 玻璃管温度计

1）玻璃管温度计的特点和常用种类

玻璃管温度计结构简单、价格便宜、读数方便，而且有较高的精度。

实验室用得最多的是水银温度计和有机液体温度计。水银温度计测量范围广、刻度均匀、读数准确，但玻璃管破损后会造成水银污染。有机液体（如乙醇、苯等）温度计着色后读数明显，但由于膨胀系数随温度而变化，故刻度不均匀，读数误差较大。

2）玻璃管温度计的安装和使用

在安装和使用玻璃管温度计过程中应注意以下几点：

（1）玻璃管温度计应安装在没有大的震动，不易受碰撞的设备上。特别是有机液体玻璃温度计，如果震动很大，容易使液柱折断。

（2）玻璃管温度计的感温泡中心应处于温度变化最敏感处。

（3）玻璃管温度计要安装在便于读数的场所。不能倒装，也尽量不要倾斜安装。

（4）为了减小读数误差，应在玻璃管温度计保护管中加入甘油、变压器油等，以排除空气等不良导体。

(5) 水银温度计读数时按凸面最高点读数,有机液体玻璃温度计则按凹面最低点读数。

(6) 为了准确地测定温度,用玻璃管温度计测定物体温度时,如果指示液柱不是全部插入被测物体中,会使测定值不准确,必要时需进行校正。

3) 玻璃管温度计的校正

玻璃管温度计的校正方法有以下两种。

(1) 与标准温度计在同一状况下比较:实验室内将被校验的玻璃管温度计与标准温度计插入恒温槽中,待恒温槽的温度稳定后,比较被校验的玻璃管温度计与标准温度计的示值。示值误差的校验应采用升温校验,因为有机液体与毛细管壁有附着力,在降温液面下降时,会有部分液体停留在毛细管壁上,影响准确读数。水银玻璃管温度计在降温时也会因摩擦发生滞后现象。

(2) 利用纯质相变点进行校正:①用水和冰校正 0 ℃;②用水和蒸汽校正 100 ℃。

2. 热电偶温度计

1) 热电偶温度计测温原理

热电偶是根据热电效应制成的一种测温元件。它结构简单,坚固耐用,使用方便,精度高,测量范围宽,便于远距离、多点、集中测量和自动控制,是应用很广泛的一种温度计。如果取两根不同材料的金属导线 A 和 B,将其两端焊在一起,这样就组成一个闭合回路,如图 1-4-15 所示。因为两种不同金属的自由电子密度不同,当两种金属接触时,在两种金属的交界处就会因电子密度不同而产生电子扩散,结果在两金属接触面两侧形成静电场,即接触电势差。这种接触电势差仅与两金属的材料和接触点的温度有关,温度越高,金属中自由电子就越活跃,致使接触处所产生的电场强度增加,接触面电动势也相应增高。由此可制成热电偶温度计。

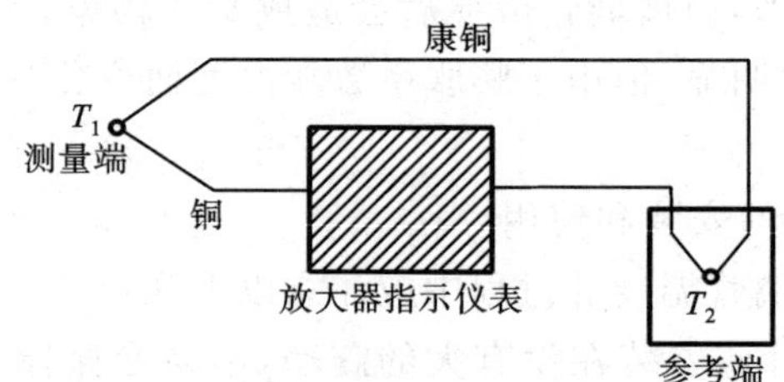

图 1-4-15　热电偶温度计测温电路示意图

2) 常用热电偶的特性

几种常用的热电偶的特性数据见表 1-4-4。使用者可以根据表中列出的数据,选择合适的二次仪表,确定热电偶温度计的使用温度范围。

表 1-4-4　常用热电偶特性表

热电偶名称	型　号	分 度 号	100 ℃的热电势/mV	最高使用温度/℃	
				长期	短期
铂铑 10*-铂	WRLB	LB-3	0.643	1300	1600
镍铬-考铜	WREA	EA-2	6.950	600	800
镍铬-镍硅	WRN	EU-2	4.095	900	1200
铜-康铜	WRCK	CK	4.290	200	300

注:10* 指含量为 10%。

3）热电偶温度计的校验

热电偶温度计的校验需注意以下两个方面：

（1）对新焊好的热电偶需校对电势-温度是否符合标准，检查有无复制性，或进行单个标定；

（2）对所用热电偶温度计定期进行校验，测出校正曲线，以便对高温氧化产生的误差进行校正。

3. 热电阻温度计

热电阻温度计是一种用途极广的测温仪器。它具有精度高，性能稳定，灵敏度高，信号可以远距离传送和记录等特点。热电阻温度计包括金属丝电阻温度计和热敏电阻温度计两种。热电阻温度计的使用温度范围与温度系数如表 1-4-5 所示。

表 1-4-5　热电阻温度计的使用温度范围与温度系数

种　　类	使用温度范围/℃	温度系数/$℃^{-1}$
铂电阻温度计	－260～＋630	＋0.0039
镍电阻温度计	150 以下	＋0.0062
铜电阻温度计	150 以下	＋0.0043
热敏电阻温度计	350 以下	－0.03～＋0.06

1）金属丝电阻温度计

（1）工作原理。

金属丝电阻温度计是利用金属导体的电阻值随温度变化而改变的特性来进行温度测量的。纯金属及多数合金的电阻率随温度升高而增加，即具有正的温度系数。在一定温度范围内，电阻-温度关系是线性的。温度的变化，可导致金属导体电阻的变化。这样，只要测出电阻值的变化，就可达到测量温度的目的。

图 1-4-16 为金属丝电阻温度计的结构示意图。感温元件是将直径为 0.03～0.07 mm的纯铂丝绕在有锯齿的云母骨架上，再用两根直径为 0.5～1.4 mm 的银

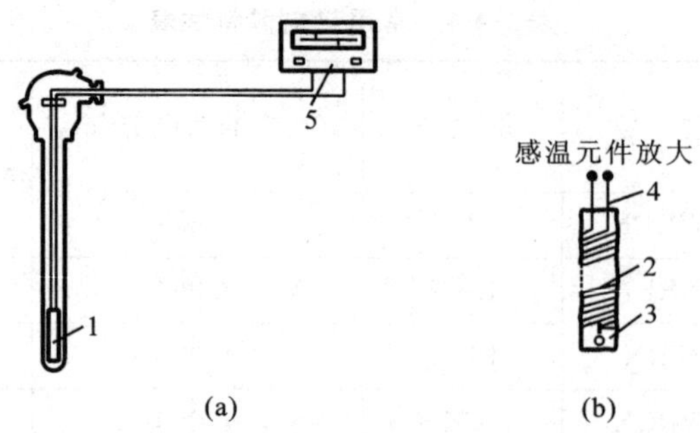

图 1-4-16　金属丝电阻温度计的结构示意图

1—感温元件；2—铂丝；3—骨架；4—引出线；5—显示仪表

导线作为引出线引出，与显示仪表连接的。当感温元件上铂丝的温度变化时，感温元件的电阻值随之发生变化，并呈一定的函数关系。使用将变化的电阻值作为信号输入的具有平衡或不平衡电桥回路的显示仪表以及调节器和其他仪表等，即能测量或调节被测量介质的温度。

由于感温元件占有一定的空间，因此不能像热电偶温度计那样，用它来测量"点"的温度，但当要求测量任何空间内或表面部分的平均温度时，金属丝电阻温度计用起来非常方便。金属丝电阻温度计的缺点是不能测定高温，因电流过大时，会发生自热现象而影响精确度。

（2）金属丝电阻温度计的基本参数。

金属丝电阻温度计的基本参数如表 1-4-6 所示。

表 1-4-6　金属丝电阻温度计的基本参数

名　称	代　号	分度号	温度测量范围/℃	0 ℃时的电阻值 R_0 及其允差/Ω	电阻比 $W_{100}=\frac{R_{100}}{R_0}$ 及其允差
铂热电阻温度计	WZB	$\frac{\text{Pt 46}}{\text{Pt 100}}$	−200～+650	$\frac{46\pm0.046}{100\pm0.1}$	1.391 0±0.001 0
铜热电阻温度计	WZG	$\frac{\text{Cu 50}}{\text{Cu 100}}$	−50～+150	$\frac{50\pm0.05}{100\pm0.1}$	1.428±0.002
镍热电阻温度计	WZN	$\frac{\text{Ni 50}}{\text{Ni 100}}$	−60～+180	$\frac{50\pm0.05}{100\pm0.1}$	1.617±0.007

2）热敏电阻温度计

热敏电阻体是在锰、镍、钴、铁、锌、钛、镁等金属的氧化物中分别加入其他化合物制成的。热敏电阻和金属导体的热电阻不同，它属于半导体，具有负的温度系数，其电阻值随温度的升高而减小，随温度的降低而增大。温度升高时粒子的无规则运动加剧，引起自由电子迁移率略为下降，自由电子的数目却随温度的升高而增加得更快，所以温度升高其电阻值下降。

4.4 成分分析

成分分析仪表是对物料的组成和性质进行分析、测量，并能直接指示物料的成分及含量的仪表，分为实验室用仪表和工业用自动分析仪表。前者用于实验室，分析结果较准确，通常由人工现场取样，然后人工进样分析。后者用于连续生产过程中，周期性自动采样，连续自动进样分析，随时指示、记录、打印分析结果，所以工业用自动分析仪表又称为在线分析仪表或过程分析仪表。

从教学和科研需要出发，实验室使用的分析仪器主要侧重于结果的准确性。下面就实验室常用的分析方法及其仪器作简单介绍。

1. 色谱法

色谱法是一种重要的近代分析手段，具有取样量少、效能高、分析速度快、定量结果准确等优点。色谱仪是一种高性能的实验室分析仪器，在工作时需通载气（或载液）作为流动相，以色谱分离柱中填充物或表面涂覆的高分子有机物为固定相。被分析的混合物中各组分就是在两相之间反复多次地进行分配或根据填充吸附剂对每个组分的吸附能力的差别来达到分离的目的。经分离后的单一组分逐一进入检测器并转化为相应的电信号，在记录仪上显示结果，从而达到定性、定量分析的目的。

色谱法一般分为两大类：气相色谱法和液相色谱法。又可根据流动相和固定相的不同，进行更细的划分，见表 1-4-7。

表 1-4-7　色谱法的分类

项　　目	固体固定相	液体固定相
气体流动相	GSC	GLC
液体流动相	LSC	LLC

注：G—气体，L—液体，S—固体，C—色谱法。

1）气相色谱法

（1）气相色谱仪的组成和工作原理。

气相色谱仪一般由载气系统Ⅰ（包括气源、气体净化装置、气体流速控制和测量装置等）、进样系统Ⅱ（包括进样器、汽化室）、色谱柱Ⅲ（包括温度控制装置）、检测系统Ⅳ和记录与处理系统Ⅴ五大部分组成，如图 1-4-17 所示。

钢瓶将氦气或氮气等载气连续地供给色谱柱。为使流量不受柱温变化的影响而保持恒定，仪器采用稳流调节器精密地调节流量。载气经进样系统流向色谱柱及检测系统。进样系统、色谱柱和检测系统分别用独立的温度调节器控制温度。

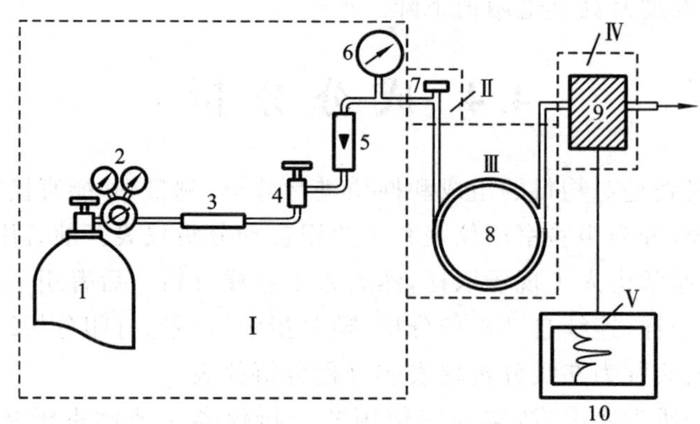

图 1-4-17　气相色谱流程图

1—高压钢瓶;2—减压阀;3—载气净化干燥器;4—稳压阀;5—稳流阀;6—压力计;7—进样汽化室;8—色谱柱;9—检测器;10—记录与处理系统

进样系统和检测系统在分析过程中一直保持恒温,色谱柱室则按一定的程序升温,以缩短沸程宽的混合物的分析时间,这种升温法是气相色谱法中的一种重要方法。用微量注射器直接将 1～4 μL 液体样品或溶于低沸点溶剂的固体样品注入已加热的进样系统(气体系用气密注射器或气体进样阀注入 1～5 mL),样品将在瞬间汽化,并被载气输送到色谱柱。色谱柱为不锈钢管或玻璃管,内部均匀填充用 1%～30%高沸点固定液(硅油或聚乙烯醇等)浸渍的硅藻土,或者填充氧化硅、分子筛、活性炭和氧化铝等吸附剂。在前一种色谱柱中以分配力,在后一种色谱柱中以吸附力保留样品组分。因为保留能力不同,各组分在色谱柱内的移动速率有大有小而互相分离。将分离后的组分用检测器转换成与它们在载气中的浓度相对应的输出信号,用记录仪记录。测量从注入样品到流出组分的时间进行定性分析,测量相应的峰面积进行定量分析。

检测过程中有多种检测器可供选用:①热导池检测器(TCD),不论有机物或无机物,对所有物质都有响应;②氢火焰离子化检测器(FID),对无机气体无响应,对含碳有机物有很高的灵敏度,适宜于痕量有机物的分析;③电子捕获检测器(ECD),它只对具有电负性的物质(如含有卤素、硫、磷、氮、氧的物质)有响应,电负性越大,灵敏度越高,因而被用于多氯联苯及卤代烷基汞的微量分析;④碱金属盐热离子化检测器(TID),它是对含有氮或磷的物质具有高灵敏度的选择性检测器;⑤火焰光度检测器(FPD),在还原性氢焰中,可以高灵敏度、高选择性地检测含硫化合物(394 nm)或含磷化合物(526 nm)发出的光。

(2) 气相色谱法的特点。

由于流动相为气体,故气相色谱法具有很多优势:①气体黏度小,增加色谱柱长度可改善分离效果;②较容易制备具有高分离能力的色谱柱,且使用寿命长;

③如果用非极性柱，组分可按沸点顺序流出，因此，在分配气相色谱法中，若已知化合物，则可预测组分流出顺序；④样品组分在固定相和移动相中易于扩散，能迅速达到分配平衡，故可提高流动相的流速以缩短分析时间；⑤检测惰性气体中的样品组分时，可以使用各种高灵敏度检测器，所以能进行极微量分析和特定组分的高灵敏度的选择性检测；⑥容易与质谱仪或傅里叶变换红外分光光度计联用，便于多组分混合物的分离和鉴定；⑦使用通用型检测器时，可以预测注入样品能在多大程度上作为色谱峰流出并被检测，所以分析的可信度高，在不要求精度时，也可以把峰面积百分数近似为组成百分数，进行快速定量分析。

但也因为流动相为气相，故气相色谱法适用范围窄，如对于难挥发和热不稳定的物质该法就不再适用，而且用选择性检测器进行微量分析时样品必须经前处理(采用液相色谱法或薄层色谱法)以除去干扰组分。但近几年来裂解气相色谱法(将相对分子质量较大的物质在高温下裂解后进行分离鉴定，已用于聚合物的分析)、反应气相色谱法(利用适当的化学反应将难挥发试样转化为易挥发的物质，然后以气相色谱法分析)等的应用，大大扩展了气相色谱法的适用范围。

2) 高效液相色谱法

高效液相色谱法是在 20 世纪 70 年代后半期快速发展起来的一项高效、快速的分离分析技术，如图 1-4-18 所示，其仪器一般由溶剂罐、高压输液泵、样品注入器、色谱柱、检测器和温度控制装置等构成。色谱柱为不锈钢管，在高压下用匀浆法填充粒度分布窄的、平均粒径为 5～10 μm 的全多孔硅胶或化学键合型硅胶。

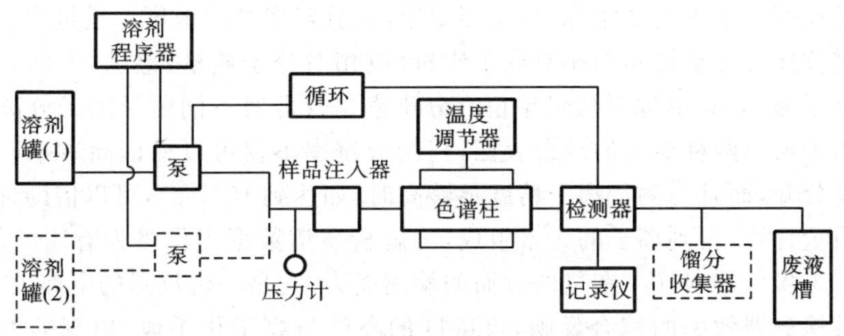

图 1-4-18　高效液相色谱流程简图

根据样品的性质决定分离方式，并选择相应的色谱柱填料和流动相。在吸附液相色谱法和梯度洗脱法中，流动相的纯度是很重要的问题。

检测器包括灵敏度较低的通用型示差折光仪、具有高灵敏度和选择性的紫外检测器和荧光检测器，以及针对离子型物质的电导检测器。它们均具有不破坏检测组分的特点。此外，还有把适当的反应试剂连续地与色谱柱洗脱液混合，使特定组分显色或转换成荧光物质，再用光学法检测的化学反应检测器。

虽然高效液相色谱法的原理和气相色谱法相同，但是它能使传质最佳化，分离速度提高 100～1000 倍。其主要优点有:①适用样品范围广,不受样品挥发度和热稳定性的限制;②可以使用高效的分离柱,易于分离复杂的多组分混合物;③被分离的组分溶解在洗脱液中,易于回收;④可以使用多种非破坏性、高灵敏度和选择性的检测器,将几种检测器串联起来,根据其对应特性,获取与定性有关的重要信息。

2. 质谱法

质谱法是将物质离子化,使离子按照质荷比进行分离,从而测定物质质量和含量的一种分析方法。它提供了有机物直观的特征信息,即相对分子质量及官能团碎片结构信息,与核磁共振光谱、红外吸收光谱、紫外吸收光谱一起被称为有机结构分析的"四大谱"。

质谱法按研究对象的不同,可分为同位素质谱分析(测定同位素丰度)、无机质谱分析(测定无机物)、有机质谱分析(测定有机物)等。

用于质谱分析的仪器称为质谱仪,它一般由分析系统、电学系统、真空系统和计算机数据处理系统组成。分析系统由进样系统、离子源、质量分析器和离子检测器四部分组成。

质量分析器是利用电磁场的作用将离子束中不同质荷比的离子按空间先后或运动轨道稳定与否等形式分离的装置,离子检测器用来接收、检测和记录离子强度而得出质谱图。电学系统为质谱仪提供电源和控制电路。真空系统提供和维持质谱仪正常工作所需要的高真空度,通常为 10^{-9}～10^{-3} Pa。从质谱仪获得的大量数据由计算机处理。

质谱仪有三个重要的指标:质量测定范围、分辨率和灵敏度。质量测定范围是一台质谱仪能够分析样品的相对原子质量(或相对分子质量)范围,大部分质谱仪的质量上限为 4000 u(原子质量单位);分辨率是仪器对不同质量离子分离和对相同质量离子聚焦两种能力的综合表征,高的分辨率不仅可以保证高质量数离子以整数质量分开,而且当测量离子精度足够高时(如达到 10^{-27} u),可以借助计算机进行精密质量计算,得到离子的元素组成,为解析质谱数据提供极为有用的信息;灵敏度则标志着仪器对样品在量的方面的检测能力,它是一台仪器的电离效率、离子传输率及检测器效率的综合反映,灵敏度的高低与离子化手段、检测器类型等有关,且不同的样品有不同的灵敏度。

3. 光谱法

光是一种电磁波。按照电磁波的波长或频率有序排列的光带,称为光谱。物质的结构不同,其对应的光谱也不相同,通过测量物质的光谱而建立的分析方法称为光谱法。

1) 光谱法的分类

根据物质与电磁波相互作用的结果,光谱法可以分为发射光谱法、吸收光谱法和联合散射光谱法三种类型。发射光谱法根据波长和激发方式的不同,又可分为射线光谱法、X射线荧光光谱法、原子发射光谱法、原子荧光分析法和分子荧光法等。吸收光谱法有紫外光谱法、红外光谱法、微波谱法、核磁共振光谱法等。联合散射光谱法则是根据光的散射建立起来的方法。

2）光谱法的特点

分析科学在许多研究领域发挥着越来越重要的作用，分析样品的复杂多样化，极大促进了光谱法的快速发展。光谱法具有灵敏度高，分析速度快，适于微量和超微量分析，可同时对多元素进行测定，适合于遥控分析等特点，与其他的成分分析法一样，应用极其广泛。

3）光谱仪的应用

红外技术是近代迅速发展的新技术之一，因其灵敏度高、选择性好、滞后效应小而广泛应用于气体成分的分析。下面以实验室常用的红外线气体分析仪为例，简介光谱仪在成分分析中的应用。

红外线是波长在 0.76～420 μm 的电磁波。任何物质，只要其绝对温度不为零，都在不断地向外辐射红外线。各种物质在不同状态下所辐射出的红外线的强弱与波长是不同的。

各种多原子气体（CO_2、CH_4等）对红外线都有一定的吸收能力，但不是在红外波段的整个频率范围内都吸收，而是只吸收某些波段的红外线。这些波段，称为特征吸收波段。不同的气体具有不同的特征吸收波段。例如，CO_2有两个特征吸收波段，即 2.6～2.9 μm 及 4.1～4.5 μm，这就是说，波长为 2～7 μm 的红外线射入含有CO_2的气体中后，这样的两个特征吸收波段的红外线将被吸收，透过的射线中将少含或不含这两个波段的红外线。双原子组成的气体（N_2、O_2、H_2、Cl_2）以及惰性气体（He、Ne 等）对 1～25 μm 波长的红外线均不吸收。选择性吸收是制造红外线气体分析仪的依据，分析仪只能分析那些具有特征吸收波段的气体。气体分子吸收了红外线的辐射能后，辐射能会转化为热能，使其温度升高，这种温度的变化，可以直接或间接地检测出来。热辐射绝大部分集中在红外区域，故红外线的热辐射特性特别显著。

红外线被吸收的数量与吸收介质的浓度有关，当射线进入介质被吸收后，透过的射线强度减弱，它们之间的关系符合朗伯-比尔定律。红外线通过待测介质后，其强度按指数规律变化。当厚度、吸收系数、入射光强度一定时，可通过测量透过光的强度来测定吸收组分的浓度。

第 5 章　化工原理实验安全

化工原理实验安全是化工原理实验建设和管理中的永恒主题，安全教育和安全建设需要高校教师和管理者高度重视。化工原理实验室中易燃易爆的废弃物、压力容器等都具有潜在的危害性和危险性，除《化工原理实验室安全预案》《化工原理实验室管理制度》等明确的规章制度外，操作人员还需要具备充足的背景知识。刚接触化工原理实验的本科生对化工原理实验安全的重视程度不够，在遇到突发情况时不知如何处理，对学生普及化工原理实验安全知识，能够提升学生的职业素养和生命安全意识，也能更好地实现为党育人、为国育才的目标。

5.1　化学品安全

5.1.1　化学品的危害

目前人类已知的化学物质多达 1.25 亿种，经常使用的约有 10 万种，部分化学品会对人体或环境造成一定的伤害。根据化学品固有的危险性，联合国《全球化学品统一分类和标签制度》(GHS)设有 29 个危险性种类，危险特性及相应的象形图如图 1-5-1 所示。我国制定的《危险化学品目录》(2022 年版)列出了 2828 个危险化学品条目。危险化学品是指具有毒害、腐蚀、爆炸、燃烧、助燃等性质，对人体、设施、环境具有危害的化学品，但不同数量、浓度或特定环境下的化学品产生的危害程度不同。总体而言，危险化学品对人体的伤害和毒害可分为物理危害、健康危害和环境危害三类。

序号	危险特性	象形图	序号	危险特性	象形图	序号	危险特性	象形图
1	爆炸危险		4	燃烧危险		7	加强燃烧危险	
2	加压气体		5	腐蚀危险		8	毒性危险	
3	警告		6	健康危险		9	危害水环境	

图 1-5-1　化学品危险特性及象形图

1. 物理危害

物理危害（又称燃爆危害）是指化学品在外界作用下可能发生剧烈的化学反应，瞬时产生大量的热量，使周围压力急剧上升，发生燃烧、抛射、爆炸，所涉及的化学品包括爆炸物、易燃气溶胶、易燃气体、氧化性气体、高压气体、易燃液体、易燃固体、自发反应物质、自燃固体、自燃液体、遇水会放出易燃气体的物质、氧化性液体、氧化性固体、有机氧化物、金属腐蚀剂等。

化工原理实验室涉及的试剂较少，但仍存在一定的安全风险。可燃气与空气混合形成爆炸性混合物，在空气中达到一定的体积分数时，遇火会发生爆炸。爆炸性混合物发生爆炸的浓度范围为爆炸极限。爆炸极限的下限越低，范围越大，该物质越危险。一般当化学品的浓度低于爆炸下限时，不爆炸也不着火；高于爆炸上限时，不爆炸但会着火。表 1-5-1 列出了一些常见化学品的爆炸极限。

表 1-5-1　常见化学品的爆炸极限

化学品	爆炸极限/(%)	化学品	爆炸极限/(%)
甲醇	6.0 ~ 36.5	氢气	4.0 ~ 75.6
乙醇	3.1 ~ 19	甲烷	5.0 ~ 15
苯	1.2 ~ 7.1	乙烷	3.5 ~ 12.5
甲苯	1.1 ~ 7.1	丙烷	2.1 ~ 9.5
一氧化碳	12.5 ~ 74.2	乙醚	1.7 ~ 49
二硫化碳	1.3 ~ 50	乙炔	2.5 ~ 82

2. 健康危害

健康危害是指由于化学品的毒性或腐蚀性对人体器官和组织造成的损害，如实验室常见的强酸（硫酸、盐酸）、强碱（氢氧化钠）、甲醛（福尔马林含 20%～40% 的甲醛）等。化学品的危害程度与种类、剂量、接触方式及个体对化学品毒性的耐受性有关。化学品对人体健康的危害主要是中毒、昏迷、麻醉、皮肤刺激或过敏、眼损伤、呼吸刺激或过敏、吸入毒性或窒息、生殖细胞突变、致畸、致癌、特异性靶器官毒性等。根据化学品对人体每千克体重的致死量，依次将毒性分为剧毒（＜0.05 g）、高毒（0.05～0.5 g）、中毒（0.5～5 g）、低毒（5～15 g）、微毒（≥15 g）。操作人员在使用危险化学品时，应查阅相应的《化学品安全技术说明书》(MSDS)，做到心中有数，冷静应对突发情况，正确处理。

3. 环境危害

化学品的环境危害是指化学品进入环境后，通过环境蓄积、生物积累、生物转化或化学反应等方式，对环境中相关生物产生的毒害，根据危害对象可分为对大气的危害、对土壤的危害和对水体的危害三类。危险化学品对大气的危害主要有：

①破坏臭氧层,臭氧减少会导致地面接收的紫外线辐射增加,提高人类皮肤癌和白内障的发病率;②温室效应的产生,温室效应加快了全球变暖和海平面上升的速度;③酸雨的形成,硫氧化物和氮氧化物的大量排放形成酸雨,对动植物和人类的生存环境造成一定的影响;④光化学烟雾的产生,大气中的硫氧化物、氮氧化物经光化学反应形成烟雾,造成严重空气污染。危险化学品对土壤的危害表现在土壤酸化、碱化、板结、重金属超标等。危险化学品对水体的危害主要有:①藻类过量繁殖,影响水生动植物生长,破坏生态环境;②污染物通过水体进入动物和人体,引发各种疾病。

5.1.2 化学品伤害处置方案

1. 化学品灼伤的处理

救护人员应迅速脱去伤者被污染的衣物,根据伤情采取相应的措施,皮肤上的化学品用流动自来水冲洗 15 min,之后及时送医;眼睛灼伤时,应立即使用实验室的洗眼器或用流动清水冲洗,之后送往医院处理。

2. 化学品中毒的处理

救护人员应将中毒者脱离现场,转移至新鲜空气处,并立即拨打“120”急救电话;若有条件可将中毒者及时送至医院急救,并说明药品名字和中毒过程;对于口服中毒者,等待医疗救助时,应立即用催吐的方法使毒物吐出。

5.2 设备安全

设备安全不仅关系着实验教学的正常运行,也与实验操作人员的人身安全息息相关。作为一门工程实验课程,化工原理实验涉及的设备与基础化学实验不同,化工原理实验设备套数少,设备大部分占地面积较大,且功率大,有些实验同时涉及高温高压。因此,化工原理实验存在操作伤害的可能性,如操作失误、实验过程的意外情况等,正确使用、维护实验设备可以降低意外伤害的概率。

1. 实验设备使用注意事项

(1) 实验设备负责人编写实验设备操作规程和注意事项,并对操作人员进行培训,操作人员必须按照设备说明操作。

(2) 操作人员在实验过程中时刻关注机械仪表参数情况,实验压力不可超过设备可承受的压力上限,若压力异常,立即报告老师处理。

(3) 操作者应处于安全区域内操作,压力设备出口不能对人,高温设备应设置有警示标志,防止烫伤。

(4) 为每台设备建立设备记录表,详细记录设备的使用和运行情况(运行时间、实验参数等),特别是记录实验过程中出现的设备故障、异常情况和反常的实验数据，以便及时检修。

(5) 设备长期不用也需要定期检修或运行，防止因长时间放置出现漏电、电子元件失灵、零件老化等情况，降低实际教学过程中出现危险的概率。

2. 实验设备伤害处置方案

(1) 烫伤处置策略：精馏、干燥、传热等实验设备涉及高温，实验操作人员有烫伤的可能性。在皮肤未破的情况下，可立即使用流动清水冲洗烫伤部位 20 min，之后将碳酸氢钠粉末调成糊状敷于伤处，或涂抹烫伤膏等药物；若烫伤严重，则采取“冲、脱、泡、盖、送”五个步骤处理，即立即将伤口处用大量冷水冲洗至少 15 min，之后轻轻脱去或剪去衣物，将烫伤部位泡在冷水里降温，之后盖上干净的纱布送医处理。

(2) 机械损伤处置策略：做综合流体实验时在操作过程中需要拆卸管路，可能引起机械损伤(如夹伤、砸伤、割伤)等情况。若被金属器械损伤但伤口较小，可立即用肥皂和清水冲洗伤口，挤出伤口的血液，再用消毒液(酒精、次氯酸钠、过氧乙酸、碘伏等)消毒，无菌敷料或创可贴包扎伤口。若出血量较多，应先止血处理，再送往医院救治。止血方法一般采用按压止血和指压止血两种。按压止血是将清洁布块等直接垫在伤口上，按压 10～20 min，之后用绷带包住；指压止血是用手指压在出血近心端的动脉上，将动脉压向深部的骨头，从而阻断血液来源，达到止血的目的。

5.3 用电安全

化工原理实验室的一个特点是实验设备功率较大。通常，化工原理实验室除常规的照明设施外，传热、干燥、精馏等实验的仪器设备功率均较大。因此，用电安全是化工原理实验安全不容忽视的一个方面。

1. 基本措施

在化工原理实验操作中注意以下几点，预防用电事故的发生，减少人员伤害与财产损失：①化工原理实验室的照明用电和动力用电要分开，不使用接线板私拉电线。②对于功率较大的设备，需单独铺设管路，防止设备启停对其他设备造成影响；使用具有漏电保护装置的空气开关插座。③在用电设备停止使用后(尤其是长时间不用的设备)，要及时拔掉插头。④触及任何电气设备时，应先切断电源，穿戴绝缘防护用品，如绝缘橡胶鞋、绝缘橡胶手套等。⑤在电源开关、电源插座、电源箱等附近粘贴警示标志，定期检测化工设备的绝缘性。

2. 触电的危害

触电即电击，是电流对人体内部组织的伤害，它能够破坏人的心脏、呼吸及神经系统的正常活动,甚至危及生命。电压越高,流过人体的电流越大,对人体的伤害也就越大。通过人体的电流分为感知电流、摆脱电流和致命电流。能够引起人体感觉的最小电流称为感知电流。对于不同的人,感知电流是不同的,成年女性的感知电流为0.7 mA,而成年男性的感知电流为1.1 mA。当通过人体的电流超过感知电流时,肌肉收缩增强,刺痛感增强,能够自行摆脱电源的最大电流为摆脱电流。成年女性和成年男性的摆脱电流分别约为10.5 mA和16 mA。短时间内能够危及生命的电流为致命电流,人体触电后产生强烈痉挛,发生心室纤颤,丧失知觉,心脏骤停,失去生命。

3. 触电处置方案

(1) 使触电者迅速脱离电源。有人员发生触电时,救护人员一定要保持冷静,禁止用手直接接触触电者,应先切断电源(拔掉电源插头或拉闸),站在木凳上或穿上绝缘橡胶鞋,戴上绝缘防护手套、使用绝缘物(塑料管、木棍)或用几层干燥的衣服将手包住,挑开电源线或拉触电者的衣服使其脱离电源,同时联系校医院并及时拨打"120"进行救治。

(2) 判断触电者是否清醒,并采取相应救护措施。若触电者出现轻度昏迷或呼吸微弱,可采取掐人中、涌泉等穴位的措施进行抢救;若触电者无呼吸有心跳,应立即采用口对口人工呼吸法;有呼吸无心跳时,应立即进行心肺复苏操作,通过胸外心脏按压法进行抢救;若无呼吸无心跳,须采取人工呼吸和胸外心脏按压进行抢救,有条件的实验室可使用自动体外除颤器(AED),依照语音提示进行急救。

5.4 消防安全

消防安全是财物和人身安全的重要保障,其重要性不言而喻。化工原理实验室所涉及的化学试剂、电气设备等都可能引发火灾,应秉持生命至上的理念,预防为主、防消结合,大力提升火灾防控和应急救援能力,筑牢校园消防安全"防火墙"。

5.4.1 消防设施

1. 消防沙

消防沙是化工原理实验室标准配备的消防设备,用于扑灭金属着火和油类火灾,其原理是通过覆盖火源、阻隔空气来达到灭火的目的。起火时,直接将消防沙少量多次倒在着火点上,注意要将着火点完全覆盖。

2. 灭火毯

灭火毯也是化学化工实验室的标准消防设备,其消防原理和灭火沙相同。灭火毯绝缘、耐高温,没有失效期,灭火迅速,无破损的情况下可以重复使用。尤其是火灾初期，使用灭火毯能够快速控制火势，防止火灾蔓延。灭火毯也可作为逃生用的防护物品，利用灭火毯本身防火、隔热的特性，在逃生过程中将灭火毯裹于全身，可有效阻隔热量，防止人体受到伤害。灭火毯折叠存放于包装盒中并悬挂在墙上，使用者拉动包装盒下方的两根黑色袋子即可取出灭火毯，将灭火毯展开并完全覆盖火源，即可达到灭火的目的。

3. 灭火器

常见的灭火器有二氧化碳灭火器、干粉灭火器、泡沫灭火器和水基灭火器四种。

二氧化碳灭火器是利用二氧化碳气体不燃、不助燃的特点将空气隔绝在燃烧物体的表面或分布于较密闭的空间中，降低可燃物周围或防护空间内的氧浓度，使其隔绝氧气，从而实现灭火。二氧化碳从钢瓶中喷出时，汽化过程吸收热量，起到冷却的目的，用于扑救档案资料、仪器仪表、600 V 以下电气设备及油类的初起火灾。

干粉灭火器填充的是具有灭火功能的细微无机干粉、填料和助剂，无机物为碳酸氢钠或磷酸二氢铵，用于易燃、可燃液体、气体及带电设备的初起火灾。它具有灭火剂毒性低、灭火效率高、速度快、使用方便等优点，应用范围较广。

泡沫灭火器的喷出物能够在燃烧物表面形成泡沫覆盖层，可使燃烧物表面与空气隔绝，降低燃烧物的蒸发与热解挥发量，达到窒息灭火的目的。泡沫灭火器适用于扑救油制品、油脂等火灾，但不能用于带电设备及水溶性可燃、易燃液体火灾。泡沫灭火器使用方便，不会产生粉尘和有毒有害污染物，洁净环保。

水基灭火器中药剂的主要成分为表面活性剂、阻燃剂、助剂和水，其原理是高压喷射出的水雾状药品瞬间蒸发，吸收火源大量的热量，在可燃物表面形成一层隔绝氧气的水膜，从而快速灭火，即水基灭火器具有降温和隔离的双重作用。水基灭火器适用于易燃固体或非水溶性液体的初起火灾，高效阻燃、抗复燃性强，灭火速度快，但不能用于带电设备的火灾。水基灭火器具有使用时不需倒置、有效期长、抗复燃、双重灭火等优点。

灭火器的使用可用四个字概括：提、拔、握、把。首先提起灭火器，拔出保险销，一只手握住喇叭筒对准火焰根部，另一只手压下并紧握压把，使药品喷出，把火扑灭后，操作者迅速撤离火灾区域。注意，灭火器在灭火过程中需要一定的压力，药品也有一定的保质期，所以灭火器需要定期检修和更换药品。

其他消防设施有消火栓、防火门、防火帘等。除必要的消防器材外，还须定期组织学生进行消防演习，提升学生面对火灾的处置能力。

5.4.2 消防相关标志

如表 1-5-2 所示，需要在实验室入口或出口处公布安全责任人员及相关电话号码。

表 1-5-2　实验室安全责任样表

实验室安全责任人及电话：	校园安全部电话：
	校医院电话：
实验室安全员及电话：	资源保障部电话：
系/院责任人及电话：	火警:119　医疗急救:120

化工原理实验室不可避免地存在一些危险因素,实验室负责人应将相应的安全标志粘贴在附近;安全出口应设有明显的"安全出口"标志;大型设备应附有操作规程和注意事项。

5.4.3　火灾处置方案

火灾发生后,在场人员一定要沉着冷静。事先熟悉环境、掌握必要的灭火技巧和逃生方法非常重要。火势较小时,可根据着火原因使用合适的灭火器进行灭火;若火势较大,应冷静观察,迅速逃生自救,不贪恋财物,以积极的心态寻找生机。

1. 火势较小时处置策略

对于较小的起火点,可首先使用消防沙或灭火毯覆盖的方法进行灭火。涉及电气设备着火时,应立即切断电源并迅速上报给相关负责人,火情初起时采取合适的灭火器进行灭火。

在场人员应迅速向学校保卫处和本单位领导汇报,说明火灾发生的时间、地点,燃烧物质的种类和数量,火势,报警人姓名、电话等详细情况。

2. 火势较大时自救策略

化工原理实验室通常所处位置较低,有的学校将化工实验实习设备等放在一楼或负一楼的位置。若火情可能涉及爆炸等危险情况,应该及时撤退。若火势快速蔓延,首选的操作是打开并正确佩戴防毒面罩,沿着指示标志,进入安全通道逃生。若不能找到防毒面罩,则用湿毛巾或手帕捂住口鼻,弯腰前进,避免在逃生过程吸入浓烟。也可使用室内消火栓,按下箱门上的开启按钮(紧急时也可击碎箱门玻璃),拉开箱门,按下消火栓内的报警按钮或拨打"119"报警;取出消火栓内水带,向着火点展开;将水带一端接到消火栓接口上,另一端与水枪连接,连接时将连接扣准确插入槽,按顺时针方向拧紧;将消火栓手轮旋转打开,水枪对准火源根部,进行灭火。如有人员伤亡,应根据伤情立即联系校医院或"120"救护中心。

第二部分　虚拟仿真实验

实验1　流体流动阻力实验

一、实验目的

流体流动阻力实验视频

(1) 了解本实验所用到的实验设备、仪器仪表和流程。

(2) 了解并掌握流体流经直管阻力系数 λ 的测定方法及变化规律，并将 λ 与 Re 的关系标绘在双对数坐标系中。

(3) 了解不同管径的直管 λ 与 Re 的关系。

(4) 了解突缩管的局部阻力系数、阀门的局部阻力系数 ζ 与 Re 的关系。

(5) 测定孔板流量计、文丘里流量计的流量系数 C_0、C_V 及永久压力损失。

(6) 测定单级离心泵在一定转速下的操作特性，作出特性曲线。

(7) 测定单级离心泵出口阀开度一定时管路性能曲线。

(8) 了解差压传感器、涡轮流量计的原理及应用方法。

二、实验原理

1. 管内流量及 Re 的测定

本实验采用涡轮流量计直接测出流量 $Q(\mathrm{m^3/h})$。

$$u = \frac{4Q}{3600 \times \pi d^2} \tag{2-1-1}$$

$$Re = \frac{du\rho}{\mu} \tag{2-1-2}$$

式中：u——流速，m/s；

d——管内径，m；

ρ——流体在测量温度下的密度，$\mathrm{kg/m^3}$；

μ——流体在测量温度下的黏度，Pa·s。

2. 直管阻力损失 Δp_f、阻力系数 λ 的测定

流体在管路中流动，由于黏性剪应力的存在，不可避免地产生机械能损耗。根

据范宁(Fanning)公式,流体在圆形直管内作定常稳定流动时的摩擦阻力损失 Δp_f (Pa)为

$$\Delta p_f = \lambda \frac{l}{d} \frac{\rho u^2}{2} \tag{2-1-3}$$

式中:l——沿直管两测压点间的距离,m;

λ——直管阻力系数,无因次。

由上式可知,只要测得 Δp_f,即可求出直管阻力系数 λ。根据伯努利方程知:当两测压点处管径一样,且保证两测压点处速度分布正常时,两点压差 Δp 即为流体流经两测压点处的直管阻力损失 Δp_f。

$$\lambda = \frac{2\Delta p \cdot d}{\rho u^2 l} \tag{2-1-4}$$

式中:Δp——差压传感器读数,Pa。

以上对阻力损失 Δp、阻力系数 λ 的测定方法适用于粗管、细管的直管段。

根据哈根-泊肃叶(Hagen-Poiseuille)公式,流体在圆形直管内作层流流动时的摩擦阻力损失为

$$\Delta p_f = \frac{32\mu l u}{d^2} \tag{2-1-5}$$

将上式与范宁公式相比可得

$$\lambda = \frac{64\mu}{du\rho} = \frac{64}{Re} \tag{2-1-6}$$

3. *局部阻力损失 $\Delta p'_f$、阻力系数 ζ 的测定*

流体流经阀门、突缩管时,由于速度的大小和方向发生变化,流动受到阻碍和干扰,出现涡流而引起的局部阻力损失为

$$\Delta p'_f = \zeta \frac{\rho u^2}{2} \tag{2-1-7}$$

式中:ζ——局部阻力系数,无因次。

对于测定局部管件的阻力,其方法是在管件前后的稳定段内分别设置两个测压点,按流向顺序分别为1、2、3、4点,在1-4点和2-3点分别连接两个差压传感器,测出的压差分别为 Δp_{14}、Δp_{23}。

2-3点总能耗可分为直管段阻力损失 Δp_{f23} 和阀门局部阻力损失 $\Delta p'_f$,即

$$\Delta p_{23} = \Delta p_{f23} + \Delta p'_f \tag{2-1-8}$$

1-4点总能耗可分为直管段阻力损失 Δp_{f14} 和阀门局部阻力损失 $\Delta p'_f$,1、2点距离和2点至管件距离相等,3、4点距离和3点至管件距离相等,因此

$$\Delta p_{14} = \Delta p_{f14} + \Delta p'_f = 2\Delta p_{f23} + \Delta p'_f \tag{2-1-9}$$

将式(2-1-8)和式(2-1-9)联立,解得

$$\Delta p'_f = 2\Delta p_{23} - \Delta p_{14}$$

在待测管件前后测压点(2、3 点)间列伯努利方程,得出局部阻力系数

$$\zeta = \frac{2}{u_2^2}\left(\frac{2\Delta p_{23} - \Delta p_{14}}{\rho} + \frac{u_1^2 - u_2^2}{2}\right) \tag{2-1-10}$$

对于突缩局部阻力测定,式中 u_1 为粗管流速,u_2 为细管流速;

对于球阀阻力系数测定,$u_1 = u_2$,上式简化为

$$\zeta = \frac{2}{u^2}\frac{2\Delta p_{23} - \Delta p_{14}}{\rho} \tag{2-1-11}$$

4. 孔板流量计的标定

孔板流量计是利用动能和静压能相互转换的原理设计的,它是以消耗大量机械能为代价的。孔板的开孔越小、通过孔口的平均流速 u_0 越大,孔前后的压差 Δp 也越大,阻力损失也随之增大。其工作原理如图 2-1-1 所示。

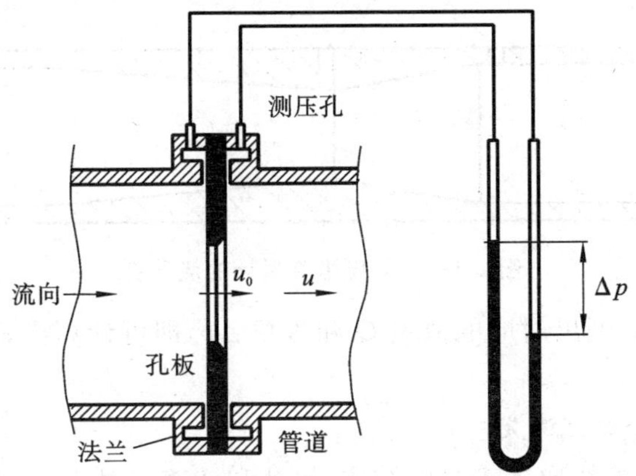

图 2-1-1　孔板流量计的工作原理

为了减小流体通过孔口后由于突然扩大而引起的大量旋涡能耗,在孔板后开一渐扩形圆角。因此,孔板流量计的安装是有方向的。若采取反方向安装,不光能耗增大,其流量系数也将改变。

孔板流量计的计算公式为

$$Q = C_0 A_0 \sqrt{\frac{2\Delta p}{\rho}} \tag{2-1-12}$$

式中:Q——流量,m^3/s;

C_0——流量系数(无因次,本实验需要标定);

A_0——孔截面积,m^2;

Δp——压差,Pa;

ρ——管内流体密度,kg/m^3。

在实验中,只要测出对应的流量 Q 和压差 Δp,即可计算出其对应的流量系数 C_0。

管内 Re 的计算式为

$$Re = \frac{du\rho}{\mu}$$

5. 文丘里流量计

仅仅是为了测定流量而引起过多的能耗显然是不合适的，应尽可能降低能耗。能耗是起因于孔板的突然缩小和突然扩大，特别是后者。因此，若设法将测量管段制成渐缩管和渐扩管，避免突然缩小和突然扩大，必然降低能耗。

文丘里流量计的工作原理(图 2-1-2)与公式推导过程完全与孔板流量计相同，但以 C_V 代替 C_0。因为在同一流量下，文丘里管的压差小于孔板的压差，因此 C_V 一定大于 C_0。

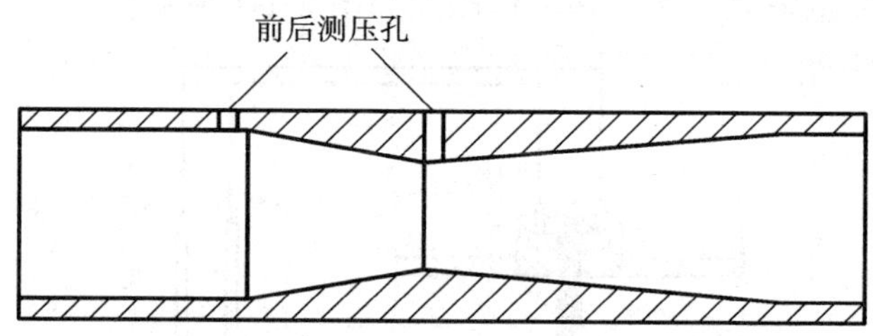

图 2-1-2 文丘里流量计的测压孔

在实验中，只要测出对应的流量 Q 和压差 Δp，即可计算出其对应的系数 C_0 和 C_V。

6. 离心泵特性曲线测定

离心泵的特性曲线取决于泵的结构、尺寸和转速。对于一定的离心泵，在一定的转速下，泵的扬程 H 与流量 Q 之间存在一定的关系。此外，离心泵的轴功率 N 和效率 η 也随泵的流量 Q 而改变。因此 H-Q、N-Q 和 η-Q 三条关系曲线反映了离心泵的特性，称为离心泵的特性曲线。

(1) 流量 Q 的测定。

本实验装置采用涡轮流量计直接测量泵流量 $Q'(m^3/h)$，$Q=Q'/3600(m^3/s)$。

(2) 扬程的计算。

根据伯努利方程有

$$H = \frac{\Delta p}{\rho g} \times 10^6 \tag{2-1-13}$$

式中：H——扬程，m(液柱)；

Δp——压差，MPa；

ρ——水在操作温度下的密度，kg/m^3；

g——重力加速度，m/s^2。

本实验装置采用压差计直接测量 Δp。

(3) 泵的总效率的计算。

$$\eta = \frac{\text{泵的有效功率}}{\text{泵的轴功率}} = \frac{QH\rho g}{N} \times 100\% \tag{2-1-14}$$

(4) 泵的轴功率 N 的计算。

$$N = N_{电}\eta_{电}$$

式中：$N_{电}$——电机的功率，kW；

$\eta_{电}$——电机的效率。

(5) 转速校核。

将以上所测参数校正为额定转速 $n'=2850$ r/min 条件下的数据来绘制特性曲线。

$$\frac{Q'}{Q} = \frac{n'}{n}, \quad \frac{H'}{H} = \left(\frac{n'}{n}\right)^2, \quad \frac{N'}{N} = \left(\frac{n'}{n}\right)^3 \tag{2-1-15}$$

式中：n'——额定转速，r/min；

n——实际转速，r/min。

H'——额定转速下的扬程，m；

N'——额定转速下离心泵的功率，kW。

7. 管路性能曲线

对一定的管路系统，当管路长度、局部管件都确定，且管路上的阀门开度均不发生变化时，其管路有一定的特征性能。根据伯努利方程，最具有代表性的、最明显的特征是，一定的流量对应一定的能耗，就需要提供一定的外部能量。根据流量与需提供的外部能量之间的关系，可以描述一定管路的性能。

管路系统分为高阻管路系统和低阻管路系统。本实验中，阀门全开时为低阻管路，阀门关闭一定值时为相对高阻管路。

测定管路性能与测定泵性能的区别是，测定管路性能时管路系统是不能变化的，管路内的流量调节不是靠管路调节阀，而是靠改变泵的转速来实现的。用变频器调节泵的转速来改变流量，测出对应流量下泵的扬程，就可计算管路性能了。

三、实验装置和流程

1. 流程图

实验流程如图 2-1-3 所示。

2. 流程说明

水箱中的流体经过离心泵后，通过调节 VA01 调节管路流量，流经涡轮流量计及可更换管路进行各项实验，液体最终返回计量槽及水箱；层流实验时微调 VA08 使高位槽处于溢流状态，通过调节 VA11 实现不同流量的测量，液体最终返回计量槽及水箱。

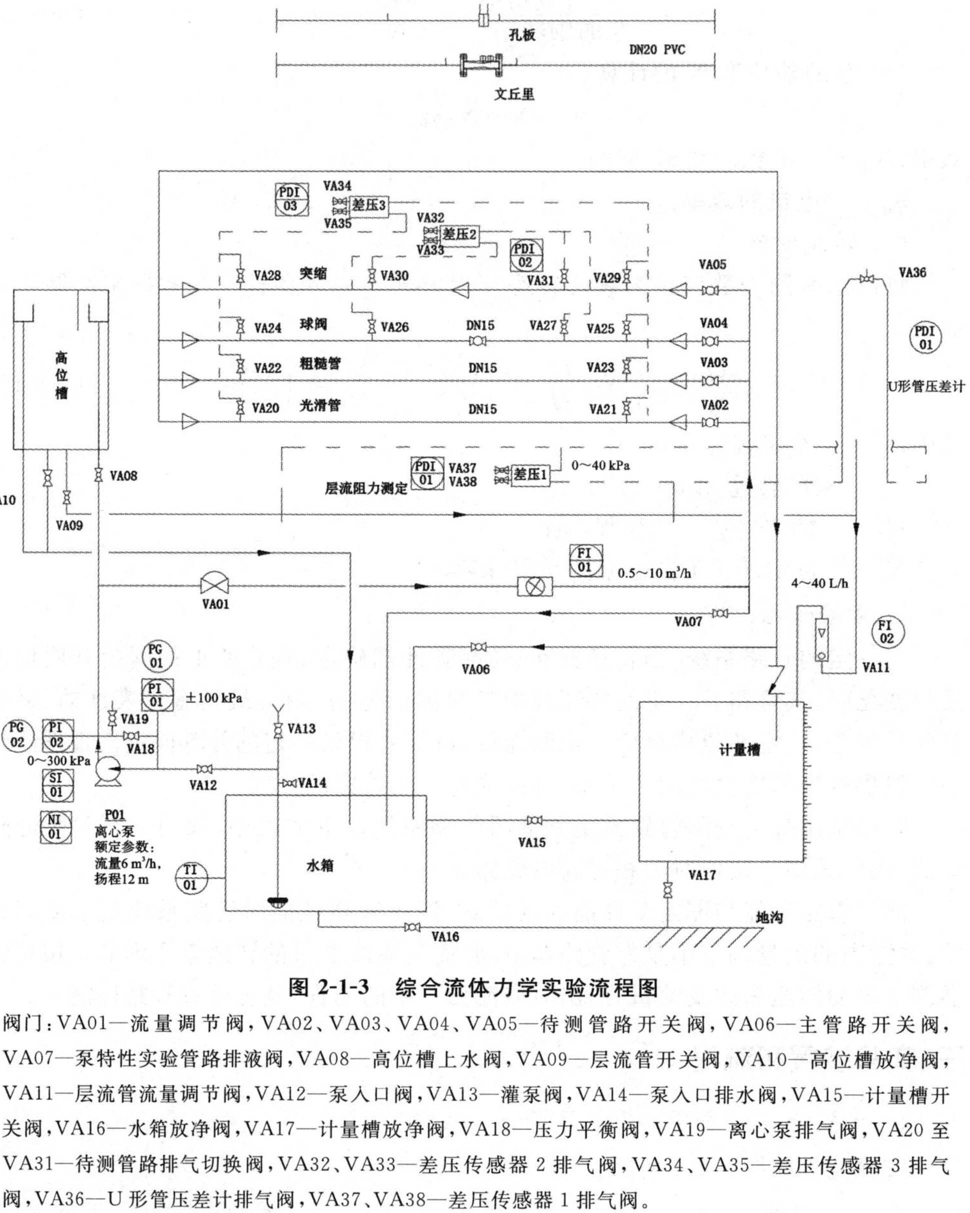

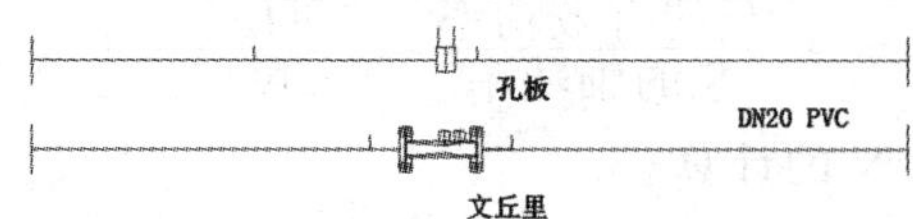

图 2-1-3 综合流体力学实验流程图

阀门:VA01—流量调节阀,VA02、VA03、VA04、VA05—待测管路开关阀,VA06—主管路开关阀,VA07—泵特性实验管路排液阀,VA08—高位槽上水阀,VA09—层流管开关阀,VA10—高位槽放净阀,VA11—层流管流量调节阀,VA12—泵入口阀,VA13—灌泵阀,VA14—泵入口排水阀,VA15—计量槽开关阀,VA16—水箱放净阀,VA17—计量槽放净阀,VA18—压力平衡阀,VA19—离心泵排气阀,VA20至VA31—待测管路排气切换阀,VA32、VA33—差压传感器2排气阀,VA34、VA35—差压传感器3排气阀,VA36—U形管压差计排气阀,VA37、VA38—差压传感器1排气阀。

温度:TI01—循环水温度。

压差:PDI01—压差测量1,PDI02—压差测量2,PDI03—压差测量3。

压力:PI01—泵入口压力,PI02—泵出口压力。

流量:FI01—涡轮流量计,远传显示,0.5～10 m^3/h;FI02—转子流量计流量,就地显示,4～40 L/h。

3. 设备、仪表参数

(1) 离心泵：不锈钢材质，电压 380 V，功率 0.55 kW，流量 6 m^3/h，扬程 14 m。

(2) 循环水箱：PP 材质，710 mm×490 mm×380 mm(长×宽×高)，95 L。

(3) 涡轮流量计：有机玻璃壳体，0.5～10 m^3/h，精度 0.5%。

(4) 转子流量计：4～40 L/h，介质水，宝塔接口。

(5) U 形管压差计：±2000 Pa。

(6) 传感器：差压传感器 1(PDI01)，测量范围为 0～40 kPa；差压传感器 2(PDI02)，测量范围为 0～100 kPa；差压传感器 3(PDI03)，测量范围为 0～100 kPa；压力传感器 1(PI02)，测量范围为 0～600 kPa；压力传感器 2(PI01)，测量范围为－100～＋100 kPa。

(7) 温度传感器：Pt100 航空接头。

(8) 光滑管测量段：内径 15 mm，透明 PVC，测点长 1000 mm。

(9) 粗糙管测量段：内径 15 mm，透明 PVC，测点长 1000 mm。

(10) 阀门测量段：内径 15 mm，PVC 球阀，四个测点。

(11) 突缩测量段：内径 25 mm 转 15 mm，透明 PVC，四个测点。

(12) 层流管测量段：内径 4 mm，测点长 1000 mm。

(13) 文丘里流量计测量段：$d_1=20$ mm，$A_0/A_1=0.5625$，透明 PVC。

(14) 孔板流量计测量段：$d_1=20$ mm，$A_0/A_1=0.599$，透明 PVC。

四、操作步骤

1. 熟悉

按事先(实验预习时)分工，熟悉流程及各测量传感器的作用。

2. 检查

检查各阀门是否关闭。

3. 模块安装

根据实验内容选择对应的管路模块，通过活连接接入管路系统，使用对应的差压传感器软管正确接入测压点。

注意：①无论进行什么实验，必须保证支路上有管路模块连接；②层流管路使用差压传感器 1，球阀局部阻力及突缩局部阻力使用差压传感器 2 和差压传感器 3，其余管路的测量均使用差压传感器 2。

4. 灌泵

泵的位置高于水面，为防止泵启动时发生气缚现象，应先把泵灌满水，具体灌泵操作如下：打开离心泵入口阀 VA12、离心泵排气阀 VA19，打开灌泵阀 VA13，向泵内加水，当泵的出水口有液面出现时，关闭离心泵排气阀 VA19、灌泵阀

VA13,等待启动离心泵。

5. 开机

依次打开总电源、控制电源,启动计算机软件平台,点击"开始实验",启动离心泵。当泵后压力读数明显增加(一般大于 0.15 MPa),说明泵已经正常启动,未发生气缚现象,否则需重新灌泵操作。

6. 测量

注意:排尽系统内空气是保障本实验正确进行的关键操作。

(1) 光滑管阻力测定。

首先在软件平台上选择要进行的实验。

①检查光滑管是否已装入管路,打开此待测管路开关阀。

②排气:先打开主管路开关阀 VA06,启动离心泵,全开流量调节阀 VA01,然后打开光滑管排气切换阀 VA20、VA21,差压传感器上的排气阀 VA32、VA33,约 1 min,观察到引压管内无气泡后,先关闭差压传感器上的排气阀 VA32、VA33,再关闭 VA01。

③逐渐开启流量调节阀 VA01,根据涡轮流量计示数进行调节,采集数据,依次控制 Q 为 1.2 m^3/h、1.8 m^3/h、2.5 m^3/h、3.5 m^3/h、4.5 m^3/h、5.5 m^3/h、最大值。

注意:以下每次测量,管路排气操作后,注意查看差压传感器示数,即在流量为零时差压显示值是否为零,若不为零,点清零键清零后再开始记录数据。

(2) 粗糙管阻力测定。

首先在软件平台上选择要进行的实验。

①检查粗糙管是否已装入管路,打开此待测管路开关阀。

②排气:先打开 VA06,启动离心泵,全开 VA01,然后打开粗糙管排气切换阀 VA22、VA23,差压传感器上的排气阀 VA32、VA33,约 1 min,观察到引压管内无气泡后,先关闭差压传感器上的排气阀 VA32、VA33,再关闭 VA01。

③逐渐开启流量调节阀 VA01,根据涡轮流量计示数进行调节,采集数据,依次控制 Q 为 1.2 m^3/h、1.8 m^3/h、2.5 m^3/h、3.5 m^3/h、4.5 m^3/h、最大值。

(3) 球阀局部阻力测定。

在软件平台上单击与待测管路对应的实验。

①检查球阀管路是否已装入管路,检查管路引压管是否连接正确:中间测压点接差压传感器 2,两边测压点接差压传感器 3。确认无误后打开此待测管路开关阀。

②排气:打开 VA06,启动离心泵,全开 VA01,然后打开球阀管路排气切换阀 VA24、VA25、VA26、VA27,打开差压传感器 2 和差压传感器 3 上的排气阀 VA32、VA33、VA34、VA35,约 1 min,观察到引压管内无气泡后,先关闭差压传感

器上的排气阀，再关闭 VA01。

③逐渐开启流量调节阀 VA01，根据流量计示数进行调节。采集数据，依次控制 Q 为 2 m^3/h、2.8 m^3/h、3.5 m^3/h、4.5 m^3/h、5 m^3/h、最大值。

(4) 突缩局部阻力测定。

在软件平台上单击与待测管路对应的实验。

①检查突缩管路是否已装入管路，检查管路引压管是否连接正确：中间测压点接差压传感器 2，两边测压点接差压传感器 3。确认无误后打开此待测管路开关阀。

②排气：打开 VA06，启动离心泵，全开 VA01，然后打开突缩管路排气切换阀 VA28、VA29、VA30、VA31，打开差压传感器 2 和差压传感器 3 上的排气阀 VA32、VA33、VA34、VA35，约 1 min，观察到引压管内无气泡后，先关闭差压传感器上的排气阀，再关闭 VA01。

③逐渐开启流量调节阀 VA01，根据流量计示数进行调节。采集数据，依次控制 Q 为 3 m^3/h、4 m^3/h、5 m^3/h、6 m^3/h、最大值。

注意：更换支路前开启待更换管路开关阀及管路排液阀 VA07，放净管路内液体。

(5) 流量计标定。

在软件平台上单击与待测管路对应的实验。

①选择文丘里管装入管路，连接差压传感器 2、差压传感器 3。

②排气：打开 VA06，启动离心泵，全开 VA01，然后打开球阀管路排气切换阀 VA28、VA29、VA30、VA31，打开差压传感器 2 和差压传感器 3 上的排气阀 VA32、VA33、VA34、VA35，约 1 min，观察到引压管内无气泡后，先关闭差压传感器上的排气阀，再关闭 VA01。

③启动离心泵，逐渐开启流量调节阀 VA01，根据流量计示数进行调节。采集数据，依次控制 Q 为 2 m^3/h、2.8 m^3/h、3.5 m^3/h、4.5 m^3/h、5 m^3/h、5.5 m^3/h、最大值(若无法达到 5.5 m^3/h，在 VA01 全开时记录数据即可)。

④此管路做完后，关闭 VA01 和离心泵，更换文丘里管为孔板管，按上述步骤依次进行孔板流量计的测量。

孔板流量计实验采集数据时依次控制 Q 为 2 m^3/h、2.8 m^3/h、3.5 m^3/h、4.5 m^3/h、5 m^3/h、5.5 m^3/h、最大值。

⑤进行流量计标定时，将永久压力测量孔连接差压传感器 3，测量流量计永久压力损失。

选做内容：以上步骤做完后，关闭阀门 VA06，将管路出口液体排入计量槽，调节阀门 VA01，用秒表计时，记录计量槽液位变化一定高度所用的时间及对应的压差，由计量槽体积即可计算管路流量。调节阀门 VA01，依次记录不同流量下的压差,代入流量计计算公式,即可由体积法对不同流量计进行标定。

(6) 层流管路的测量。

在软件平台上单击与待测管路对应的实验。

①首先启动离心泵,打开阀门 VA08,确认高位槽注满水后,调节阀门 VA08 维持高位槽稳定溢流。

②开启层流管开关阀 VA09,U 形管压差计排气阀 VA36,待 U 形管压差计装满水后,开启层流管流量调节阀 VA11,差压传感器 1 排气阀 VA37、VA38,观察各排气管,待气泡排净后,依次关闭差压传感器 1 排气阀 VA37、VA38,层流流量调节阀 VA11,层流管开关阀 VA09,然后缓慢开启层流管流量调节阀 VA11,待 U 形管压差计左右水位差调至 0 时,关闭层流管流量调节阀 VA11,最后关闭 U 形管压差计排气阀 VA36。

③开启阀门 VA09,逐渐调节阀门 VA11 开始层流管路测量。层流管路的测量采用差压传感器 1,流量由转子流量计直接读数,然后手动输入软件表格,即可自动参与计算。注意在输入数据时进行单位换算,软件数据计算以 m^3/h 为单位。

(7) 离心泵特性曲线测定。

在软件平台上单击“离心泵特性实验”。

①打开泵特性实验管路阀门 VA07。

②排气:先全开 VA01,然后打开压力传感器上的排气阀 VA19 及压力平衡阀 VA18,约 1 min,观察到引压管内无气泡后,关闭排气阀 VA19 及压力平衡阀 VA18。

③调节阀门 VA01,每次改变流量,应以涡轮流量计 FI01 读数变化为准。调节阀门 VA01,依次使 Q 为 0 m^3/h、1 m^3/h、2 m^3/h、3 m^3/h、4 m^3/h、5 m^3/h、6 m^3/h、7 m^3/h、8 m^3/h、9 m^3/h,最大值,记录相关实验数据。

④实验完成后,关闭 VA01,关闭离心泵。

(8) 管路性能曲线测定。

①低阻管路性能曲线测定:在软件平台上单击“低阻管路性能实验”。

a. 管路性能测定不用更换管路,只需要打开 VA07 即可。

b. 开启流量调节阀 VA01 至最大;从大到小依次调节离心泵转速来改变流量,转速的确定应以涡轮流量计读数变化为准。

c. 记录不同流量下离心泵进出口压力。

②高阻管路性能曲线测定:在软件平台上单击“高阻管路性能实验”。

a. 启动离心泵后将 FI01 流量调节到约 4 m^3/h(此后阀门不再调节);从大到小依次调节离心泵转速来改变流量,转速的确定应以涡轮流量计读数变化为准。

b. 记录不同流量下离心泵进出口压力。

c. 实验结束后关闭 VA01,关闭离心泵。

注意:设置转速下限时不能低于 800 r/min,每次调节转速减小量为 300～400 r/min。

7. 停机

实验完毕,关闭所有阀门,停泵,打开各待测管路开关阀 VA02、VA03、VA04、VA05 及管路排液阀 VA07,泵入口排水阀 VA14,水箱放净阀 VA16,计量槽放净阀 VA17,最后退出软件平台,关闭计算机,关闭总电源。

五、注意事项

(1) 每次启动离心泵前先检查水箱是否有水及水位是否达到水箱容积的 2/3,确认是否灌泵,严禁泵内无水空转!

(2) 长期不用时,应将水箱及管道内水排净,并用湿软布擦拭水箱,防止水垢等杂物粘在水箱上面。

(3) 严禁学生打开电气控制柜,以免发生触电事故。

(4) 在冬季室内温度达到冰点时,严禁设备内存水。

(5) 操作前,必须将水箱内异物清理干净。需先用抹布擦干净,再往水箱内加水,启动泵让水循环流动冲刷管道一段时间。然后将水箱内水排净,再注入水以准备实验。

六、实验数据处理

现举例对不同实验进行数据处理(数据仅供参考)。

1. 光滑管、粗糙管的直管阻力损失实验

(1) 数据记录。

光滑管内径 d:0.015 m。测点 L :1.0 m。

t:27 ℃。水密度:996.6 kg/m^3。水黏度:0.85483 mPa · s。

其他数据如表 2-1-1 所示。

表 2-1-1 直管阻力损失实验数据记录

流量 Q/(m^3/h)	Δp(差压传感器 2)/kPa	流速 u/(m/s)	$Re\times10^{-4}$	λ
0.7713	1.46	1.2129	2.1211	0.0298
1.1625	2.88	1.8283	3.1972	0.0259
1.7413	5.81	2.7385	4.7889	0.0233
2.5994	11.71	4.0880	7.1490	0.0211

续表

流量 $Q/(m^3/h)$	Δp(差压传感器 2)/kPa	流速 $u/(m/s)$	$Re\times10^{-4}$	λ
3.6631	21.52	5.7610	10.0746	0.0195
5.4138	43.06	8.5142	14.8893	0.0179

(2)数据计算举例(以表中第 1 组数据为例)。

管中流速

$$u=\frac{4Q}{3600\times\pi d^2}$$
$$=4\times0.7713/(3600\times3.14\times0.015^2)\ \text{m/s}$$
$$=1.2129\ \text{m/s}$$

雷诺数

$$Re=\frac{du\rho}{\mu}$$
$$=\frac{0.015\times1.2129\times996.6}{0.85483\times10^{-3}}=2.1211\times10^4$$

直管阻力系数

$$\lambda=\frac{2\cdot\Delta p\cdot d}{\rho u^2 L}$$
$$=\frac{2\times1.46\times1000\times0.015}{996.6\times1.2129^2\times1.0}=0.0298$$

(3) 绘制直管阻力系数 λ 与 Re 关系曲线,如图 2-1-4 所示。

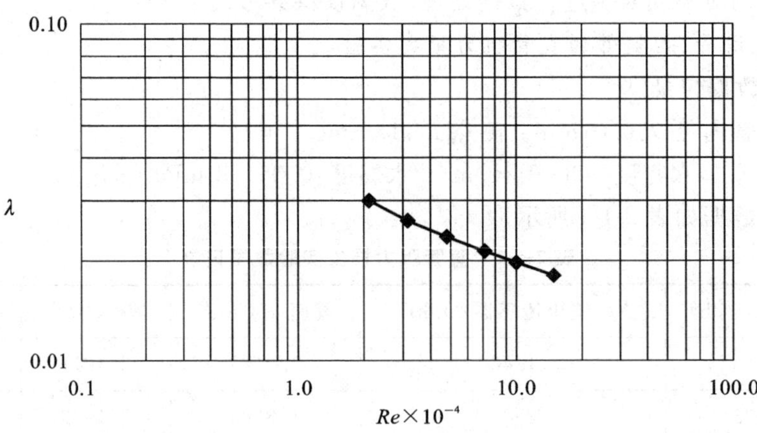

图 2-1-4 直管阻力系数 λ 与 Re 的关系曲线

2. 流体流经阀门时局部阻力损失实验

(1) 数据记录。

t:26.4 ℃。水密度:996.8 kg/m³。水黏度:0.86576 mPa·s。内径:0.015 m。

其他数据如表 2-1-2 所示。

表 2-1-2 局部阻力损失实验数据记录

流量 Q/(m³/h)	Δp_{23}/kPa	Δp_{14}/kPa	流速 u/(m/s)	$Re\times10^{-4}$	ζ
0.790	1.10	1.56	1.2424	2.1456	0.83
1.220	2.63	3.71	1.9187	3.3135	0.84
1.800	5.33	7.59	2.8309	4.8888	0.77
2.680	11.11	15.78	4.2148	7.2788	0.73
3.870	22.59	31.69	6.0863	10.5108	0.73
4.200	26.53	37.11	6.6053	11.4071	0.73

(2) 数据计算举例(以表中第 1 组数据为例)。

管中液体流速

$$\begin{aligned} u &= 4Q/(3600\times\pi d^2) \\ &= 4\times0.790/(3600\times3.14\times0.015^2)\ \text{m/s} \\ &= 1.2424\ \text{m/s} \end{aligned}$$

局部阻力系数

$$\begin{aligned} \zeta &= \frac{2}{u^2}\frac{2\Delta p_{23}-\Delta p_{14}}{\rho} \\ &= \frac{2\times(2\times1.10-1.56)\times1000}{996.8\times1.2424^2} \\ &= 0.83 \end{aligned}$$

(3) 绘制局部阻力系数 ζ 与 Re 的关系曲线,如图 2-1-5 所示。

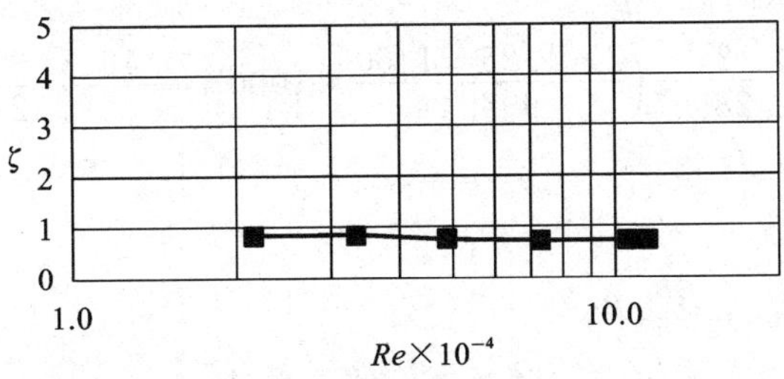

图 2-1-5 局部阻力系数 ζ 与 Re 的关系曲线

3. 突缩局部阻力损失实验

(1) 数据记录。

t:27.8 ℃。水密度:996.4 kg/m^3。水黏度:0.84063 mPa · s。粗管内径 d_1:0.025 m。细管内径 d_2:0.015 m。

其他数据如表 2-1-3 所示。

表 2-1-3　突缩局部阻力损失实验数据记录

流量 Q/(m^3/h)	p_{23}/kPa	p_{14}/kPa	流速 u_1/(m/s)	流速 u_2/(m/s)	ζ	$Re\times10^{-4}$
0.820	1.25	1.60	0.4643	1.2896	0.2158	2.2928
1.230	2.77	3.49	0.6964	1.9344	0.2292	3.4393
1.510	3.93	4.88	0.8549	2.3748	0.1902	4.2222
2.080	7.31	8.94	1.1776	3.2712	0.1950	5.8160
2.600	11.42	13.73	1.4720	4.0890	0.2233	7.2700
4.270	30.47	35.98	2.4176	6.7154	0.2406	11.9396

(2) 数据计算举例(以表中第 1 组数据为例)。

粗管中流体流速

$$
\begin{aligned}
u_1 &= 4Q/(3600\times\pi d_1^2)\\
&= 4\times0.820/(3600\times3.14\times0.025^2)\ \mathrm{m/s}\\
&=0.4643\ \mathrm{m/s}
\end{aligned}
$$

细管中流体流速

$$
\begin{aligned}
u_2 &= 4Q/(3600\times\pi d_2^2)\\
&= 4\times0.820/(3600\times3.14\times0.015^2)\ \mathrm{m/s}\\
&=1.2896\ \mathrm{m/s}
\end{aligned}
$$

局部阻力系数

$$
\begin{aligned}
\zeta &= \frac{2}{u_2^2}\left(\frac{2\,p_{23}-p_{14}}{\rho}+\frac{u_1^2-u_2^2}{2}\right)\\
&=\frac{2}{1.2896^2}\left(\frac{2\times1.25-1.60}{996.4}\times1000+\frac{0.4643^2-1.2896^2}{2}\right)\\
&=0.2158
\end{aligned}
$$

细管中的雷诺数

$$
\begin{aligned}
Re &= \frac{du_2\rho}{\mu}\\
&= \frac{0.015\times1.2896\times996.4}{0.84063\times10^{-3}} = 2.2928\times10^4
\end{aligned}
$$

(3) 绘制局部阻力系数 ζ 与 Re 的关系曲线，如图 2-1-6 所示。

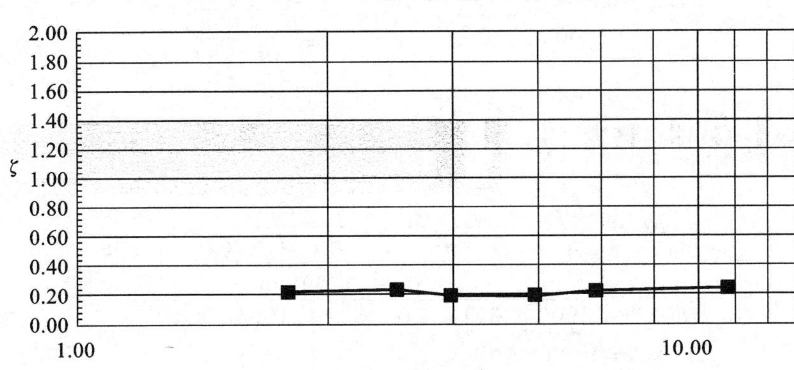

图 2-1-6　局部阻力系数 ζ 与 Re 的关系曲线

4. 文丘里流量计标定实验

(1) 数据记录。

t：16 ℃。水密度：998.9 kg/m³。水黏度：1.10648 mPa·s。管径 d_1：0.02 m。孔径 d_0：0.015 m。

其他数据如表 2-1-4 所示。

表 2-1-4　文丘里流量计标定实验数据记录

流量 $Q/(m^3/h)$	Δp/kPa	$Re\times10^{-4}$	C_V
0.83	0.86	1.33	0.994
1.24	1.91	1.98	0.997
1.84	4.22	2.94	0.995
2.71	9.15	4.33	0.995
4.17	21.86	6.66	0.991
5.48	37.80	8.75	0.990

(2) 数据计算举例(以表中第 1 组数据为例)。

由文丘里流量计的计算公式

$$Q = C_V A_0\sqrt{\frac{2\Delta p}{\rho}}$$

可得

$$C_V = \frac{Q}{\frac{\pi d_0^2}{4}\sqrt{\frac{2\Delta p}{\rho}}}$$

$$= \frac{0.83}{3600 \times \frac{3.14 \times 0.015^2}{4} \times \sqrt{\frac{2 \times 0.86}{0.9989}}}$$

$$= 0.995$$

流经管中液体雷诺数

$$Re = \frac{du\rho}{\mu} = \frac{d \frac{4Q}{\pi \times d^2}\rho}{\mu} = \frac{4Q\rho}{\pi \times d \times \mu}$$

$$= \frac{4 \times 0.83 \times 998.9}{3600 \times 3.14 \times 0.02 \times 1.10648 \times 10^{-3}}$$

$$= 1.33 \times 10^4$$

(3) 绘制文丘里流量标定曲线,如图 2-1-7 所示。

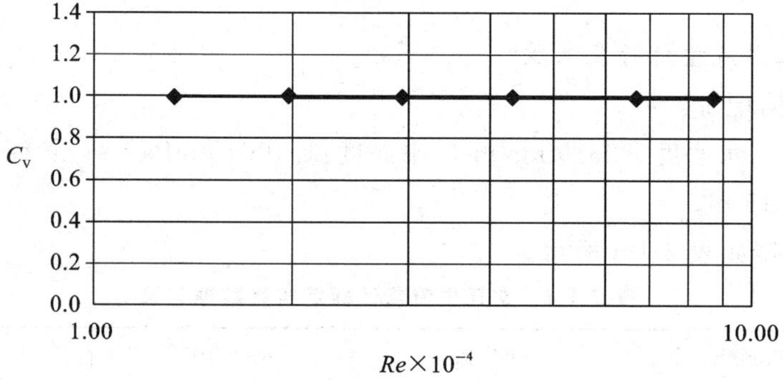

图 2-1-7 文丘里流量计标定曲线

5. 孔板流量计实验

(1) 数据记录。

t:25.8 ℃。水密度:996.9 kg/m³。水黏度:0.87693 mPa · s。管径 d_1:0.02 m,孔径 d_0:0.01549 m。

其他数据如表 2-1-5 所示。

表 2-1-5 孔板流量计实验数据记录

流量 Q/(m³/h)	Δp/kPa	$Re \times 10^{-4}$	C_0
0.86	1.14	1.73	0.838
1.25	2.42	2.51	0.836
1.79	5.13	3.60	0.822
2.47	10.17	4.97	0.806
3.01	15.32	6.05	0.800
2.98	14.95	5.99	0.802

(2) 数据计算举例(以表中第 1 组数据为例)。

由孔板流量计计算公式

$$Q = C_0 A_0 \sqrt{\frac{2\Delta p}{\rho}}$$

变形可得

$$C_0 = \frac{Q}{3600 \times \frac{\pi d_0^2}{4}\sqrt{\frac{2\Delta p}{\rho}}}$$

$$= \frac{0.86}{3600 \times \frac{3.14 \times 0.01549^2}{4} \times \sqrt{\frac{2 \times 1.14 \times 1000}{996.9}}}$$

$$= 0.838$$

流经管中液体雷诺数

$$Re = \frac{du\rho}{\mu}$$

$$= \frac{d\,\frac{4Q}{3600 \times \pi \times d^2}\rho}{\mu} = \frac{4Q\rho}{3600 \times \pi \times d \times \mu}$$

$$= \frac{4 \times 0.86 \times 996.9}{3600 \times 3.14 \times 0.02 \times 0.87693 \times 10^{-3}}$$

$$= 1.730 \times 10^4$$

(3) 绘制孔板流量计标定曲线,如图 2-1-8 所示。

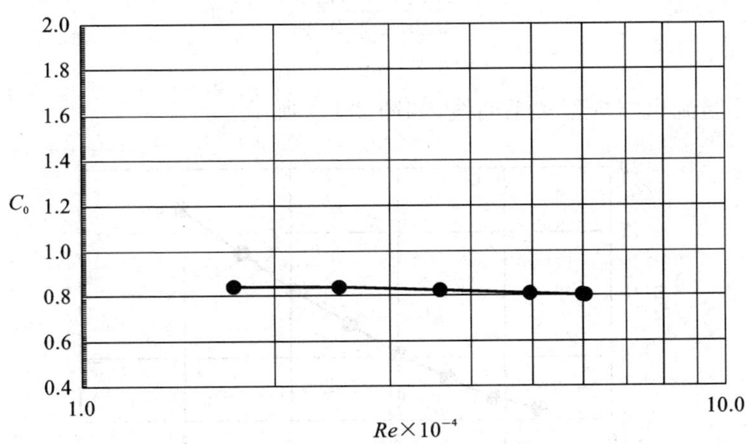

图 2-1-8　孔板流量计标定曲线

6. 高阻管路特性实验

(1) 数据记录。

t:27.7 ℃。水密度:996.4 kg/m³。水黏度:0.842384 mPa·s。

其他数据如表 2-1-6 所示。

表 2-1-6　高阻管路特性实验数据记录

流量 $Q/(m^3/h)$	p_1(PI01)/kPa	p_2(PI02)/kPa	Δp/kPa	扬程 H/m
4.04	−12.9	152.2	165.1	16.91
3.47	−11.7	118.8	130.5	13.36
2.97	−10.7	90.2	100.9	10.33
2.46	−9.7	65.2	74.9	7.67
2.00	−8.5	43.8	52.3	5.35
1.55	−7.9	25.5	33.4	3.42
1.11	−7.6	10.6	18.2	1.86
0.68	−7.4	1.6	9	0.92

(2)数据计算举例(以表中第 1 组数据为例)。

扬程

$$H=\frac{\Delta p}{\rho g}=\frac{p_2-p_1}{\rho g}$$
$$=\frac{152.2+12.9}{996.4\times 9.8}\times 10^3\,\mathrm{m}$$
$$=16.91\ \mathrm{m}$$

(3) 绘制流量与扬程关系曲线,如图 2-1-9 所示。

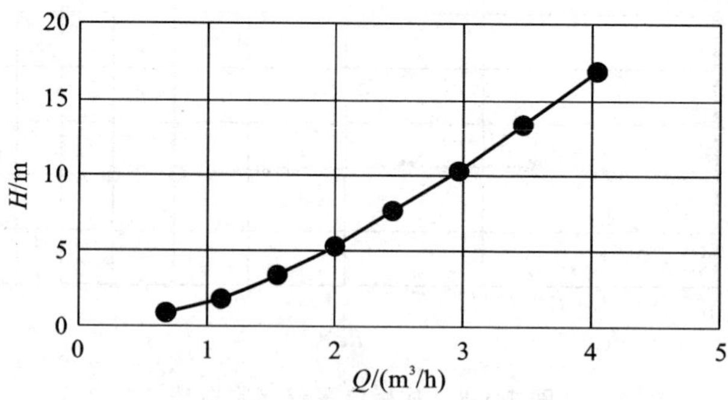

图 2-1-9　高阻管路性能测定曲线

7. 低阻管路特性实验

(1) 数据记录。

t:27.7 ℃。水密度:996.4 kg/m^3。水黏度:0.842384 mPa·s。

其他数据如表 2-1-7 所示。

表 2-1-7　低阻管路特性实验数据记录

流量 Q/(m^3/h)	p_1(PI01)/kPa	p_2(PI02)/kPa	Δp/kPa	扬程 H/m
6.76	−24.4	101.6	126.0	12.90
5.95	−20.8	79.4	100.2	10.25
5.17	−17.3	60.3	77.6	7.94
4.39	−14.4	42.4	56.8	5.81
3.61	−12.2	27.7	39.9	4.08
2.83	−9.7	14.7	24.4	2.49
2.05	−8.2	6.4	14.6	1.49
1.29	−7.8	−0.6	7.2	0.74
0.74	−7.4	−4	3.4	0.35

(2)数据计算举例(以表中第 1 组数据为例)。

扬程

$$H=\frac{\Delta p}{\rho g}\times 10^3=\frac{p_2-p_1}{\rho g}$$
$$=\frac{101.6+24.4}{996.4\times 9.8}\times 10^3\,\text{m}$$
$$=12.90\ \text{m}$$

(3) 绘制流量与扬程关系曲线,如图 2-1-10 所示。

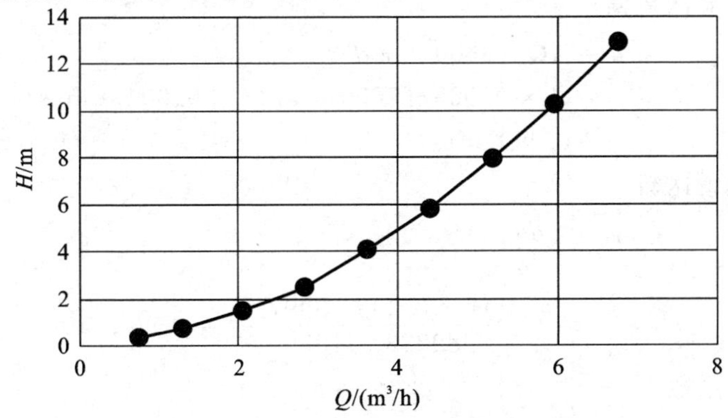

图 2-1-10　低阻管路性能测定曲线

8. 层流实验

(1) 数据记录。

t:25 ℃。水密度:997.1 kg/m^3。水黏度:0.89223 mPa·s。管径 d:0.004 m。管长 L:1.3 m。

其他数据如表 2-1-8 所示。

表 2-1-8　层流实验数据记录

流量 Q/(m^3/h)	Δp/kPa	流速 u/(m/s)	$Re\times10^{-4}$	λ
0.0050	0.22	0.111	0.0496	0.1122
0.0070	0.31	0.155	0.0692	0.0798
0.0100	0.45	0.221	0.0989	0.0568
0.0140	0.61	0.310	0.1384	0.0393
0.0180	0.80	0.398	0.1779	0.0312
0.0200	0.90	0.442	0.1977	0.0284
0.0220	1.19	0.487	0.2175	0.0310
0.0240	1.74	0.531	0.2373	0.0381
0.0260	2.06	0.575	0.2570	0.0385
0.0280	2.48	0.619	0.2768	0.0399
0.0300	2.75	0.663	0.2966	0.0386
0.0320	3.16	0.708	0.3164	0.0389

(2) 数据计算举例(以表中第 1 组数据为例)。

层流管中液体流速

$$\begin{aligned} u &= 4Q/(3600\times\pi d^2) \\ &= 4\times0.005/(3600\times3.14\times0.004^2)\ \text{m/s} \\ &= 0.111\ \text{m/s} \end{aligned}$$

管中流体雷诺数

$$\begin{aligned} Re &= \frac{du\rho}{\mu} \\ &= \frac{0.004\times0.111\times997.1}{0.89223\times10^{-3}} = 4.96\times10^2 \end{aligned}$$

直管阻力系数

$$\lambda = \frac{2\cdot\Delta p\cdot d}{\rho u^2 L}$$

$$= \frac{2 \times 0.22 \times 1000 \times 0.004}{997.1 \times 0.111^2 \times 1.3} = 0.1122$$

(3) 绘制阻力系数与雷诺数的关系曲线，如图 2-1-11 所示。

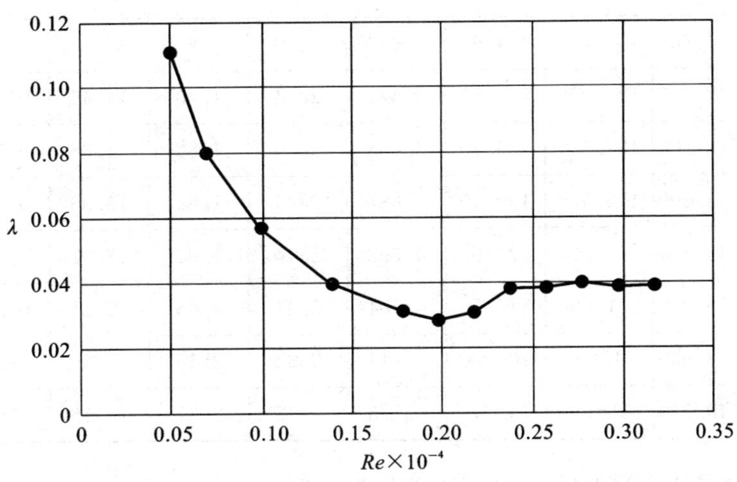

图 2-1-11　λ-Re 曲线

9. 离心泵性能测定实验

(1) 数据记录。

温度：28.6 ℃。水密度：996.2 kg/m³。水黏度：0.82681 mPa·s。

其他数据如表 2-1-9 所示。

表 2-1-9　离心泵性能测定实验数据记录

流量 Q /(m³/h)	压力 p_1 /kPa	压力 p_2 /kPa	压差 Δp /kPa	功率 N /kW	转速 n /(r/min)	泵性能曲线			
						Q/(L/s)	H/m	N_0/kW	η
0.00	−3.400	195.600	199.00	0.345	2916	0.00	19.45	0.243	0.000
0.98	−4.800	187.900	192.70	0.401	2910	0.27	18.91	0.284	0.177
2.02	−5.700	182.600	188.30	0.470	2892	0.56	18.71	0.340	0.302
3.02	−6.800	174.000	180.80	0.529	2880	0.84	18.12	0.387	0.384
3.93	−8.200	164.500	172.70	0.578	2874	1.09	17.38	0.426	0.436
5.04	−10.000	149.100	159.10	0.631	2862	1.40	16.14	0.470	0.470
5.29	−10.700	144.200	154.90	0.640	2856	1.47	15.78	0.480	0.472
5.59	−11.200	139.600	150.80	0.649	2856	1.55	15.37	0.487	0.479

续表

流量 Q /(m^3/h)	压力 p_1 /kPa	压力 p_2 /kPa	压差 Δp /kPa	功率 N /kW	转速 n /(r/min)	泵性能曲线			
						Q/(L/s)	H/m	N_0/kW	η
5.90	−11.900	132.700	144.60	0.659	2850	1.64	14.80	0.498	0.476
6.23	−12.700	127.900	140.60	0.672	2844	1.73	14.45	0.511	0.479
6.54	−13.500	121.900	135.40	0.683	2850	1.82	13.86	0.516	0.477
6.82	−14.200	115.800	130.00	0.687	2844	1.89	13.36	0.522	0.474
7.00	−14.800	111.800	126.60	0.693	2844	1.94	13.01	0.527	0.469
7.47	−16.200	101.600	117.80	0.704	2844	2.08	12.11	0.535	0.459
8.04	−18.000	91.600	109.60	0.717	2832	2.23	11.36	0.552	0.449
8.53	−19.700	78.300	98.00	0.723	2832	2.37	10.16	0.556	0.423

(2) 数据计算举例(以表中第 2 组数据为例)。

说明:设备软件中关于离心泵扬程的计算不包括泵进、出口压力测点高度差。

某一转速下离心泵扬程

$$H = \frac{\Delta p}{\rho g} \times \left(\frac{2850}{n}\right)^2$$

$$= \frac{1000 \times 192.70}{996.2 \times 9.8} \times \left(\frac{2850}{2910}\right)^2 \text{ m}$$

$$= 18.93 \text{ m}$$

某一转速下离心泵功率(其中离心泵的总效率按 75.5%计算)

$$N_0 = 0.755N\left(\frac{2850}{n}\right)^3$$

$$= 0.755 \times 0.401 \times \left(\frac{2850}{2910}\right)^3 \text{ kW}$$

$$= 0.284 \text{ kW}$$

某一转速下离心泵效率

$$\eta = \frac{QHg\rho}{N_0}$$

$$= \frac{0.27 \times 18.93 \times 9.8 \times 0.9962}{0.284 \times 1000} \times 100\%$$

$$= 17.6\%$$

(3) 绘制离心泵性能曲线，如图 2-1-12 所示。

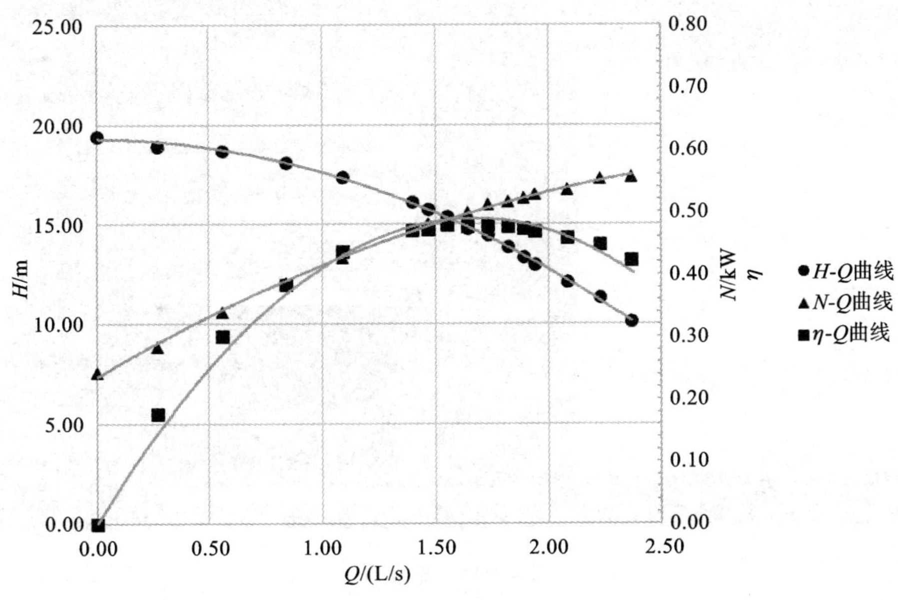

图 2-1-12　离心泵性能曲线

七、软件操作说明

(1) 离心泵启停。进入主界面(图 2-1-13)，点击“离心泵控制”，弹出二级对话框，选择“启动”即可启动离心泵。离心泵启动后，可实时查看离心泵转速及电机功率。实验结束需要关闭离心泵时，在“离心泵控制”的二级对话框中点击“停止”即可关闭离心泵。

(2) 实验内容选择(以直管阻力实验为例)。界面最上面为各个实验内容(图 2-1-14)，假如当前需要进行直管阻力实验，则需点击界面左侧“直管阻力实验”，选择直管阻力实验管路(光滑管或粗糙管)，然后点击数据表格左下角“开始实验”，即可开始进行实验。通过调节流量选择合适的测点(具体参考实验操作步骤)，待测点数据稳定后点击“数据记录”，即可记录当前流量下的流量和压差值。实验过程中若需要删除某组数据，则先选中数据所在行，然后点击“删除指定记录”即可。

(3) 实验数据记录完成后，点击“保存数据”，弹出窗口如图 2-1-15 所示(数据保存前切勿结束实验，否则数据会清空)。

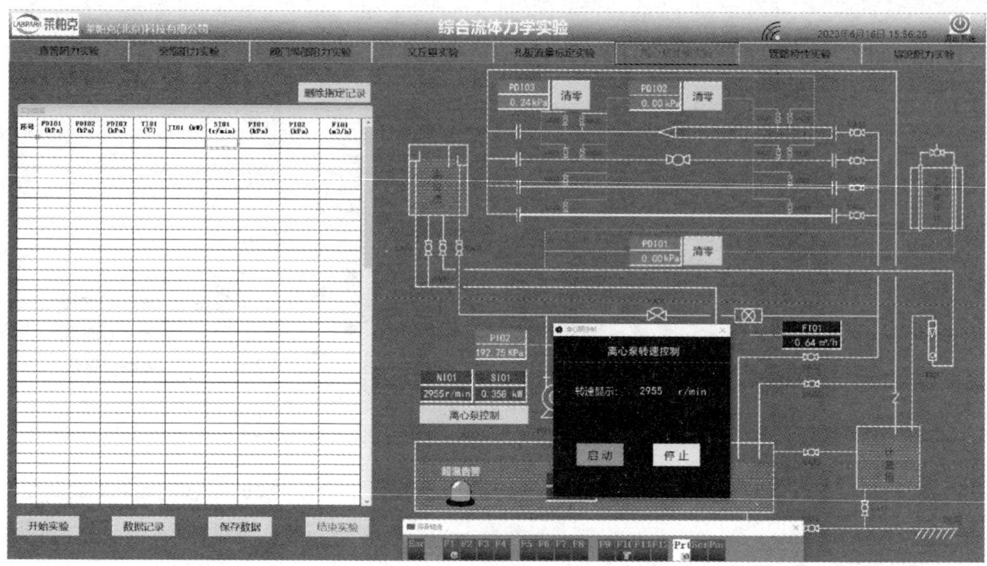

图 2-1-13　主界面

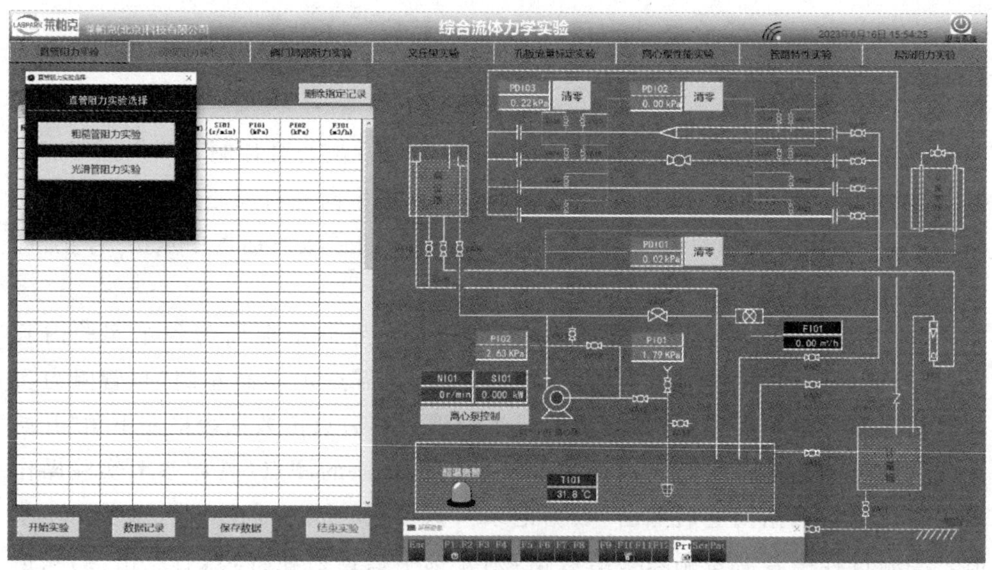

图 2-1-14　实验内容选择

输入文件名，单击右侧 .. 按钮，选择保存路径，单击“开始转换”，待出现“转换完毕！”弹窗时，单击“确定”，在保存路径的文件夹内可找到实验数据文件。

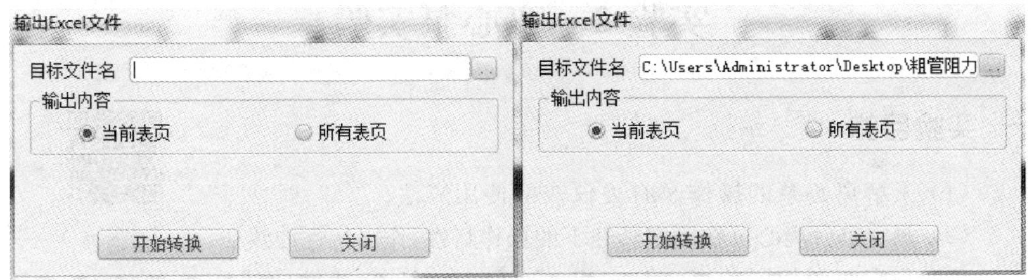

图 2-1-15　保存数据

(4) 设备软件自带数据处理功能，若实验老师开放数据处理功能，则在数据记录表的右上角会有“数据处理”字样(图 2-1-16)，待数据记录完成后点击“数据处理”可查看软件数据处理结果及图像。

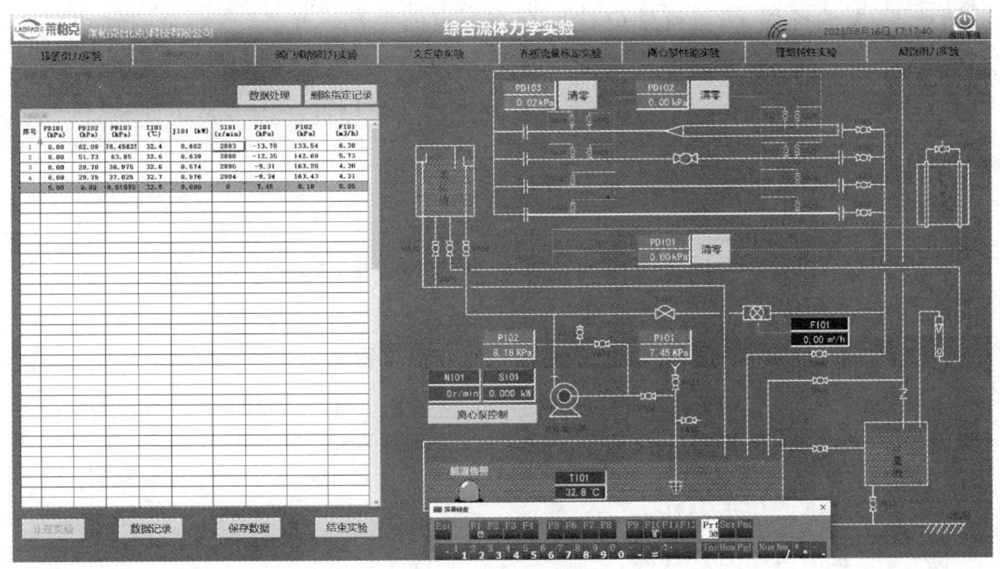

图 2-1-16　数据处理

若在数据处理界面进行数据保存，操作方法同上，保存结果还包含数据处理的结果。

(5) 如需进行其他实验内容，需要先结束本实验，即先点击“结束实验”，然后在界面最上面选择其他实验内容，在数据记录表格左下角点击“开始实验”即可。软件操作步骤同上。

实验 2　离心泵实验

一、实验目的

离心泵
实验视频

(1) 了解离心泵的操作及有关仪表的使用方法。

(2) 测定单台离心泵在固定转速下的操作特性,作出特性曲线。

(3) 测定两台相同的离心泵在串、并联时的 H-Q 特性曲线,并进行比较。

二、实验原理

1. 单台离心泵性能曲线测定

离心泵的特性曲线取决于泵的结构、尺寸和转速。对于一定的离心泵,在一定的转速下,泵的扬程 H 与流量 Q 之间存在一定的关系。此外,离心泵的轴功率 N 和效率 η 也随泵的流量变化而改变。因此 H-Q、N-Q 和 η-Q 三条关系曲线反映了离心泵的特性,称为离心泵的特性曲线。由于离心泵内部作用的复杂性,其特性曲线必须用实验方法测定。

本实验只需测定离心泵 A 的特性曲线。

(1) 流量 Q 的测定。

本实验采用涡轮流量计直接测量泵流量 Q'(m^3/h),$Q=Q'/3600$(m^3/s)。

(2) 扬程的计算。

可在泵的进出口两测压点之间列伯努利方程求得。

$$H=\frac{p'_2-p'_1}{\rho g}\times 10^6=\frac{\Delta p}{\rho g}\times 10^6 \tag{2-2-1}$$

式中:H——扬程,m(液柱);

p'_1——泵进口压力,MPa;

p'_2——泵出口压力,MPa;

Δp—泵进出口压差,MPa;

ρ——流体在操作温度下的密度,kg/m^3;

g——重力加速度,m/s^2。

(3) 轴功率 N 的计算。

$$N=N_{电}\eta_{电} \tag{2-2-2}$$

式中:$N_{电}$——电机功率,可以用三相功率表直接测定;

$\eta_{电}$——电机效率,本实验所用型号电机的效率为固定值(0.755)。

(4) 泵的总效率的计算。

$$\eta = \frac{\text{泵的有效功率}}{\text{泵的轴功率}} = \frac{QH\rho g}{N} \times 100\% \qquad (2\text{-}2\text{-}3)$$

(5) 转速校核。

应将以上所测参数校正为额定转速 $n'=2850$ r/min 条件下的数据来绘制特性曲线图。

$$\frac{Q'}{Q} = \frac{n'}{n},\quad \frac{H'}{H} = \left(\frac{n'}{n}\right)^2,\quad \frac{N'}{N} = \left(\frac{n'}{n}\right)^3$$

式中：n'——额定转速，r/min；

n——实际转速，r/min；

H'——额定转速下的扬程，m；

N'——额定转速下离心泵的功率，kW。

2. 离心泵的串、并联操作特性曲线

完全相同的两台离心泵，可进行串、并联操作。在串、并联操作时，由于泵本身的误差，不可能在完全相同的转速和功率下进行，因此，测定转速和功率已失去意义。在此，视为在相同的转速和功率下进行，只测定扬程和流量的关系即可。

计算方法完全与单台泵相同。注意操作好串、并联即可。

三、实验装置和流程

1. 流程图

实验流程如图 2-2-1 所示。

2. 流程说明

(1) 单台离心泵 A 工作：循环水由水箱经单向阀进入离心泵 A 入口，泵出至阀门 VA04，经涡轮流量计计量，通过流量调节阀 VA05 流回水箱。

(2) 离心泵 A、离心泵 B 串联工作：循环水由水箱经单向阀进入离心泵 A 入口，泵出后流经阀门 VA02，进入离心泵 B 入口，由离心泵出口流经涡轮流量计，通过流量调节阀 VA05 流回水箱。

(3) 离心泵 A、离心泵 B 并联工作：循环水由水箱经单向阀进入离心泵 A 入口，泵出至阀门 VA04，同时经阀门 VA03 进入离心泵 B 入口，泵出后与离心泵 A 出口汇合，流经涡轮流量计，通过流量调节阀 VA05 流回水箱。

3. 设备、仪表参数

(1) 离心泵：型号 MS100/0.55，550 W，6 m^3/h，$H=14$ m。

(2) 循环水箱：PP 材质，710 mm×490 mm×380 mm(长×宽×高)。

(3) 涡轮流量计：0.8～15 m^3/h。

(4) 压力传感器 1：测量范围 −100～100 kPa。

(5) 压力传感器 2：测量范围 0～600 kPa。

(6) 温度传感器：Pt100 航空接头。

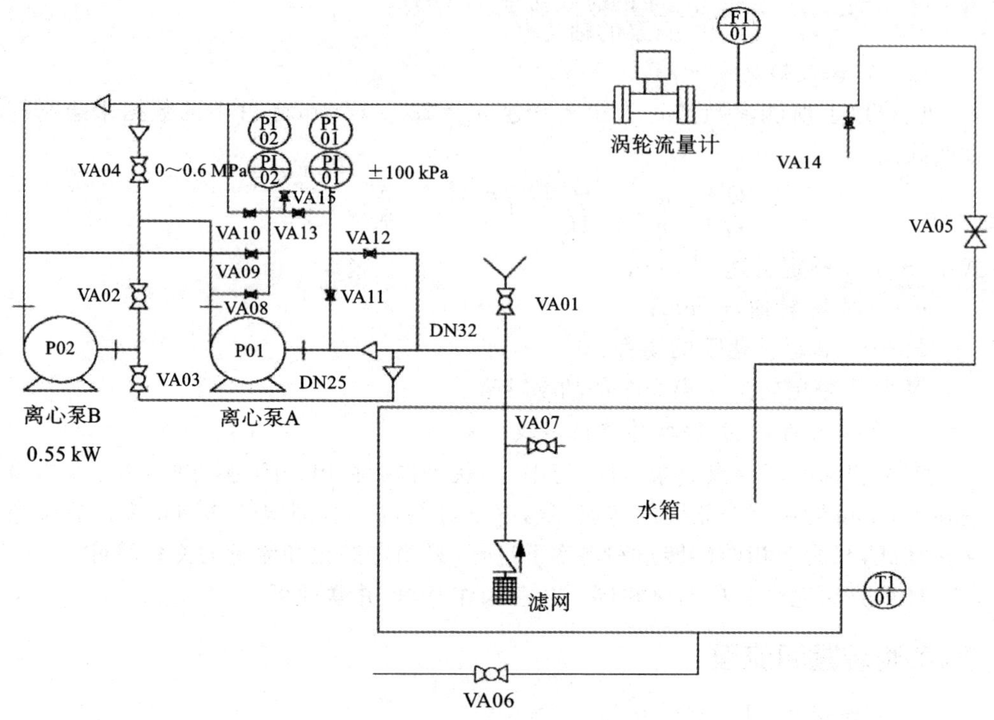

图 2-2-1 离心泵综合性能测定实验装置流程图

阀门:VA01—灌泵阀,VA02—串联阀,VA03—入口并联阀,VA04—出口并联阀,VA05—流量调节阀,VA06—水箱放净阀,VA07—泵放净阀,VA08、VA09、VA10、VA11、VA12—引压管连接阀,VA13、VA15—离心泵进出口压力测量管排气阀,VA14—管路排液阀。

温度:TI01—循环水温度。

压力:PI01—泵进口压力,PI02—泵出口压力。

流量:FI01—循环水流量。

四、操作步骤

1. 单台泵 A 的操作

(1) 连接压力传感器,打开引压管连接阀 VA08、VA11。

(2) 准备单台泵 A 的管路:开启阀 VA04,阀 VA02、VA03 关闭。

(3) 灌泵。打开阀 VA01、VA05 灌泵,灌泵完成后关闭阀 VA01、VA05。

(4) 启动泵 A 排气,泵 A 启动后,开大流量调节阀 VA05,打开压力传感器上的排气阀 VA13 排气,约 20 s 后关闭阀 VA05、VA13。

(5) 记录测量数据。为方便测量,建议按以下流量变化记录数据:0 m^3/h,2 m^3/h,4 m^3/h,…,最大值。在每个流量下,记录以下数据:流量 Q、压差 Δp、功率 N、转速 n 等。

(6) 停机。测量完毕,关闭流量调节阀 VA05,开压力传感器上的排气阀 VA13,停泵;关闭引压管连接阀 VA08、VA11。

2. 离心泵 A、离心泵 B 的串联操作

(1) 连接压力传感器,打开引压管连接阀 VA10、VA12。

(2) 准备泵 A、泵 B 串联的管路:开启阀 VA02,关闭阀 VA03、VA04。

(3) 灌泵。打开阀 VA01、VA05 灌泵,灌泵完成后关闭阀 VA01、VA05。

(4) 启动泵 A、泵 B 排气,泵 A、泵 B 启动后,开大流量调节阀 VA05,打开压力传感器上的排气阀 VA13 排气,约 20 s 后关闭阀 VA05、VA13。

(5) 测量记录数据。缓慢开启阀 VA05,调节流量,为方便测量,建议按以下流量变化记录数据:0 m^3/h,2 m^3/h,4 m^3/h,…,最大值。

在每个流量下,记录以下数据:流量 Q、压差 Δp。

(6) 停机。测量完毕,关闭流量调节阀 VA05,开压力传感器上的排气阀 VA13,停泵;关闭引压管连接阀 VA10、VA12。

3. 离心泵 A、离心泵 B 的并联操作

(1) 连接压力传感器,打开引压管连接阀 VA09、VA11。

(2) 准备泵 A、泵 B 并联的管路:关闭阀 VA02,开启阀 VA03、VA04。

(3) 灌泵。打开阀 VA01、VA05 灌泵,灌泵完成后关闭阀 VA01、VA05。

(4) 启动泵 A、泵 B 排气,泵 A、泵 B 启动后,开大流量调节阀 VA05,打开压力传感器上的排气阀 VA13 排气,约 20 s 后关闭阀 VA05、VA13。

(5) 记录测量数据。为方便测量,建议按以下流量变化记录数据:0 m^3/h,2 m^3/h,4 m^3/h,…,最大值。在每个流量下,记录以下数据:流量 Q、压差 Δp。

(6) 停机。测量完毕,关闭流量调节阀 VA05,开压力传感器上的排气阀 VA13,停泵;关闭引压管连接阀 VA09、VA11。

五、注意事项

(1) 每次启动离心泵前先检测水箱是否有水,严禁泵内无水空转。

(2) 在启动泵前,应检查三相动力电是否正常,若缺相,极易烧坏电机;为保证安全,检查接地是否正常;在泵内有水情况下检查泵的转动方向,若反转,流量达不到要求,对泵不利。

(3) 长期不用时,应将水箱及管道内水排净,并用湿软布擦拭水箱,防止水垢等杂物粘在水箱上面。

(4) 严禁学生打开电气控制柜,以免发生触电事故。

(5) 在冬季室内温度达到冰点时,设备内严禁存水。

(6) 操作前,必须将水箱内异物清理干净,需先用抹布擦干净,再往循环水槽内加水;启动泵让水循环流动冲刷管道一段时间,将循环水槽内水排净,再注入水

以准备实验。

六、实验数据处理

1. 单泵数据计算

(1) 数据记录。

温度:28.6 ℃。水密度:996.2 kg/m^3。水黏度:0.82681 mPa · s。

其他数据记录在表 2-2-1 中。

表 2-2-1　单泵数据记录

流量 Q /(m^3/h)	压力 p_1 /kPa	压力 p_2 /kPa	压差 Δp /kPa	功率 N /kW	转速 n /(r/min)	泵性能曲线			
						Q/(L/s)	H/m	N/kW	η

(2) 数据计算。

(3) 绘制离心泵性能曲线。

2. 离心泵并联数据计算

根据离心泵并联实验,记录相应流量、压力数据,计算压差及离心泵扬程,并填入表 2-2-2 中。

表 2-2-2　泵并联性能数据记录

序号	流量 Q /(m^3/h)	压力 PI01 /kPa	压力 PI02 /kPa	压差 /kPa	扬程 H /m
1					
2					
3					
4					
⋮					

3. 离心泵串联数据计算

根据离心泵串联实验,记录相应流量、压力数据,计算压差及离心泵扬程,并填入表 2-2-3 中。

表 2-2-3　泵串联性能数据记录

序号	流量 Q /(m^3/h)	压力 PI01 /kPa	压力 PI02 /kPa	压差 /kPa	扬程 H /m
1					
2					
3					
4					
⋮					

实验 3　传热实验

传热实验视频

一、实验目的

(1) 了解实验流程及设备(风机、蒸汽发生器、套管换热器)结构。

(2) 用实测法和理论计算法给出管内传热膜系数 $\alpha_{i测}$、$\alpha_{i计}$，努塞特数 $Nu_{测}$、$Nu_{计}$，以及总传热系数 $K_{测}$、$K_{计}$，分别比较其计算值与实测值，并对光滑管与波纹管、扰流管的结果进行比较。

(3) 在双对数坐标纸上标出 $Nu_{测}$、$Nu_{计}$与 Re 的关系曲线，最后用计算机回归出 $Nu_{测}$与 Re 的关系式，并给出回归的精度(相关系数 r)；对光滑管与波纹管、扰流管的结果进行比较。

(4) 比较两个 K 值与 α_i、α_0的关系。

二、实验原理

1. 管内 Nu、α 的测定与计算

(1) 管内空气质量流量 Q_m(kg/s)的计算。

文丘里流量计的标定条件：

$$p_0=101325\ \text{Pa},\quad T_0=(273+20)\text{K},\quad \rho_0=1.205\ \text{kg/m}^3$$

文丘里流量计的实际条件：

$$p_1=p_0+p(\text{PI01})$$

式中：$p(\text{PI01})$——进气压力计读数，Pa。

$$T_1=273\ \text{K}+T(\text{TI01})$$

式中：$T(\text{TI01})$——进气温度，K。

$$\rho_1 = \frac{p_1 T_0}{p_0 T_1}\rho_0 \tag{2-3-1}$$

式中:ρ_1——空气实际密度,kg/m^3。

则实际风量 Q_{V_1}(m^3/h)为

$$Q_{V_1} = C_0 A_0 \sqrt{\frac{2p(\text{PDI01})}{\rho_1}} \times 3600 \tag{2-3-2}$$

式中:C_0——流量系数,取 0.995;

A_0——喉部截面积,d_0=0.01717 m;

p(PDI01)——压差,Pa。

管内空气的质量流量 Q_m(kg/s)为

$$Q_m = \frac{Q_{V_1}\rho_1}{3600} \tag{2-3-3}$$

(2) 管内雷诺数 Re 的计算。

因为空气在管内流动时,其温度、密度、风速均发生变化,而质量流量为定值,所以其雷诺数的计算按下式进行:

$$Re = \frac{du\rho}{\mu} = \frac{4Q_m}{\pi d\mu} \tag{2-3-4}$$

上式中的物性数据 μ 可按管内定性温度 $t_{定}=(t(\text{TI21})+t(\text{TI23}))/2$ 求出。(以下计算均以光滑管为例。)

(3) 热负荷的计算。

在套管换热器管外蒸汽和管内空气的换热过程中,管外蒸汽冷凝释放出潜热传递给管内空气,下面以空气为恒算物料进行换热器的热负荷计算。

根据热量衡算式,传热量

$$q = Q_m c_p \Delta t \tag{2-3-5}$$

式中:Δt——空气的温升,$\Delta t = t(\text{TI21}) - t(\text{TI23})$,℃;

c_p——定性温度下的空气定压比热,kJ/(kg·℃);

Q_m——管内空气的质量流量,kg/s。

管内定性温度

$$t_{定} = (t(\text{TI21}) + t(\text{TI23}))/2$$

式中:t(TI21)——光滑管出口温度,℃;

t(TI23)——光滑管进气温度,℃;

(4) $\alpha_{i测}$(W/(m^2·℃))、努塞特数 $Nu_{测}$ 的计算。

由传热速度方程

$$q = \alpha A \Delta t_m$$

得

$$\alpha_{i测} = \frac{q}{\Delta t_m \cdot A} \tag{2-3-6}$$

式中：A——管内表面积，$A=d_i\pi L$，m^2，本实验管内径 $d_i=26$ mm，管长 $L=1380$ mm；

q——传热量，W；

α——传热膜系数，$W/(m^2\cdot ℃)$；

Δt_m——管内平均温度差，℃，$\Delta t_m=\dfrac{\Delta t_A-\Delta t_B}{\ln(\Delta t_A/\Delta t_B)}$，$\Delta t_A=t(TI24)-t(TI23)$，$\Delta t_B=t(TI22)-t(TI21)$。$\Delta t_A$ 为进口管壁温与进气温度之差(℃)，Δt_B 为出口管壁温与出口温度之差(℃)，$t(TI22)$ 为光滑管出口截面壁温(℃)，$t(TI24)$ 为光滑管进口截面壁温(℃)。

$$Nu_{测}=\frac{\alpha_{i测}d}{\lambda} \tag{2-3-7}$$

(5) $\alpha_{i计}$、努塞特数 $Nu_{计}$ 的计算。

$$\alpha_{i计}=0.023\frac{\lambda}{d}Re^{0.8}Pr^{0.4} \tag{2-3-8}$$

式中的物性数据 λ、Pr 均按管内定性温度求出。

$$Nu_{计}=0.023Re^{0.8}Pr^{0.4}$$

2. 管外 α 的测定与计算

(1) 管外 $\alpha_{0测}$ $(W/(m^2\cdot ℃))$的计算。

已知管内热负荷 q，根据管外蒸汽冷凝传热速率方程

$$q=\alpha_o A\Delta t_m$$

得到

$$\alpha_{o测}=\frac{q}{\Delta t_m\cdot A} \tag{2-3-9}$$

式中：A——管外表面积，$A=d_o\pi L$，m^2，$d_o=30$ mm，$L=1380$ mm；

Δt_m——管外平均温度差，℃，$\Delta t_m=\dfrac{\Delta t_A-\Delta t_B}{\ln(\Delta t_A/\Delta t_B)}=\dfrac{\Delta t_A+\Delta t_B}{2}$，$\Delta t_A=t(TI25)-t(TI24)$，$\Delta t_B=t(TI25)-t(TI22)$。$t(TI25)$ 为光滑管夹套蒸汽温度(℃)。

(2) 管外 $\alpha_{o计}$ 的计算。

按蒸汽在单根水平圆管外膜状冷凝时传热膜系数的计算公式得到

$$\alpha_{o计}=0.725\left(\frac{\rho^2 g\lambda^3 r}{d_o\Delta t\mu}\right)^{\frac{1}{4}} \tag{2-3-10}$$

式中有关水的物性数据均按管外膜平均温度查取。

3. 总传热系数 K 的测定与计算

(1) $K_{测}$ 的计算。

已知管内热负荷 q，根据总传热方程

$$q=KA\Delta t_m$$

得到

$$K_{测} = \frac{q}{A\Delta t_m} \tag{2-3-11}$$

式中:A——管外表面积,$A=d_o\pi L$,m^2;

Δt_m——平均温度差,℃,$\Delta t_m = \dfrac{\Delta t_A - \Delta t_B}{\ln(\Delta t_A/\Delta t_B)}$,$\Delta t_A = t(\mathrm{TI25}) - t(\mathrm{TI23})$,$\Delta t_B = t(\mathrm{TI25}) - t(\mathrm{TI21})$。

(2) $K_{计}$的计算(以管外表面积为基准)。

$$\frac{1}{K_{计}} = \frac{d_o}{d_i}\cdot\frac{1}{\alpha_i} + \frac{d_o}{d_i}R_i + \frac{d_o}{d_m}\cdot\frac{b}{\lambda} + R_o + \frac{1}{\alpha_o} \tag{2-3-12}$$

式中:R_i、R_o——管内、外污垢热阻(可忽略不计),$m^2\cdot$℃/W。

b——壁厚,m;

λ——铜导热系数,380 W/(m·℃)。

由于污垢热阻可忽略,铜管管壁热阻也可忽略(铜导热系数很大且铜不厚,若有兴趣可以计算出来进行比较),上式可简化为

$$\frac{1}{K_{计}} = \frac{d_o}{d_i}\cdot\frac{1}{\alpha_i} + \frac{1}{\alpha_o} \tag{2-3-13}$$

4. 管内外物性参数的计算

(1) 管内物性参数的计算。

空气的导热系数与温度的关系式:

$$\lambda = 0.0753\times t_{定}(管内空气)+24.45$$

管内空气黏度与温度的关系式:

$$\mu = 0.0492\times t_{定}(管内空气)+17.15$$

空气的比热与温度的关系式:

60 ℃以下:$c_p = 1005$ J / (kg·℃)

70 ℃以上:$c_p = 1009$ J / (kg·℃)

(2) 管外物性参数的计算。

密度与温度的关系式:

$$\rho = 0.00002\times t_{定}^3(管外水)-0.0059\times t_{定}^2(管外水)+0.0191\times t_{定}(管外水)+999.99$$

导热系数与温度的关系式:

$$\lambda = -0.00001\times t_{定}^2(管外水)+0.0023\times t_{定}(管外水)+0.5565$$

黏度与温度的关系式:

$$\mu = (0.0418\times t_{定}^2(管外水)-11.14\times t_{定}(管外水)+979.02)/1000$$

汽化热与温度的关系式:

$$r = -0.0019\times t_{定}^2(管外水)-2.1265\times t_{定}(管外水)+2489.3$$

三、实验装置和流程

1. 流程图

实验流程如图 2-3-1 所示。

2. 流程说明

本装置主体套管换热器内有一根紫铜管，外套管为不锈钢管。两端用法兰连接，外套管设有一对视镜，方便观察管内蒸汽冷凝情况。管内铜管测点间有效长度为 1380 mm。

空气由风机送出，经文丘里流量计后进入被加热铜管进行换热，自另一端排出放空。在空气进出口铜管管壁上分别装有两支热电阻，可分别测出两个截面上的壁温；空气管路前端分别设置一个测压点 PI01 和一个测温点 TI01，用于文丘里流量计算时对空气密度的校正。

蒸汽来自蒸汽发生器，蒸汽发生器内装有一组 9 kW 的加热源，由调压器控制加热电压以便控制蒸汽量。蒸汽进入套管换热器，冷凝释放潜热。为防止蒸汽内有不凝气体，本装置设有不凝气放空口，不凝气放空口排出的蒸汽经过风冷器冷却后，其冷凝液回流到蒸汽发生器内再利用。

3. 设备、仪表参数

(1) 套管换热器：内加热紫铜管，ϕ30 mm×2 mm，有效加热长 1380 mm；抛光不锈钢套管，ϕ76 mm×2 mm。

(2) 循环气泵：风压 27 kPa，风量 210 m^3/h，2200 W。

(3) 蒸汽发生器：容积 20 L，电加热功率 9 kW；

(4) 文丘里流量计：孔径 d_0=17.17 mm，C_0=0.995。

(5) 热电阻传感器：Pt100，精度为 0.1 ℃。

(6) 差压传感器 PDI01～ PDI03：量程为 0～10 kPa，使用介质为空气，使用温度为 0～85 ℃。

(7) 压力传感器 PI01：量程为 0～50 kPa，使用介质为空气，使用温度为常温。

(8) 压力传感器 PIC01：量程为 0～10 kPa，使用介质为水蒸气，使用温度为 120 ℃。

(9) 压力计 PI02：量程为 0～10 kPa。

四、操作步骤

1. 实验前的准备工作

(1) 检查水位：通过蒸汽发生器液位计观察蒸汽发生器内水位是否处于液位计高度的 50%～80%，少于 50%时需要补充蒸馏水，此时需开启阀 VA13，通过加水口补充蒸馏水；玻璃安全液封内液位保持在 20 cm 左右。

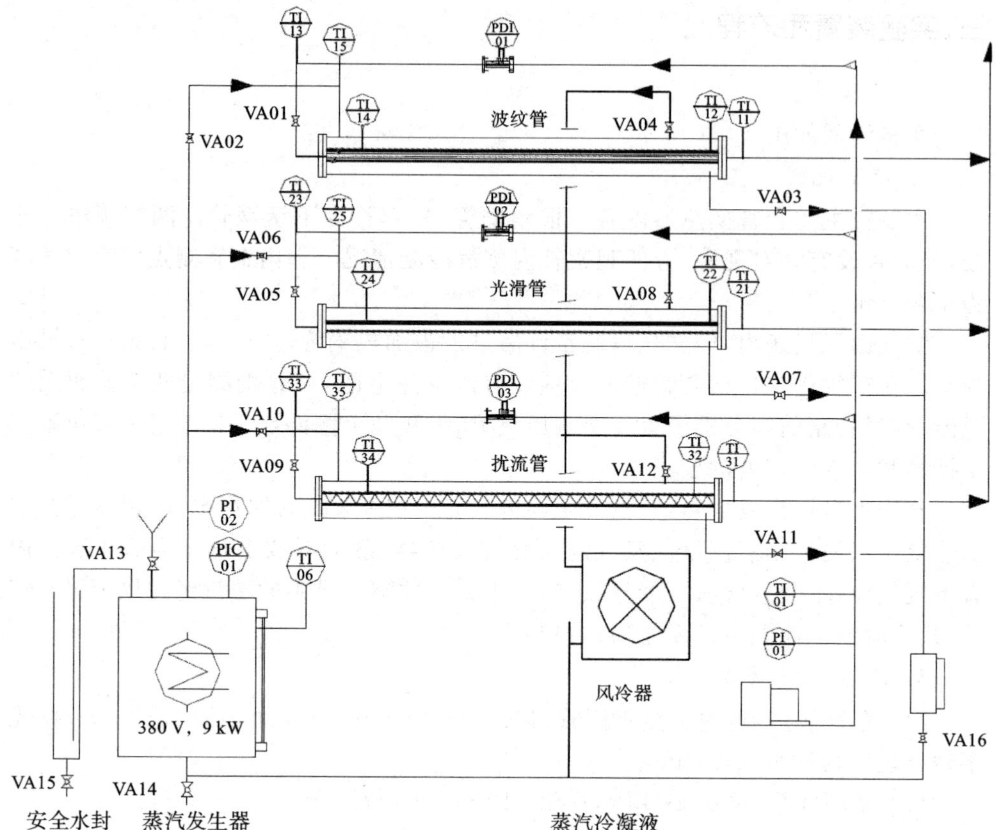

图 2-3-1 三管传热实验流程图

温度:TI01—风机出口气温(校正用),TI11—波纹管出口温度,TI13—波纹管进气温度,TI14—波纹管进口截面壁温,TI12—波纹管出口截面壁温,TI15—波纹管夹套蒸汽温度,TI21—光滑管出口温度,TI23—光滑管进气温度,TI24—光滑管进口截面壁温,TI22—光滑管出口截面壁温,TI25—光滑管夹套蒸汽温度,TI31—扰流管出口温度,TI33—扰流管进气温度,TI34—扰流管进口截面壁温,TI32—扰流管出口截面壁温,TI35—扰流管夹套蒸汽温度。

阀门:VA01—波纹管进气阀门,VA02—波纹管蒸汽进口阀,VA03—波纹管冷凝液排出阀,VA04—波纹管不凝气排出阀,VA05—光滑管进气阀,VA06—光滑管蒸汽进口阀,VA07—光滑管冷凝液排出阀,VA08—光滑管不凝气排出阀,VA09—扰流管进气阀,VA10—扰流管蒸汽进口阀,VA11—扰流管冷凝液排出阀,VA12—扰流管不凝气排出阀,VA13—蒸汽发生器进水阀,VA14—蒸汽发生器排水阀,VA15—安全液封排水阀,VA16—冷凝水储罐排水阀。

压力:PI01—进气压力传感器(校正流量用),PIC01—蒸汽发生器压力,PI02—蒸汽发生器出口管压力。

压差:PDI01—波纹管文丘里流量计差压传感器,PDI02—光滑管文丘里流量计差压传感器,PDI03—扰流管文丘里流量计差压传感器。

(2) 检查电源:检查装置外供电是否正常(如空气开关是否闭合等);检查装置控制柜内空气开关是否闭合(首次操作时需要检查,控制柜空气开关可以长期闭合,不要经常开启控制柜)。

(3) 点击装置控制柜上面"总电源"和"控制电源"按钮,打开触控一体机,检查触摸屏上温度、压力等测点是否显示正常。

(4) 检查阀门:光滑管蒸汽进口阀 VA06、光滑管不凝气排出阀 VA08、光滑管进气阀 VA05、光滑管冷凝液排出阀 VA07、波纹管蒸汽进口阀 VA02、波纹管不凝气排出阀 VA04、波纹管进气阀 VA01、波纹管冷凝液排出阀 VA03、扰流管蒸汽进口阀 VA10、扰流管不凝气排出阀 VA12、扰流管进气阀 VA09、扰流管冷凝液排出阀 VA11 处于开启状态,其他阀门处于关闭状态。

2. 实验操作

启动触摸屏面板上"蒸汽发生器控制"按钮,点击"启动",点击"自动","SV"设置为 2.00 kPa。待 TI06≥90 ℃时,点击"循环气泵"按钮,设置转速 2850 r/min,点击"启动",调节波纹管进气阀 VA01、光滑管进气阀 VA05 开度,使波纹管、光滑管和扰流管的文丘里差压传感器示数 PDI01、PDI02、PDI03 基本一致,后关闭循环气泵。

当换热管壁温 TI12、TI22、TI32 不低于 98 ℃时,点击"循环气泵"启动气泵开关,设置转速 800 r/min,等待不同换热管出口温度点 TI11、TI21、TI31 稳定(约 5 min 不变)后,点击触摸屏"记录数据",即可同时记录不同换热管的实验数据。

然后调节风机转速,每次增加 300 r/min,依次记录七组实验数据。查看数据处理结果。

3. 实验结束

实验结束时,点击"蒸汽发生器控制"按钮,停止电加热。点击"循环气泵"按钮,停止循环气泵。点击"退出系统",一体机关机,关闭控制电源,关闭总电源。实验结束后如超过一个月不使用,需放净蒸汽发生器和液封中的水,并用部分蒸馏水冲洗蒸汽发生器 2～3 次。

五、注意事项

(1) 每组实验前应检查蒸汽发生器内的水位是否处于液位计高度的 50%～80%,水位过低甚至无水,电加热器会烧坏。电加热器是湿式电加热,严禁干烧。

(2) 严禁学生打开电气控制柜,以免发生触电事故。

六、实验数据处理

将实验数据及计算结果分别记录于表 2-3-1、表 2-3-2 中。

管内径:26 mm。管外径:30 mm。管长:1380 mm。大气压:101325 Pa。

表 2-3-1 原始数据(光滑管)

序号	流量计前风压(PI01)/kPa	流量计前风温(TI01)/℃	文丘里压差(PDI02)/kPa	进口风温(TI23)/℃	出口风温(TI21)/℃	出口壁温(TI22)/℃	进口壁温(TI24)/℃	蒸汽温度(TI25)/℃
1								
2								
⋮								

表 2-3-2 计算结果(光滑管)

序号	管内					管外		总	
	Re	$\alpha_{i测}$/(W·℃/m²)	$Nu_{测}$	$\alpha_{i计}$/(W·℃/m²)	$Nu_{计}$	$\alpha_{o计}$/(W·℃/m²)	$\alpha_{o测}$/(W·℃/m²)	$K_{测}$/(W·℃/m²)	$K_{计}$/(W·℃/m²)
1	13784	44.42	42.15	43	40.85	23523.6	3062	38.04	37.21
2									
⋮									

七、软件操作说明

(1) 点击操作界面上“蒸汽发生器控制”按钮,点击“启动”,点击“自动”,“SV”设置为 2.00 kPa,如图 2-3-2 所示。

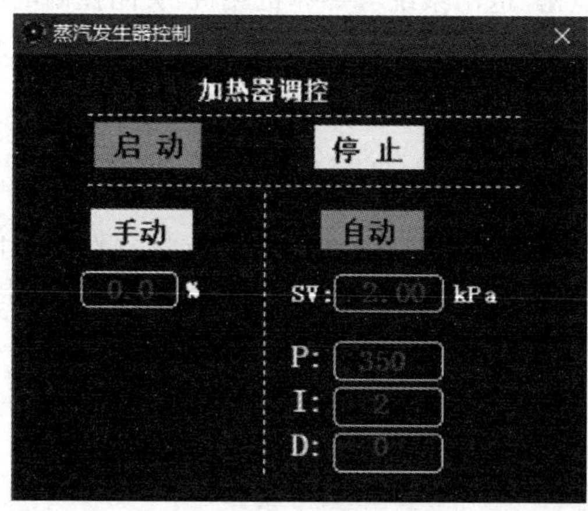

图 2-3-2 蒸汽发生器控制界面

(2) 待 TI06 不低于 90 ℃时,点击“循环气泵”按钮,设置转速 2850 rpm(指

r/min)，点击“启动”，如图 2-3-3 所示。

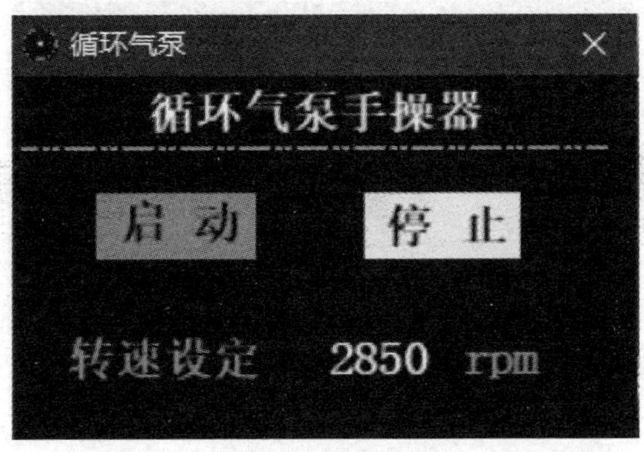

图 2-3-3　循环气泵操作界面转速设定

(3) 调节波纹管进气阀 VA01、光滑管进气阀 VA05 开度，使波纹管、光滑管、扰流管的文丘里差压传感器示数 PDI01、PDI02、PDI03 基本一致，后关闭循环气泵，如图 2-3-4 所示。

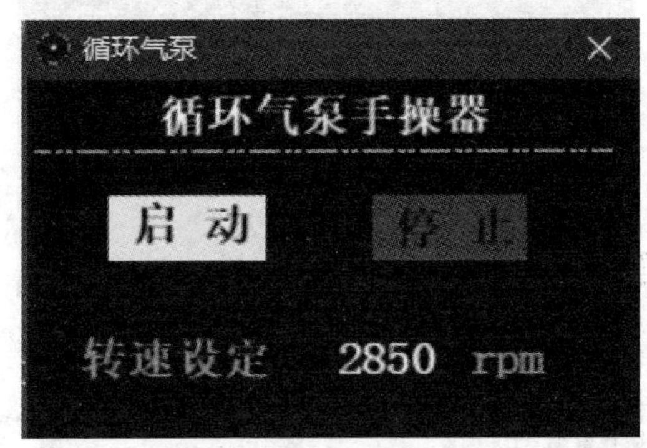

图 2-3-4　循环气泵操作界面

(4) 当换热管壁温 TI12、TI22、TI32 不低于 98 ℃时，点击“循环气泵”启动气泵开关，设置转速 800 rpm，如图 2-3-5 所示。

(5) 等待不同换热管出口温度点 TI11、TI21、TI31 稳定(约 5 min 不变)后，点击触摸屏“记录数据”，即可同时记录不同换热管的实验数据。

(6) 调节风机转速，每次增加转速 300 rpm，依次记录七组实验数据，如图 2-3-6、图 2-3-7 所示。

(7) 实验结束，点击“数据处理”，查看数据处理结果。

(8) 点击“数据保存”按钮，选择文件存放位置，选择当前表页，点击“开始转换”按钮，导出实验数据 Excel 表，如图 2-3-8 所示。

(9) 实验结束时，点击“蒸汽发生器控制”按钮，停止电加热，点击“循环气泵”

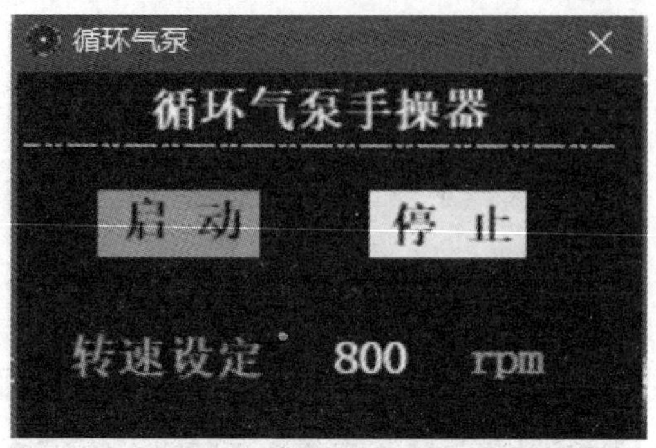

图 2-3-5　循环气泵转速设定 800 rpm

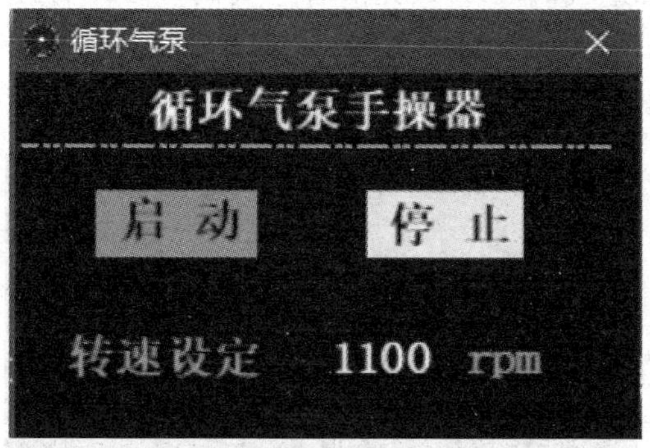

图 2-3-6　循环气泵转速设定 1100 rpm

NO	流里计数据			冷 风		蒸 汽		
	压力PI01	温度TI01	差压PDI02	进口TI23	出口TI21	蒸汽TI25	壁1 TI24	壁2 TI22
	kPa	℃	kPa			℃		
1	0.29	13.8	0.22	13.3	65.0	99.4	98.4	99.0
2								
3								
4								
5								
6								
7								

光滑管数据　　数据保存　　数据处理

图 2-3-7　实验数据记录界面

按钮，停止循环气泵，如图 2-3-9、图 2-3-10 所示。点击“退出系统”，一体机关机，关闭控制电源，关闭总电源。

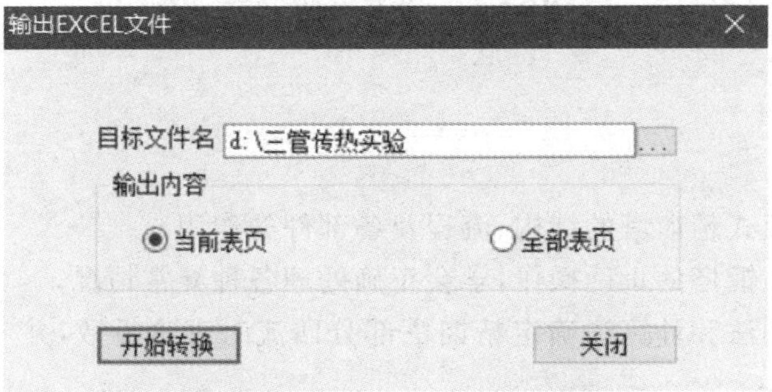

图 2-3-8　实验数据保存界面

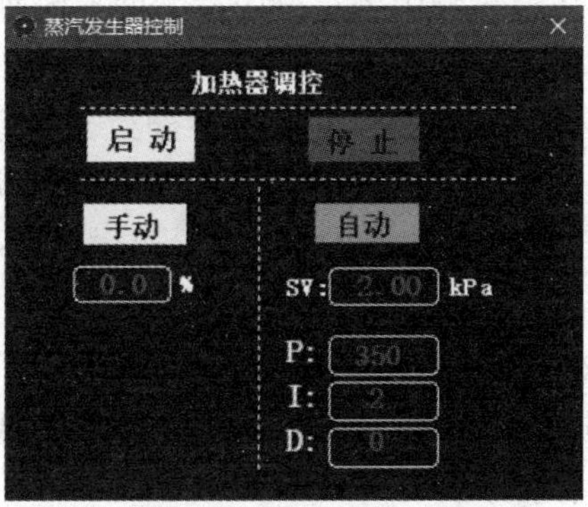

图 2-3-9　停止电加热界面

图 2-3-10　停止循环气泵界面

实验 4　精 馏 实 验

一、实验目的

精馏实验视频

(1) 熟悉板式精馏塔的结构、流程及各部件的作用。

(2) 了解精馏塔的正确操作,学会正确处理各种异常情况。

(3) 用作图法和计算法确定精馏塔部分回流时理论板数,并计算出全塔效率。

二、实验原理

蒸馏技术是利用液体混合物中各组分的挥发度不同而达到分离目的。此项技术现已广泛应用于石油、化工、食品加工等领域,其主要目的是将混合液进行分离。根据料液分离的难易、分离物的纯度,蒸馏又可分为一般蒸馏、普通精馏及特殊精馏等。本实验是属于针对乙醇-水系统做普通精馏验证性实验。

根据纯验证性(非开发型)实验要求,本实验只做全回流和某一回流比下的部分回流两种情况下的实验。

1. 乙醇-水系统特征

乙醇-水系统属于非理想溶液,具有较大正偏差。最低恒沸点为 78.15 ℃,恒沸组成为 0.8943(乙醇摩尔分数)。

乙醇-水系统的平衡数据如表 2-4-1 所示,y-x 图和 t-$x(y)$图如图 2-4-1 所示。

表 2-4-1　平衡数据

序号	t	x	y	序号	t	x	y
1	100.0	0.00	0.00	9	81.50	32.73	58.26
2	95.50	1.90	17.00	10	80.70	39.65	61.22
3	89.00	7.21	38.91	11	79.80	50.79	65.64
4	86.70	9.66	43.75	12	79.70	51.98	65.99
5	85.30	12.38	47.04	13	79.30	57.32	68.41
6	84.10	16.61	50.89	14	78.74	67.63	73.85
7	82.70	23.37	54.45	15	78.41	74.72	78.15
8	82.30	26.08	55.80	16	78.15	89.43	89.43

(1) 普通精馏塔顶组成 x_D<0.8943,若要制取高纯度乙醇,须采用其他特殊精馏方法。

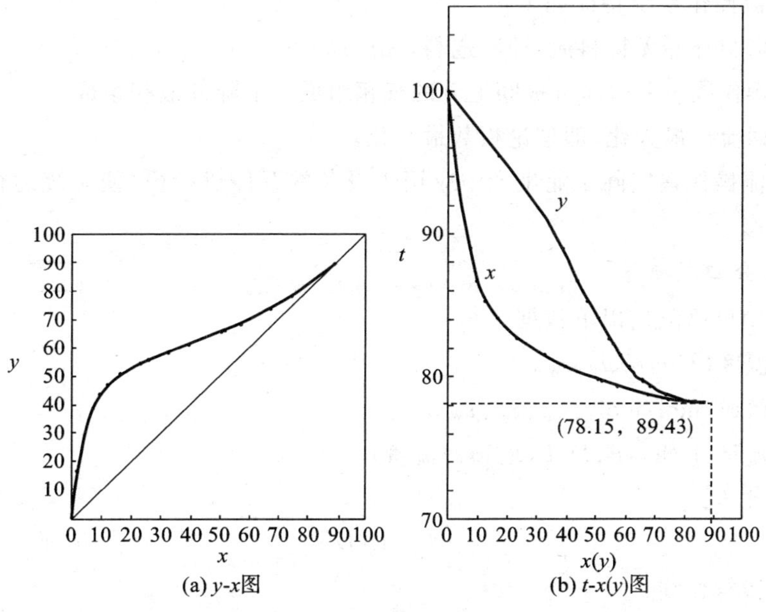

图 2-4-1　乙醇-水系统的 y-x 图及 t-$x(y)$ 图

（2）该系统为非理想系统，平衡曲线不能用 $y=f(\alpha,x)$ 来描述，只能用原平衡数据。

2．全回流操作

乙醇-水系统理论板图解如图 2-4-2 所示。

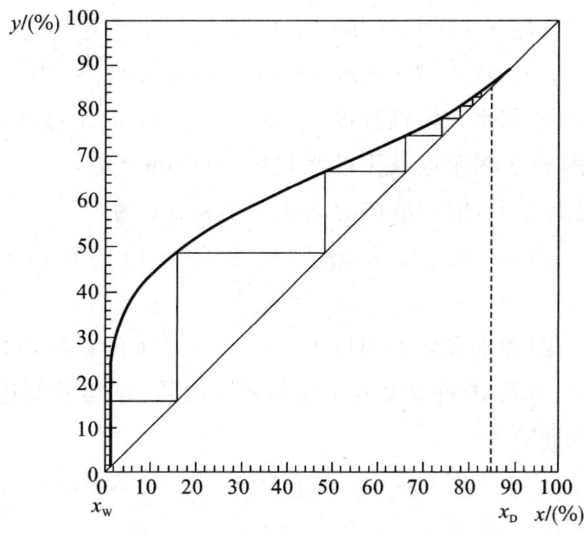

图 2-4-2　乙醇-水系统理论板图解

全回流操作系统特征如下：

(1) 塔与外界无物料流，即不进料，无产品；

(2) 操作线 $y=x$，即每板间上升的气相组成=下降的液相组成；

(3) 回流比最大化，即理论板数最小化。

全回流操作在实际工业生产中应用于设备的开停机阶段，使系统运行尽快达到稳定状态。

3. 部分回流操作

实验中可以测出以下数据：

(1) 温度(℃)：t_D、t_F、t_W。

(2) 组成(mol/mol)：x_D、x_F、x_W。

(3) 流量(L/h)：F、D、L(塔顶回流量)。

回流比 R：

$$R=L/D$$

精馏段操作线：

$$y=\frac{R}{R+1}x+\frac{x_D}{R+1} \tag{2-4-1}$$

进料热状况 q：根据 x_F 在 t-$x(y)$ 相图中可分别查出露点 t_V 和泡点 t_L，从而有

$$q=\frac{I_V-I_F}{I_V-I_L}=\frac{87.2029-2.3767}{87.2029-6.9051}=1.056 \tag{2-4-2}$$

在组成 x_F、露点 t_V 下，饱和蒸汽的焓 I_V(kJ/kmol)为

$$\begin{aligned}I_V&=x_F I_A+(1-x_F)I_B\\&=x_F[c_{pA}(t_V-0)+r_A]+(1-x_F)[c_{pB}(t_V-0)+r_B]\end{aligned} \tag{2-4-3}$$

式中：c_{pA}、c_{pB}——乙醇和水在定性温度 $t=(t_V+0)/2$ 下的比热，kJ/(kmol·K)；

r_A、r_B——乙醇和水在露点 t_V 下的汽化热，kJ/kmol。

在组成 x_F、泡点 t_L 下，饱和液体的焓 I_L(kJ/kmol)为

$$I_L=x_F I_A+(1-x_F)I_B=x_F c_{pA}(t_L-0)+(1-x_F)c_{pB}(t_L-0) \tag{2-4-4}$$

式中：c_{pA}、c_{pB}——乙醇和水在定性温度 $t=(t_L+0)/2$ 下的比热，kJ/(kmol·K)。

I_F 为在组成 x_F、实际进料温度 t_F 下原料实际的焓，本实验的进料是常温下(冷液)进料，$t_F<t_L$，因此有

$$I_F=x_F I_A+(1-x_F)I_B=x_F c_{pA}(t_F-0)+(1-x_F)c_{pB}(t_F-0) \tag{2-4-5}$$

式中：c_{pA}、c_{pB}——乙醇和水在定性温度 $t=(t_F+0)/2$ 下的比热，kJ/(kmol·K)。

q 线方程：

$$y_q = \frac{q}{q-1} x_q - \frac{x_F}{q-1} \tag{2-4-6}$$

d 点坐标：根据精馏段操作线方程和 q 线方程可解得其交点坐标（x_d，y_d）。

塔体操作线如图 2-4-3 所示。

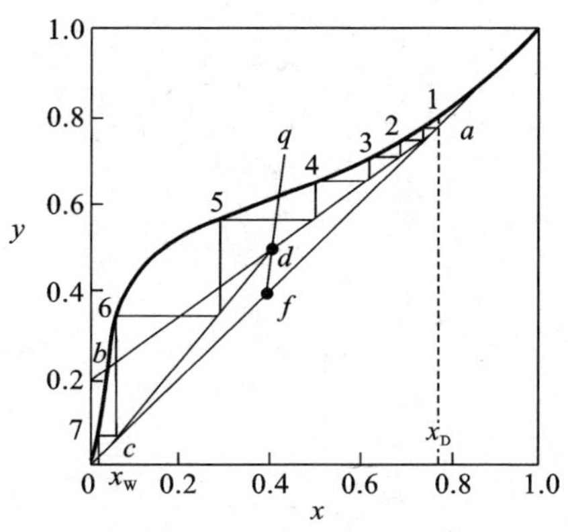

图 2-4-3　塔体操作线

根据（x_W，y_W）（x_d，y_d）两点坐标，利用两点式可求得提馏段操作线方程。

根据以上计算结果，作出相图。

根据作图法或逐板计算法可求算出部分回流下的理论板数 $N_{理论}$。

根据以上求得的全回流或部分回流的理论板数，可分别求得其全塔效率 E_T：

$$E_T = \frac{N_{理论} - 1}{N_{实际}} \times 100\% \tag{2-4-7}$$

三、实验装置和流程

1. 流程图

实验流程如图 2-4-4 所示。

2. 流程说明

（1）进料：进料泵 P01 从原料罐 V02 内抽出原料液，经过进料转子流量计 FI04 后由塔体中间进料口进入塔体。

（2）塔顶出料：塔内蒸汽上升至冷凝器 E01，蒸汽走壳程，冷却水走管程，蒸汽冷凝成液体，流入馏分器 V03，经回流泵后分为两路：一路经回流转子流量计 FI02 回流至塔内；另一路经塔顶采出转子流量计 FI01 流入塔顶产品罐 V04。

（3）塔釜出料：塔釜液经溢流流入塔釜产品罐 V05。

（4）循环冷却水：冷却水来自制冷循环泵 P04，经冷却水流量计 FI03 控制，流入冷凝器 E01，冷却水走管程，蒸汽走壳程，热交换后冷却水返回制冷循环泵 P04。

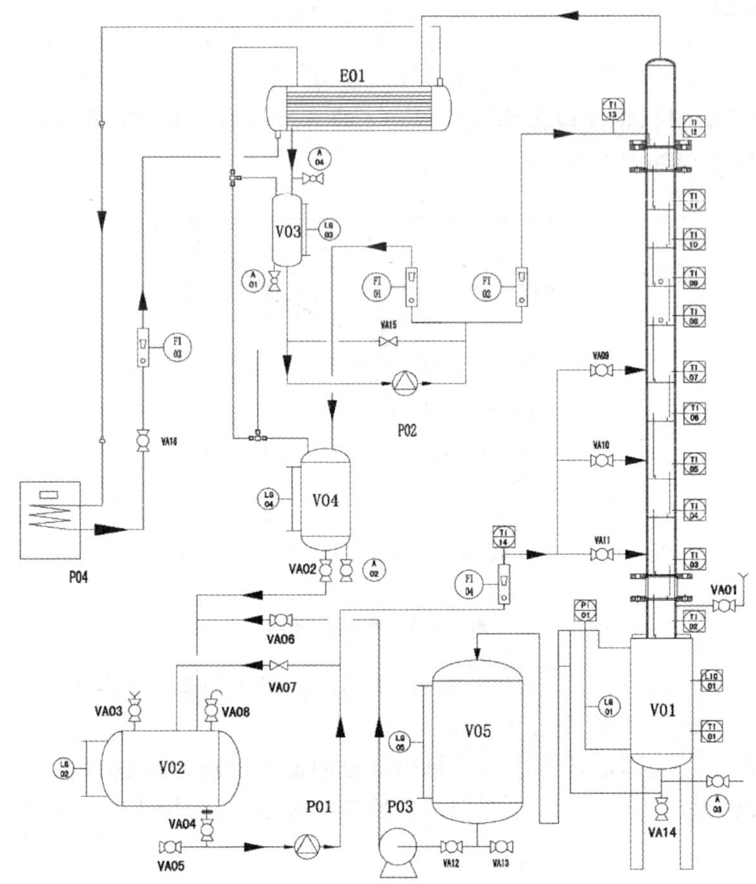

图 2-4-4　筛板精馏实验流程图

阀门：VA01—塔釜加料阀，VA02—塔顶产品罐放料阀，VA03—原料罐加料阀，VA04—原料罐放料阀，VA05—原料罐取样阀，VA06—塔釜产品倒料阀，VA07—原料罐循环搅拌阀，VA08—原料罐放空阀，VA09—塔体进料阀 1，VA10—塔体进料阀 2，VA11—塔体进料阀 3，VA12—塔釜产品罐出料阀，VA13—塔釜产品罐取样阀，VA14—塔釜放净阀，VA15—回流泵旁路调节阀，VA16—塔顶冷凝器进水阀，A01—馏分器取样阀，A02—塔顶产品罐取样阀，A03—塔釜取样阀，A04—塔顶实时取样阀。

温度：TI01—塔釜温度，TI02—塔身下段温度 1，TI03—进料段温度 1，TI04—塔身下段温度 2，TI05—进料段温度 2，TI06—塔身中段温度，TI07—进料段温度 3，TI08—塔身上段温度 1，TI09—塔身上段温度 2，TI10—塔身上段温度 3，TI11—塔身上段温度 4，TI12—塔顶温度，TI13—回流温度，TI14—进料温度。

流量：FI01—塔顶采出流量，FI02—回流流量，FI03—冷却水流量，FI04—进料流量。

3. 设备、仪表参数

(1) 精馏塔：塔内径 D=68 mm，塔内采用筛板及圆形降液管，共有 12 块板，普通段塔板间距 100 mm，进料段塔板间距 150 mm，视盅段塔板间距 70 mm。

(2) 塔板：筛板开孔 d=2.8 mm，筛孔数 N=40，开孔率 9.44%。

(3) 进料泵、回流泵:蠕动泵。

(4) 倒料泵:磁力泵,流量 7 L/min,扬程 4 m。

(5) 进料流量计:10~100 mL/min。

(6) 回流流量计:25~250 mL/min。

(7) 塔顶采出流量计:2.5~25 mL/min。

(8) 冷却水流量计:1~11 L/min。

(9) 塔釜加热器:3.0 kW。

(10) 压力传感器:0~10 kPa。

(11) 温度传感器:Pt100,直径 3 mm。

四、操作步骤(以乙醇-水系统为例)

1. 开机

(1) 开启装置总电源、控制电源,打开触控一体机。

(2) 打开原料罐加料阀 VA03、放空阀 VA08,将 5 L 左右配好的原料液(约30%(体积分数)的乙醇水溶液)加至原料罐 V02,分析出实际浓度。

注意:放空阀 VA08 在实验过程中须一直处于开启状态。

(3) 打开塔釜加料阀 VA01,将配好的约 20%(体积分数)的乙醇水溶液加至塔釜内,釜内液位要高于塔釜电加热器同时低于塔釜出料口,塔釜加料完成后关闭阀 VA01。

注意:塔釜设有液位保护装置,液位必须高于电加热器(否则电加热器无法启动),同时低于塔釜出料口。

(4) 在操作界面内启动制冷循环泵,打开塔顶冷凝器进水阀 VA16,在制冷循环泵面板上设置制冷循环泵 P04 制冷循环温度为 10 ℃,开启制冷循环泵 P04 循环功能,开启制冷循环泵 P04 制冷功能并调节冷却水流量 FI03 至最大值,流量约 7 L/min(详见软件操作说明)。

(5) 设置好循环水浴参数后,点击监控界面“塔釜加热器控制”并设定功率百分比,点击“启动”,然后微调功率百分比,将功率调节至 1500~2000 W 范围内(可参考软件操作说明)。

(6) 塔釜液沸腾后,观察到馏分器 V03 液位上升至中部时,全开 FI02 回流流量计旋钮,启动回流泵 P02,调节阀 VA15 开度(设定好开度后在后续操作中不能关闭,须保持此阀门开度),使流量计读数达到 200 mL/min,并保持阀 VA15 开度,然后微调回流流量计 FI02 旋钮,使回流流量与冷凝量保持一致,进行全回流操作。全回流流量的大小要确保馏分器内的液位保持不变。

2. 进料稳定阶段

(1) 当塔顶有回流后,维持全回流 5~10 min。

(2) 全回流操作稳定一定时间后,打开塔体进料阀 VA10、原料罐放样阀

VA04,启动进料泵 P01,调节阀 VA07 开度,使进料流量 FI04 维持在 100 mL/min,并保持阀 VA07 开度(设定好开度后在后续操作中不能关闭,须保持此阀门开度),然后微调进料流量计 FI04 旋钮使进料流量稳定在 60 mL/min。

(3) 维持塔顶温度、塔底温度、馏分器液位不变后操作才算稳定。

注意:进料位置根据原料液浓度进行选择,约 40%(体积分数)的乙醇水溶液使用 VA09 进料阀,约 30%(体积分数)的乙醇水溶液使用 VA10 进料阀,约 20%(体积分数)的乙醇水溶液使用 VA11 进料阀。

3. 部分回流

(1) 调节塔顶采出流量计 FI01 进行部分回流操作,一般情况下回流比控制在 $R=L/D=4\sim8$ 范围内(可根据情况自己确定)。

(2) 待塔顶、塔釜温度稳定后,分别读取塔顶、塔釜、进料的温度,取样检测酒度,记录相关数据。塔顶使用 A01 取样阀取样,塔釜使用 A03 取样阀取样,塔釜样品需冷却至 40 ℃以下再使用酒度计检测。

(3) 塔身上部设置有塔板取样口,当需测单板效率时,使用取样针在塔身上端预留的取样口抽取样品,样品使用气相色谱进行成分检测。

注意:①乙醇-水系统可通过酒度计测得乙醇浓度,操作简单快捷,但精度较低,若要实现高精度的测量,需要使用气相色谱进行浓度分析;

②因酒度温度换算表的温度范围为 0~40 ℃,塔釜产品温度高,因此塔釜取样后需将样品冷却至 40 ℃以下后再使用酒度计检测。

4. 非正常操作(选做)

(1) 回流比过小(塔顶采出量过大)引起的塔顶产品浓度降低。

(2) 进料量过大,引起降液管液泛。

(3) 塔釜压力过低,引起塔板漏液。

(4) 塔釜压力过高,引起塔板过量雾沫夹带甚至液泛。

5. 停机

实验结束时,点击监控界面“进料泵”按钮,点击“停止”。关闭进料转子流量计 FI04,点击“塔釜加热器按钮”,点击“停止”,停止塔釜加热(参照软件操作说明)。关闭塔顶采出流量计 FI01,维持全回流状态约 5 min 后,点击监控界面“回流泵”按钮,点击“停止”,关闭回流流量计 FI02。待视盅内塔板上无气液时,在制冷循环泵操作面板上关闭电源,点击监控界面“制冷泵”按钮,停止制冷循环泵 P04,关闭冷却水流量计 FI03。关闭全部阀门,点击“退出系统”,触控一体机关机;关闭控制电源,关闭总电源。

五、注意事项

(1) 每组实验前应观察塔釜液位是否合适,若液位过低或无液,电加热器会烧坏。因为电加热是湿式,液体必须淹没电加热管才能启动电加热器,否则,会烧坏电加热器。

(2) 长期不用时,应将设备内水放净。在冬季室内温度达到冰点时,设备内严禁存水。

(3) 严禁学生打开电气控制柜,以免发生触电事故。

(4) 制冷循环泵应在加热前打开,保证实验开始后有足够的冷源循环冷却。

六、实验数据处理

在表 2-4-2 中记录有关实验数据,包括部分回流时样品温度 t 及此温度下酒度 V_t、20 ℃下酒度 V_{20} 和组成等。

表 2-4-2　部分回流实验数据记录表

进　料							塔顶产品							塔底产品							回流比
t	V_t	V_{20}	x_F				t	V_t	V_{20}	x_D				t	V_t	V_{20}	x_W				
			1	2	3	平均值				1	2	3	平均值				1	2	3	平均值	

根据实验数据计算理论板数和全塔效率。

七、软件操作说明

(1) 开始实验时,首先双击软件图标启动软件,软件启动后自动进入装置自检,自检界面如图 2-4-5 所示。

图 2-4-5　筛板精馏实验装置自检界面

(2) 自检完成后,出现图 2-4-6 所示的界面。点击“进入”按钮,进入软件操作界面。

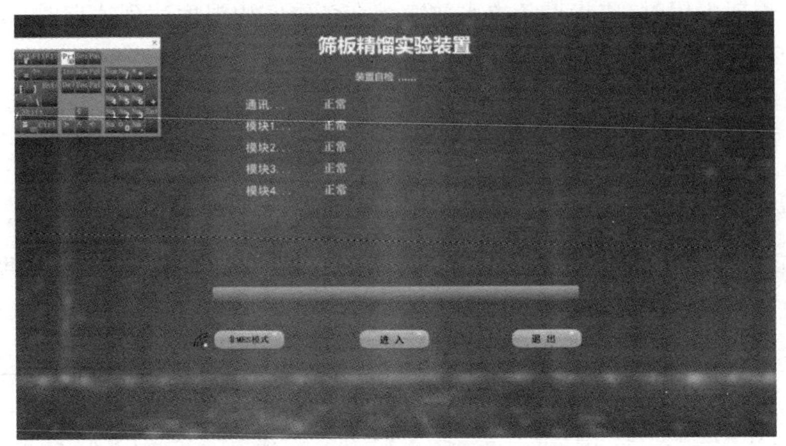

图 2-4-6 筛板精馏实验装置自检完成界面

(3) 实验开始前,首先点击监控界面“制冷循环泵控制”按钮,然后弹出图 2-4-7 所示的界面。

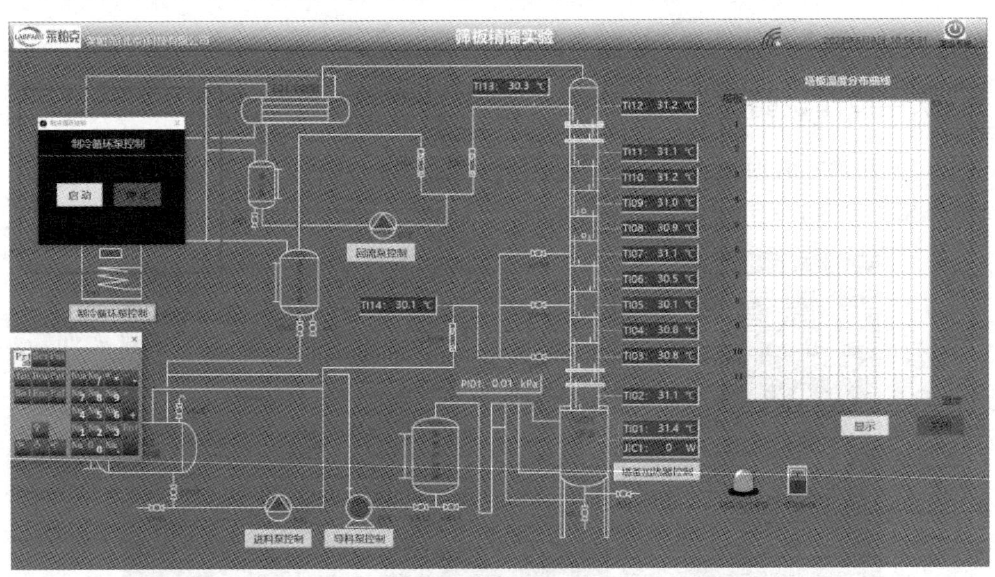

图 2-4-7 监控界面

点击“启动”按钮,启动制冷循环泵,然后在制冷循环泵面板上设置制冷循环泵 P04 制冷循环温度为 10 ℃,开启制冷循环泵 P04 循环功能,开启制冷循环泵 P04 制冷功能,最后在装置上调节制冷流量计的流量。

(4) 实验开始后点击“塔釜加热器控制”按钮，弹出图 2-4-8 所示的界面。

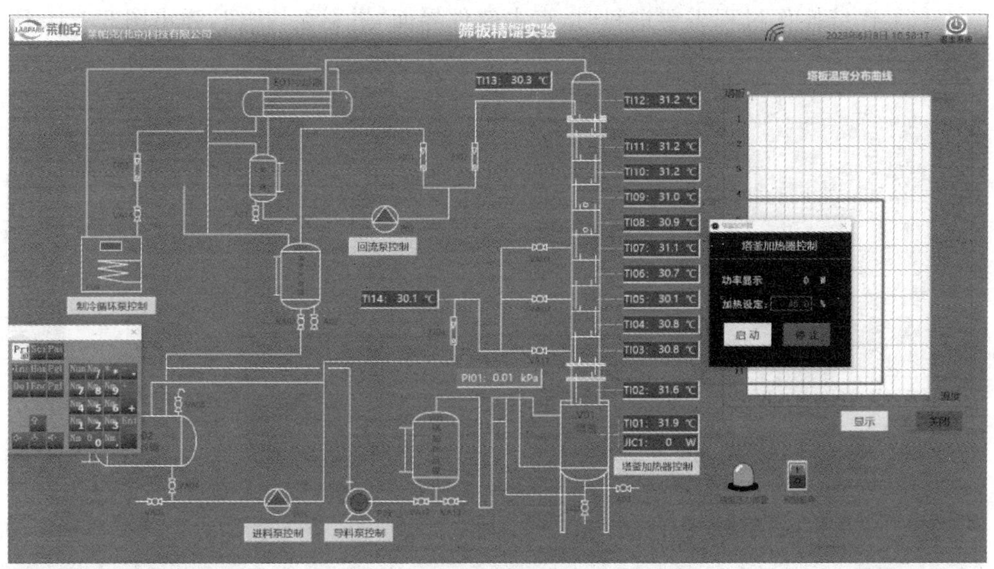

图 2-4-8　塔釜加热器控制界面

点击设定功率百分比，点击“启动”按钮，然后微调功率百分比，将功率调节至 1500～2000 W 范围内。

(5) 全回流开始后，需要启动回流泵，点击软件界面“回流泵”铵钮，弹出图 2-4-9 所示的界面。

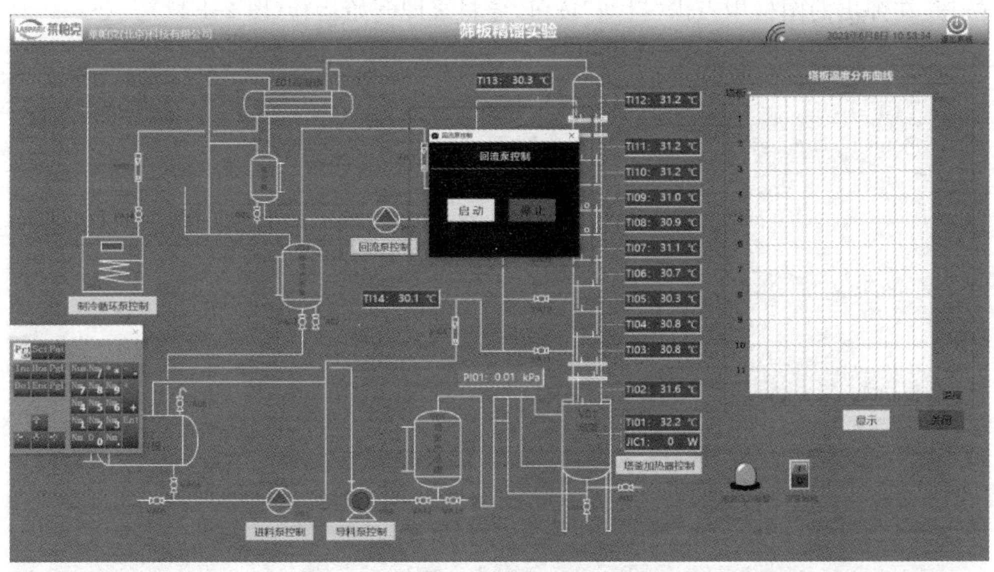

图 2-4-9　启动回流泵界面

点击“启动”按钮，根据实验需要调节回流流量计 FI02 具体示数。

(6) 连续操作过程需要进料时，点击软件界面“进料泵”按钮，弹出图 2-4-10 所示的界面。

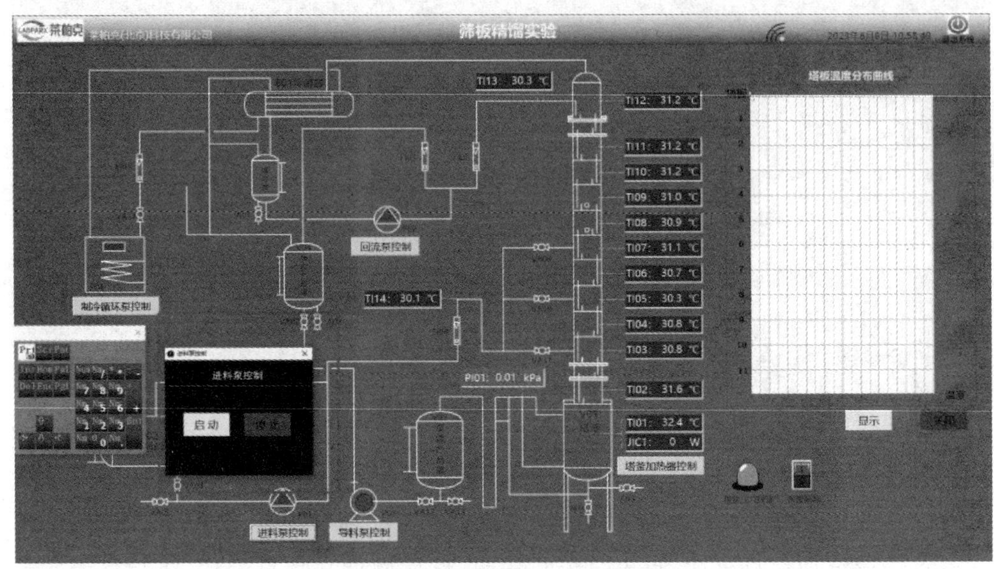

图 2-4-10　启动进料泵界面

点击“启动”按钮，根据实验需要调节进料流量计 FI04 具体示数。

(7) 导料泵是实验结束后导料用的，需要用导料泵时，点击软件界面“导料泵”按钮，在弹出的图框中点击“启动”按钮，导料泵即开始运行(图 2-4-11)。

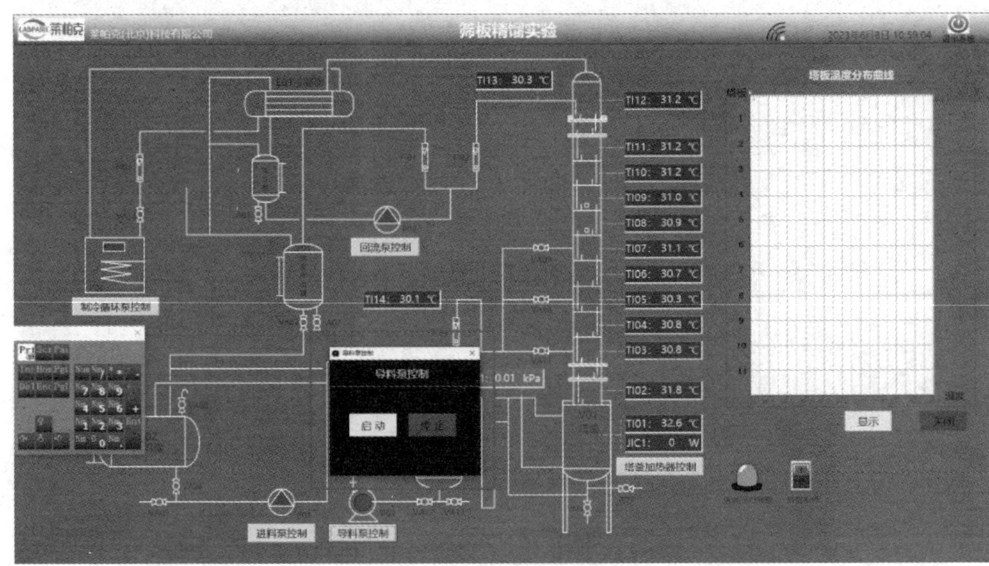

图 2-4-11　启动导料泵界面

(8) 实验结束后，分别点选“塔釜加热器控制”“回流泵控制”“进料泵控制”及“制冷循环泵控制”按钮，在弹出的图框中分别点击“停止”铵钮，最后点击软件界面右上角“退出系统”铵钮，即可关闭操作软件，然后将一体机关机，关闭设备控制电源、总电源。

第三部分　化工基础实验

实验 1　单相流动阻力测定实验

一、实验目的

(1) 学习直管摩擦阻力、直管摩擦系数 λ 的测定方法。

(2) 掌握直管摩擦系数 λ 与雷诺数 Re 和相对粗糙度之间的关系及其变化规律。

(3) 掌握局部摩擦阻力、局部阻力系数 ζ 的测定方法。

(4) 学习压差的几种测量方法和提高其测量精确度的一些技巧。

二、实验原理

1. 直管摩擦系数 λ 与雷诺数 Re 的测定

流体在管道内流动时，由于流体的黏性作用和涡流的影响，会产生阻力。流体在直管内流动阻力的大小与管长、管径、流体流速和管道摩擦系数有关，它们之间存在如下关系：

$$h_f = \frac{\Delta p_f}{\rho} = \lambda \frac{L}{d} \cdot \frac{u^2}{2} \tag{3-1-1}$$

$$\lambda = \frac{2d}{\rho l} \cdot \frac{\Delta p_f}{u^2} \tag{3-1-2}$$

$$Re = \frac{du\rho}{\mu} \tag{3-1-3}$$

式中：d—— 管径，m；

Δp_f—— 直管阻力引起的压差，Pa；

L—— 管长，m；

ρ—— 流体的密度，kg/m^3；

u—— 流速，m/s；

μ—— 流体的黏度，N · s / m^2。

直管摩擦系数 λ 与雷诺数 Re 之间有一定的关系，这个关系一般用曲线来表示。在实验装置中，直管段管长 L 和管径 d 都已固定。若水温一定，则水的密度 ρ 和黏度 μ 也是定值。所以本实验实质上是测定直管段流体阻力引起的压差 Δp_{f} 与流速 u（流量 Q）之间的关系。

根据实验数据和式(3-1-2)可计算出不同流速下的直管摩擦系数 λ，用式(3-1-3)计算对应的 Re，从而整理出直管摩擦系数和雷诺数的关系，绘出 λ 与 Re 的关系曲线。

2. 局部阻力系数 ζ 的测定

$$h'_{\mathrm{f}}=\frac{\Delta p'_{\mathrm{f}}}{\rho}=\zeta\frac{u^2}{2} \tag{3-1-4}$$

$$\zeta=\frac{2}{\rho}\cdot\frac{\Delta p'_{\mathrm{f}}}{u^2} \tag{3-1-5}$$

式中：h'_{f}—— 局部阻力引起的能量损失，J/kg；

ζ—— 局部阻力系数，无因次；

$\Delta p'_{\mathrm{f}}$—— 局部阻力引起的压差，Pa。

局部阻力引起的压差 $\Delta p'_{\mathrm{f}}$ 可用下面的方法测量：在一条各处直径相等的直管段上，安装待测局部阻力的阀门，在其上、下游开两对测压口 a—a' 和 b—b'，如图3-1-1所示，使

$$ab=bc,\quad a'b'=b'c'$$

则

$$\Delta p_{\mathrm{f},ab}=\Delta p_{\mathrm{f},bc},\quad \Delta p_{\mathrm{f},a'b'}=\Delta p_{\mathrm{f},b'c'}$$

在 a—a' 之间列伯努利方程：

$$p_a-p_{a'}=2\Delta p_{\mathrm{f},ab}+2\Delta p_{\mathrm{f},b'a'}+\Delta p'_{\mathrm{f}} \tag{3-1-6}$$

在 b—b' 之间列伯努利方程：

$$\begin{aligned}p_b-p_{b'}&=\Delta p_{\mathrm{f},bc}+\Delta p_{\mathrm{f},c'b'}+\Delta p'_{\mathrm{f}}\\&=\Delta p_{\mathrm{f},ab}+\Delta p_{\mathrm{f},b'a'}+\Delta p'_{\mathrm{f}}\end{aligned} \tag{3-1-7}$$

联立式(3-1-6)和式(3-1-7)，解得

$$\Delta p'_{\mathrm{f}}=2(p_b-p_{b'})-(p_a-p_{a'})$$

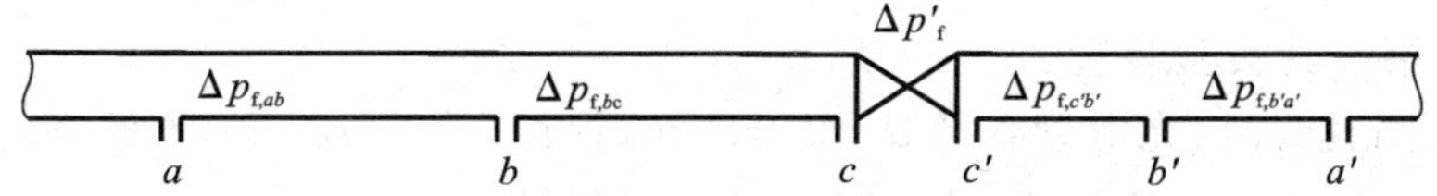

图 3-1-1　局部阻力测量取压口布置图

为了便于区分，称 $p_b-p_{b'}$ 为近点压差，$p_a-p_{a'}$ 为远点压差。其数值通过差压传感器来测量。

三、实验装置和流程

1. 流程图

单相流动阻力测定实验流程如图 3-1-2 所示。

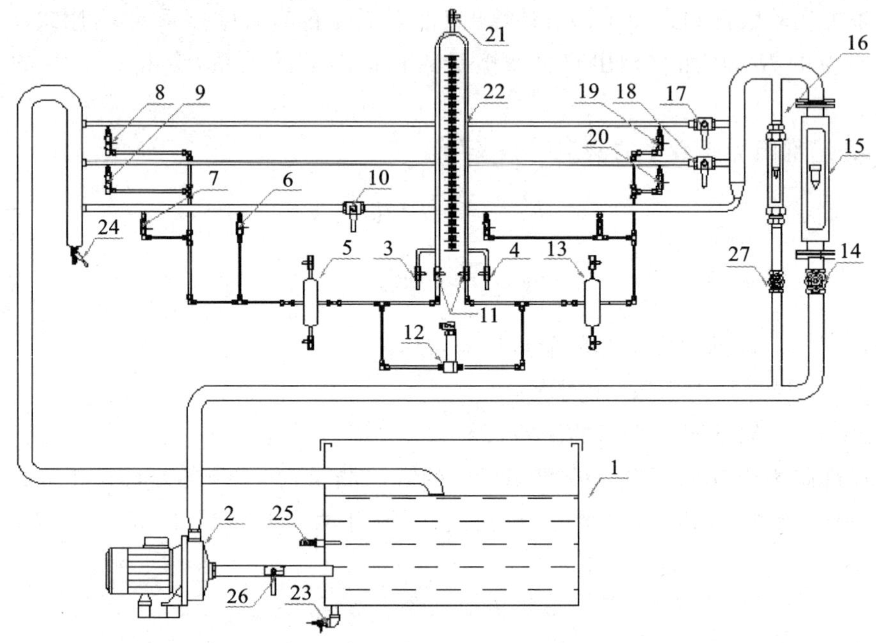

图 3-1-2 单相流动阻力测定实验流程图

1—储水箱;2—离心泵;3、4—放水阀;5、13—缓冲罐;6—局部阻力近端测压阀;7、15—局部阻力远端测压阀;8、20—粗糙管测压阀;9、19—光滑管测压阀;10—局部阻力管阀;11-倒置 U 形管进出水阀;12—压力传感器;14—大流量调节阀;15、16—转子流量计;17—光滑管阀;18—粗糙管阀;21—倒置 U 形管放空阀;22—倒置 U 形管;23—水箱放水阀;24—管路放水阀;25—温度计;26—切断阀;27—小流量调节阀

2. 实验装置面板

单相流动阻力测定实验装置面板如图 3-1-3 所示。

3. 设备、仪表参数

(1) 离心泵:型号 WB 70/055,流量 8 m^3/h,扬程 12 m,电机功率 550 W。

(2) 第一套实验装置。

①被测直管段:光滑管管径 d=0.008 m,管长 L=1.700 m,不锈钢材质;粗糙管管径 d=0.010 m,管长 L=1.695 m,不锈钢材质。

②被测局部阻力直管:管径 d=0.021 m,不锈钢材质。

(3) 第二套实验装置。

①被测直管段:光滑管管径 d=0.008 m,管长 L=1.695 m,不锈钢材质;粗糙

管管径 d=0.010 m,管长 L=1.695 m,不锈钢材质。

②被测局部阻力直管:管径 d=0.021 m,不锈钢材质。

(4) 玻璃转子流量计:型号 LZB-25,测量范围 100～1000 L/h;型号 VA10-15F,测量范围 10～100 L/h。

(5) 差压传感器:型号 LXWY,测量范围 0～200 kPa,数显仪表 AI501BV24。

(6) 温度计:Pt100,数显仪表 AI501B。

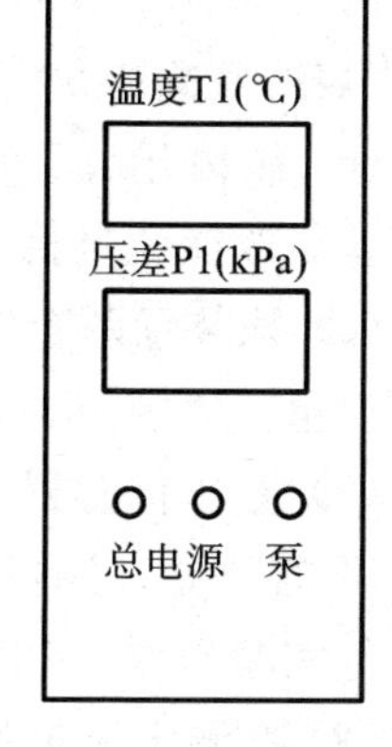

图 3-1-3　实验装置面板示意图

四、操作步骤

1. 开机

向储水箱 1 内注水至容积的$\frac{2}{3}$为止(最好使用蒸馏水,以保持管路清洁)。开启面板上总电源开关,仪表上电,检查仪表是否正常。

2. 光滑管阻力测定

(1) 关闭所有阀门,打开切断阀 26,打开测压阀 19、测压阀 8,将光滑管阀 17 全开。启动离心泵后全开阀 11、阀 14 和阀 27,缓慢打开转子流量计 15 的阀 14,在大流量下将实验管路气泡全部排出(赶气泡方法见操作(4))。

(2) 关闭阀 11、阀 27,改变阀 14 的开度,相应改变转子流量计 15 的流量。待数据稳定后读取压差读数和转子流量计 15 的数值。取 6～9 组数据。

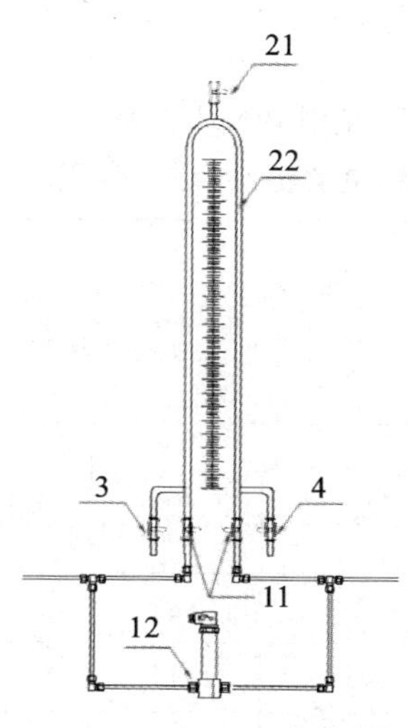

图 3-1-4　导压系统示意图

(3) 关闭阀 14,在流量为零的条件下,打开阀 11,检查导压管内是否有气泡存在。若倒置 U 形管内液柱高度差不为零,则表明导压管内存在气泡,需要进行赶气泡操作。

(4) 赶气泡的操作方法如下:导压系统如图 3-1-4所示。全开阀 27,打开阀 11,使倒置 U 形管内液体充分流动,以赶出管路内的气泡。分别缓慢地打开两个缓冲罐的排气阀,达到排空缓冲罐中气体的目的。若观察气泡已赶净,将大、小流量调节阀关闭,阀 11、阀 3、阀 4 关闭,慢慢旋开倒置 U 形管放空阀 21 后,分别缓慢打开阀 3、阀 4,使液柱降至中点上下时马上关闭,管内形成气-水柱,此时管内液柱高度差不一定为零。关闭阀 21,打开阀 11,

此时倒置U形管两液柱的高度差应为零(1~2 mm的高度差可以忽略);如不为零,则表明管路中仍有气泡存在,需要重复进行赶气泡操作。

(5) 缓慢开启小流量调节阀27使流量为100 L/h,读取倒置U形管两端液柱高度差。改变流量稳定后测取流量和压差。

(6) 该装置两个转子流量计并联连接,根据流量大小选择不同量程的流量计测量流量。

(7) 差压传感器与倒置U形管也是并联连接,用于测量压差,小流量时用倒置U形管压差计测量,大流量时用差压传感器测量。应在最大流量和最小流量之间进行实验操作,一般测取15~20组数据。

(8) 在测大流量的压差时应关闭倒置U形管的阀3、4、11,防止水利用U形管形成回路影响实验测定。

(9) 分别测取实验前后水箱水温。待数据测量完毕,关闭流量调节阀,停泵。

3. 粗糙管、局部阻力测量

实验方法与前光滑管实验相同。

五、实验数据处理

(1) 填写原始数据记录表,将有关数据进行整理、计算。

(2) 列出实验结果,写出典型数据的计算过程,分析和讨论实验现象。

下面举例说明实验数据记录及数据处理。

1. 直管摩擦系数 λ 与雷诺数 Re 的测定

(1) 光滑管、小流量(表3-1-1第17组数据)。

表3-1-1为第一套实验装置单相流动阻力实验数据(光滑管)记录表。

表3-1-1 单相流动阻力实验数据(光滑管)记录表

水温 t=27.9 ℃

$\mu=0.84\times10^{-3}$ Pa·s 内径 d=0.008 m

ρ=995.75 kg/m^3 管长 L=1.695 m

序号	Q/(L/h)	压差示数 R		Δp/kPa	u/(m/s)	Re	λ
		/kPa	/mmH_2O				
1	1000	67.50		67500	5.53	53828	0.0209
2	900	54.30		54300	4.98	48445	0.0208
3	800	44.70		44700	4.42	43062	0.0217
4	700	34.40		34400	3.87	37679	0.0218

续表

序号	Q/(L/h)	压差示数 R		Δp/kPa	u/(m/s)	Re	λ
		/kPa	/mmH₂O				
5	600	26.9		26900	3.32	32297	0.0232
6	500	19.2		19200	2.76	26914	0.0238
7	400	12.8		12800	2.21	21531	0.0248
8	300	7.4		7400	1.66	16148	0.0255
9	200	3.5		3500	1.11	10766	0.0271
10	100		133	1298.72	0.55	5383	0.0403
11	90		111	1083.90	0.50	4844	0.0415
12	80		94	917.89	0.44	4306	0.0445
13	70		72	703.07	0.39	3768	0.0445
14	60		56	546.83	0.33	3230	0.0471
15	50		40	390.59	0.28	2691	0.0485
16	40		25	244.12	0.22	2153	0.0473
17	30		15	146.52	0.17	1612	0.0479
18	20		9	87.88	0.11	1077	0.0682
19	10		4	39.06	0.06	538	0.1212

$Q=30$ L/h，$h=15$ mmH_2O，实验水温 $t=27.9$ ℃，黏度 $\mu=0.84\times10^{-3}$ Pa·s，密度 $\rho=995.75$ kg/m³。

管内流速　$$u=\frac{Q}{\frac{\pi}{4}d^2}=\frac{30/(3600\times1000)}{(\pi/4)\times0.008^2}\text{ m/s}=0.17\text{ m/s}$$

阻力压差　$$\Delta p_f=\rho gh=995.75\times9.81\times15/1000\text{ Pa}=146.52\text{ Pa}$$

雷诺数　$$Re=\frac{du\rho}{\mu}=\frac{0.008\times0.17\times995.75}{0.84\times10^{-3}}=1612$$

阻力系数　$$\lambda=\frac{2d}{\rho L}\cdot\frac{\Delta p_f}{u^2}=\frac{2\times0.008}{995.75\times1.700}\times\frac{146.52}{0.17^2}=4.79\times10^{-2}$$

(2) 粗糙管、大流量(表 3-1-2 第 8 组数据)。

表 3-1-2 为第一套实验装置单相流动阻力实验数据(粗糙管)记录表。

表 3-1-2 单相流动阻力实验数据(粗糙管)记录表

水温 $t=27.9$ ℃

$\mu=0.84\times10^{-3}$ Pa·s 内径 $d=0.01$ m

$\rho=995.75$ kg/m^3 管长 $L=1.695$ m

序号	Q/(L/h)	压差示数 R		Δp/kPa	u/(m/s)	Re	λ
		/kPa	/mmH$_2$O				
1	1000	145.9		145900	3.54	41733	0.1381
2	900	119.6		119600	3.18	37559	0.1397
3	800	97.6		97600	2.83	33386	0.1443
4	700	79.2		79200	2.48	29213	0.1530
5	600	61.1		61100	2.12	25040	0.1606
6	500	41.2		41200	1.77	20866	0.1560
7	400	27.9		27900	1.42	16693	0.1650
8	300	16.3		16300	1.06	12600	0.1714
9	200	7.2		7200	0.71	8347	0.1703
10	100		252	2461.62	0.35	4173	0.2330
11	90		210	2051.35	0.32	3756	0.2397
12	80		170	1660.62	0.28	3339	0.2456
13	70		131	1279.65	0.25	2921	0.2471
14	60		103	1006.14	0.21	2504	0.2645
15	50		74	722.86	0.18	2087	0.2736
16	40		52	507.95	0.14	1669	0.3004
17	30		31	302.82	0.11	1252	0.3184
18	20		16	156.29	0.07	835	0.3698
19	10		10	97.68	0.04	417	0.9244

$Q=300$ L/h,$\Delta p=16.3$ kPa,实验水温 $t=27.9$ ℃,黏度 $\mu=0.84\times10^{-3}$ Pa·s,密度 $\rho=995.75$ kg/m^3。

管内流速 $$u=\frac{Q}{\frac{\pi}{4}d^2}=\frac{300/3600/1000}{(\pi/4)\times0.010^2}\ \text{m/s}=1.06\ \text{m/s}$$

阻力压差 $$\Delta p_f=16.3\times1000\ \text{Pa}=16300\ \text{Pa}$$

雷诺数 $$Re=\frac{du\rho}{\mu}=\frac{0.01\times1.06\times995.75}{0.84\times10^{-3}}=1.26\times10^4$$

阻力系数 $$\lambda=\frac{2d}{\rho L}\cdot\frac{\Delta p_f}{u^2}=\frac{2\times0.010}{995.75\times1.695}\times\frac{16300}{1.06^2}=0.17$$

2. 局部阻力系数 ζ 的测定(表 3-1-3 第 2 组数据)

表 3-1-3 为第一套实验装置单相流体阻力实验装置数据(局部阻力)记录表。

表 3-1-3　流体阻力实验数据(局部阻力)记录表

序号	Q /(L/h)	近端压差 /kPa	远端压差 /kPa	u/(m/s)	局部阻力压差 /Pa	阻力系数 ζ
1	1000	91.7	92.5	0.802	90900	282.4
2	800	58.3	59.1	0.642	57500	280.2

Q=800 L/h,近端压差=58.3 kPa,远端压差=59.1 kPa,实验水温 t =27.9 ℃,黏度 $\mu=0.84\times10^{-3}$ Pa·s,密度 $\rho=995.75$ kg/m³。

管内流速
$$u=\frac{Q}{\frac{\pi}{4}d^2}=\frac{800/(3600\times1000)}{(\pi/4)\times0.0021^2}\ \text{m/s}=0.642\ \text{m/s}$$

局部阻力压差
$$\Delta p'_f=2(p_b-p_{b'})-(p_a-p_{a'})$$
$$=(2\times58.3-59.1)\times1000\ \text{Pa}=57500\ \text{Pa}$$

局部阻力系数
$$\zeta=\frac{2}{\rho}\cdot\frac{\Delta p'_f}{u^2}=\frac{2}{995.75}\times\frac{57500}{0.642^2}=280.2$$

根据实验数据绘制第一套实验装置直管摩擦阻力系数与雷诺数的关系图,如图 3-1-5 所示。

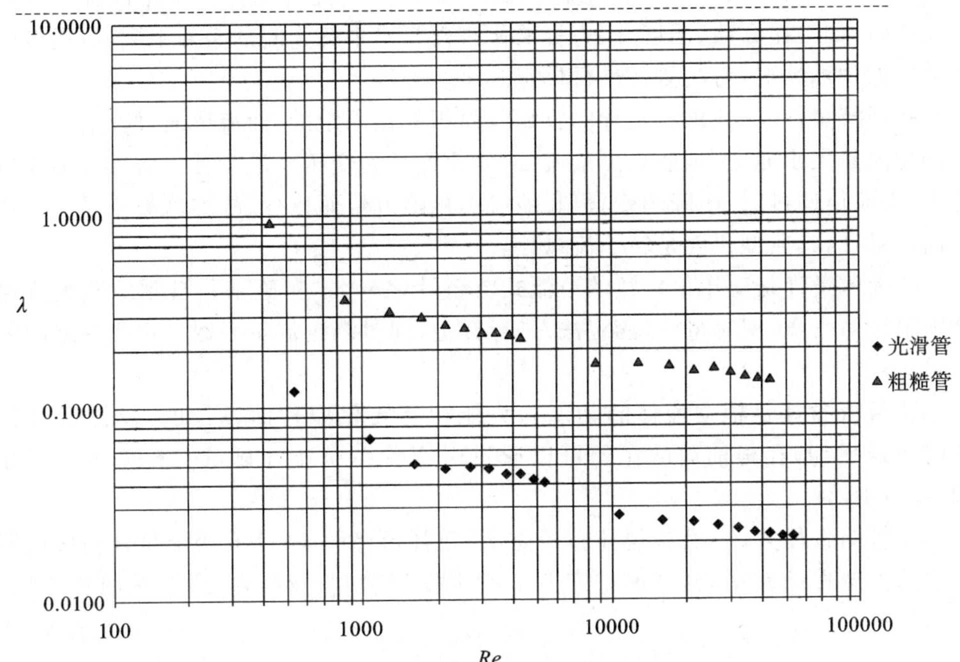

图 3-1-5　第一套实验装置直管摩擦阻力系数与雷诺数的关系图

六、思考题

(1) 什么是流动阻力?在管道系统中,流动阻力主要由哪些因素引起?

(2) 为什么需要测定单相流动阻力?这对于工程设计有何实际意义?

实验 2 流量计性能测定实验

一、实验目的

(1) 了解几种常用流量计的构造、工作原理和主要特点。

(2) 掌握流量计的标定方法。

(3) 了解节流式流量计流量系数 α_0 随雷诺数 Re 的变化规律,以及流量系数 α_0 的确定方法。

(4) 学习合理选择坐标系的方法。

二、实验原理

对非标准化的各种流量仪表在出厂前都必须进行流量标定,建立流量刻度标尺(如转子流量计),给出流量系数(如涡轮流量计)或校正曲线(如孔板流量计)。在使用时,如工作介质、温度、压力等操作条件与原来标定时的条件不同,使用者就需要根据现场情况,对流量计进行标定。

孔板流量计、文丘里流量计的收缩口面积都是固定的,而流体通过收缩口的压降则随流量大小而变,据此来测量流量,因此称其为变压头流量计。而另一类流量计中,当流体通过时,压降不变,但收缩口面积随流量而改变,故称这类流量计为变截面流量计,其典型代表是转子流量计。

孔板流量计是应用最广泛的节流式流量计之一,本实验采用自制的孔板流量计测定液体流量,用容量法(滴定法)进行标定,同时测定流量系数与雷诺数之间的关系。

孔板流量计是根据流体的动能和势能相互转化原理而设计的,流体通过锐孔时流速增加,孔板前后的压差可以通过引压管在压差计显示。其工作原理如图 3-2-1 所示。

若管路直径为 d_1,孔板锐孔直径为 d_0,流体流经图 3-2-1 孔板流量计孔板后所形成的缩脉直径为 d_2,流体的密度为 ρ,则根据伯努利方程,在 1—1′截面和 2—2′截面处有

$$\frac{u_2^2-u_1^2}{2}=\frac{p_1-p_2}{\rho}=\frac{\Delta p}{\rho} \tag{3-2-1}$$

或

$$\sqrt{u_2^2-u_1^2}=\sqrt{2\Delta p/\rho} \qquad (3\text{-}2\text{-}2)$$

由于缩脉处位置随流速而变化，截面积 A_2 又未知，而孔口截面积 A_0 是已知的，因此，用孔口处流速 u_0 来替代上式中的 u_2，又考虑这种替代带来的误差以及实际流体局部阻力造成的能量损失，故需用系数 C 加以校正。式(3-2-2)改写为

$$\sqrt{u_0^2-u_1^2}=C\sqrt{2\Delta p/\rho} \qquad (3\text{-}2\text{-}3)$$

对于不可压缩流体，根据连续性方程可知 $u_1=\frac{A_0}{A_1}u_0$，代入式(3-2-3)并整理可得

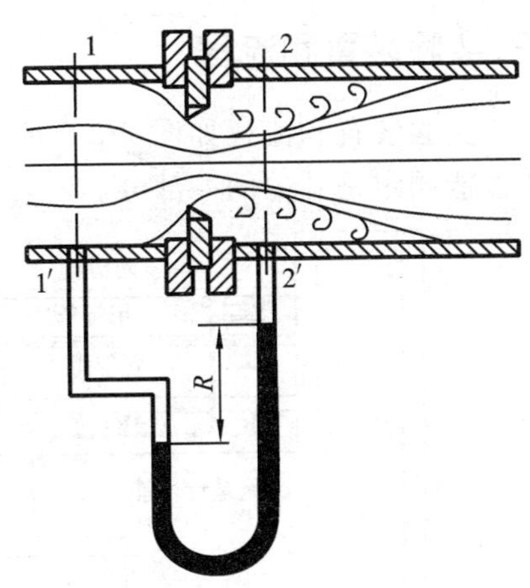

图 3-2-1　孔板流量计工作原理

$$u_0=\frac{C\sqrt{2\Delta p/\rho}}{\sqrt{1-\left(\frac{A_0}{A_1}\right)^2}} \qquad (3\text{-}2\text{-}4)$$

令

$$\alpha_0=\frac{C}{\sqrt{1-\left(\frac{A_0}{A_1}\right)^2}} \qquad (3\text{-}2\text{-}5)$$

则式(3-2-4)简化为

$$u_0=\alpha_0\sqrt{2\Delta p/\rho} \qquad (3\text{-}2\text{-}6)$$

根据 u_0 和 A_0 即可计算出流体的体积流量，即

$$Q=u_0A_0=\alpha_0A_0\sqrt{2\Delta p/\rho} \qquad (3\text{-}2\text{-}7)$$

或

$$Q=u_0A_0=\alpha_0A_0\sqrt{2gR(\rho_0-\rho)/\rho} \qquad (3\text{-}2\text{-}8)$$

式中：Q——流体的体积流量，m^3/s；

R——U 形管压差计的读数，m；

ρ_0——压差计中指示液密度，kg/m^3；

α_0——流量系数，无因次。

α_0 由孔板锐口的形状、测压口位置、孔径与管径之比和雷诺数 Re 决定，具体数值由实验测定。当孔径与管径之比为一定值时，Re 超过某个数值后，α_0 接近常数。一般工业上定型的流量计，就是规定在 α_0 为定值的流动条件下使用。α_0 值范围一般为 0.6～0.7。

安装孔板流量计时要求在其上、下游各有一段直管段作为稳定段，上游长度至少为 $10d_1$，下游长度至少为 $5d_2$。孔板流量计构造简单，制造和安装都很方便，其主要缺点是机械能损失大。由于机械能损失，下游速度复原后，压力不能恢复到孔板前的值，称为永久损失。d_0/d_1 的值越小，永久损失越大。

三、实验装置和流程

实验装置和流程如图 3-2-2 所示。图示装置为流体流动综合实验装置，流量计性能测定是其中的一部分。

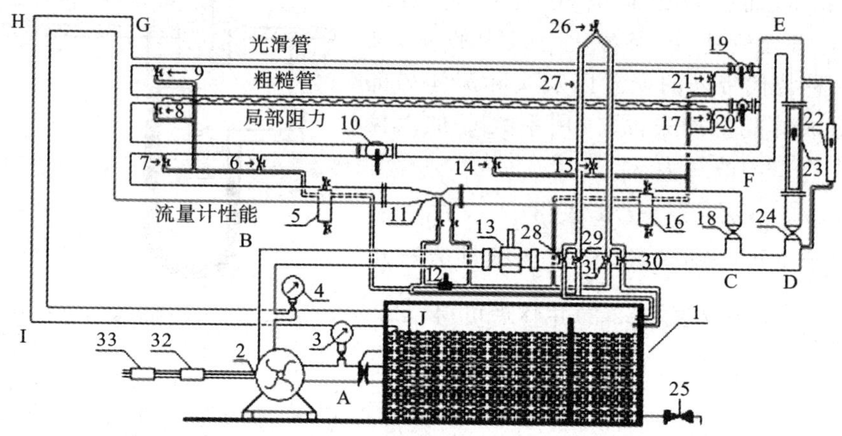

图 3-2-2　流体流动综合实验装置和流程图

1—水箱；2—水泵；3—入口真空表；4—出口压力计；5、16—缓冲罐；6、14—测局部阻力近端阀；7、15—测局部阻力远端阀；8、17—粗糙管测压阀；9、21—光滑管测压阀；10—局部阻力阀；11—文丘里流量计；12—差压数字表；13—涡轮流量计；18、24—阀门；19—光滑管阀；20—粗糙管阀；22—小流量计；23—大流量计；25—水箱放水阀；26—倒置 U 形管放空阀；27—倒置 U 形管；28、30—倒置 U 形管排水阀；29、31—倒置 U 形管平衡阀；32—功率表；33—变频调速器

四、操作步骤

(1) 按下电源和离心泵的按钮，通电预热数字显示仪表，记录差压数字表第 1 路的初始值，关闭所有流量调节阀。

(2) 按下变频器启动按钮，启动离心泵。逐渐调大流量调节阀 18，排出管路中的气泡。

(3) 用阀门 18 调节流量，从小流量至大流量或从大流量至小流量，测取 12 组左右数据(同时测量压差和流量)，并记录水温。

(4) 实验结束后，关闭流量调节阀，核实差压数字表初始值，停泵，切断电源。

五、注意事项

(1) 启动离心泵之前，必须检查所有流量调节阀是否关闭。

(2) 测数据时必须关闭流量计平衡阀。

六、实验数据处理

(1) 将实验数据和整理结果列在数据表格中，并以其中一组数据为例写出计算过程。

（2）在合适的坐标系上，标绘节流式流量计的体积流量 Q 与压差 Δp 的关系曲线（即流量标定曲线）、流量系数 α_0 与雷诺数 Re 的关系曲线。

七、思考题

（1）为什么要排除实验管路及导压管中积存的空气？

（2）什么情况下的流量计需要标定？标定方法有几种？本实验是用哪一种？

实验 3　离心泵性能测定实验

一、实验目的

（1）熟悉离心泵的结构、性能及特点，练习并掌握其操作方法。

（2）掌握离心泵特性曲线和管路特性曲线的测定方法、表示方法，加深对离心泵性能的了解。

二、实验原理

1. 离心泵特性曲线测定

离心泵是最常见的液体输送设备。在一定的型号和转速下，离心泵的扬程 H、轴功率 N 及效率 η 均随流量 Q 变化而改变。通常通过实验测出 H-Q、N-Q 及 η-Q 关系，并用曲线表示，此即特性曲线。特性曲线是确定离心泵的适宜操作条件和选用离心泵的重要依据。离心泵特性曲线的具体测定方法如下。

（1）H 的测定。

在泵的吸入口和排出口之间列伯努利方程，即

$$Z_{入}+\frac{p_{入}}{\rho g}+\frac{u_{入}^2}{2g}+H=Z_{出}+\frac{p_{出}}{\rho g}+\frac{u_{入}^2}{2g}+H_{f入-出} \tag{3-3-1}$$

$$H=(Z_{出}-Z_{入})+\frac{P_{出}-P_{入}}{\rho g}+\frac{u_{出}^2-u_{入}^2}{2g}+H_{f入-出} \tag{3-3-2}$$

式中：$H_{f入-出}$ ——泵的吸入口和压出口之间管路内的流体流动阻力。

与伯努利方程中其他项比较，$H_{f入-出}$ 值很小，故可忽略。于是式(3-3-2)变为

$$H=(Z_{出}-Z_{入})+\frac{p_{出}-p_{入}}{\rho g}+\frac{u^2{}_{出}-u^2{}_{入}}{2g} \tag{3-3-3}$$

将测得的 $Z_{出}-Z_{入}$ 和 $p_{出}-p_{入}$ 的值以及计算所得的 $u_{入}$、$u_{出}$ 代入上式，即可求得 H。

（2）N 的测定。

功率表测得的功率为电机的输入功率。由于离心泵由电机直接带动，传动效

率可视为 1,所以电机的输出功率等于泵的轴功率,即

泵的轴功率 N=电机输出功率

而　　电机输出功率=电机输入功率×电机效率

故　　泵的轴功率=功率表读数×电机效率

(3) η 的测定。

$$N_e = \frac{HQ\rho g}{1000} = \frac{HQ\rho}{102} \tag{3-3-4}$$

$$\eta = \frac{N_e}{N} \tag{3-3-5}$$

式中:η——泵的效率;

N——泵的轴功率,kW;

N_e——泵的有效功率,kW;

H——泵的扬程,m;

Q——泵的流量,m^3/s;

ρ——水的密度,kg/m^3。

2. 管路特性曲线测定

当离心泵安装在特定的管路系统中工作时,实际的工作压头和流量不仅与离心泵本身的性能有关,还与管路特性有关。也就是说,在液体输送过程中,离心泵和管路二者是相互制约的。

管路特性曲线是指流体流经管路系统的流量与所需压头之间的关系。若将离心泵的特性曲线与管路特性曲线标绘在同一坐标图上,两曲线交点即为离心泵在该管路的工作点。因此,如同通过改变阀门开度来改变管路特性曲线,从而求出泵的特性曲线一样,可通过改变泵转速来改变泵的特性曲线,从而得出管路特性曲线。

三、实验装置和流程

1. 流程图

离心泵性能测定实验流程如图 3-3-1 所示。

2. 仪表面板

仪表面板如图 3-3-2 所示。

3. 设备、仪表参数

(1) 离心泵:型号 WB70/055,电机效率为 60%,实验管路 d=0.048 m。

(2) 泵入口真空表:表盘直径 100 mm,测量范围 −0.1~0 MPa。

(3) 泵出口压力计:表盘直径 100 mm,测量范围 0~0.60 MPa。

真空表测压位置管内径 $d_{入}$=0.035 m,压力计测压位置管内径 $d_{出}$=0.048 m,真空表与压力计测压口之间垂直距离 h_0=0.23 m。

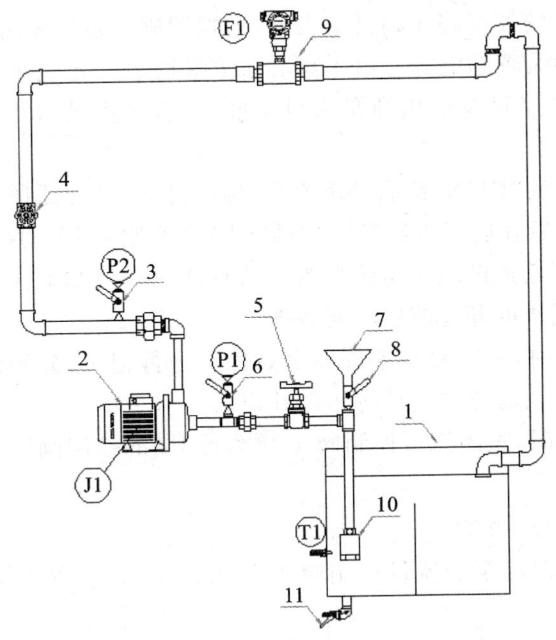

图 3-3-1　离心泵性能测定流程示意图

1—水箱；2—离心泵；3—泵出口压力计控制阀；4—流量控制阀；5—泵入口阀；6—泵入口真空表控制阀；7—灌泵入口；8—灌水控制阀；9—涡轮流量计；10—底阀；11—排水阀；P1—泵入口真空表；P2—泵出口压力计；T1—温度计

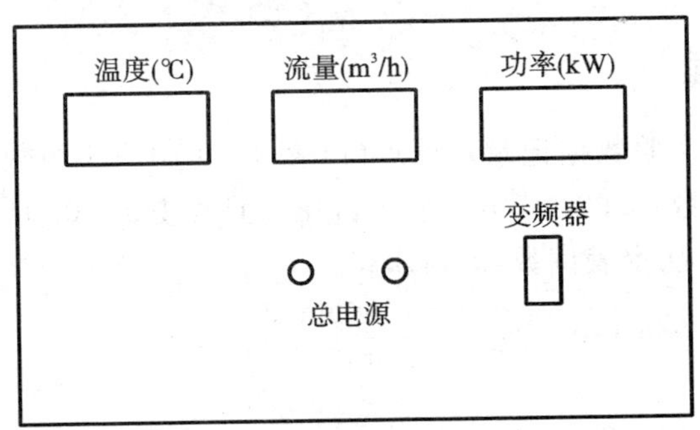

图 3-3-2　设备面板示意图

(4) 涡轮流量计：型号 LWY-40C，量程 0～20 m^3/h，数字仪表显示。

(5) 功率表：型号 PS-139，精度 1.0 级，数字仪表显示。

(6) 温度计：Pt10，数字仪表显示。

四、操作步骤

1. 离心泵特性曲线测定

(1) 向水箱 1 内注入蒸馏水，检查泵入口阀 5 是否打开(应保持全开)，流量控制阀4、压力计P2的控制阀3和真空表P1的控制阀6是否关闭(应保持关闭)。

(2) 启动实验装置总电源。由于离心泵安装时有一定高度,因此要灌泵才能启动泵。打开灌水控制阀8,由灌泵入口7灌水,直至水满为止,然后关闭灌水控制阀8。

(3) 按变频器的"RUN"键启动离心泵,逐渐打开流量控制阀4,待流量控制阀4全开并流量稳定后开启压力计P2的控制阀3和真空表P1的控制阀6,测取数据时可从最大流量开始逐渐减小至流量为0或反之。一般测取10～20组数据。通过改变流量控制阀4的开度测定不同数据。

(4) 测定数据时,一定要在系统稳定条件下进行记录,分别读取流量计、压力计、真空表、功率表及流体温度计等示值并记录。

(5) 实验结束时,关闭流量控制阀4、压力计P2的控制阀3和真空表P1的控制阀6,切断电源。

2. 管路特性曲线测定

(1) 首先关闭离心泵的流量控制阀4、压力计P2的控制阀3和真空表P1的控制阀6。

(2) 启动离心泵,调节流量控制阀4到一定开度,记录数据(流量、入口真空度和出口压力)。改变变频器的频率并记录以上数据(参照数据记录表)。

(3) 实验结束后,关闭流量控制阀4、压力计P2的控制阀3和真空表P1的控制阀6,停离心泵。

五、实验数据处理

下面举例说明实验数据记录及处理(以表3-3-1中第1组数据为例)。

涡轮流量计读数:8.90 m^3/h。泵入口压力计读数:−0.044 MPa。泵出口压力计读数:0 MPa。功率表读数:0.77 kW。

$$d_{\text{入}}=0.035\ \text{m},\quad u_{\text{入}}=\frac{8.90\times 4}{3.14\times 0.035^2}\ \text{m/s}=2.57\ \text{m/s}$$

$$d_{\text{出}}=0.048\ \text{m},\quad u_{\text{出}}=\frac{8.90\times 4}{3.14\times 0.048^2}\ \text{m/s}=1.37\ \text{m/s}$$

$$\begin{aligned}H&=(Z_{\text{出}}-Z_{\text{入}})+\frac{p_{\text{出}}-p_{\text{入}}}{\rho g}+\frac{u_{\text{出}}^2-u_{\text{入}}^2}{2g}\\&=\left[0.23+\frac{(0+0.044)\times 1000000}{999.41\times 9.81}+\frac{1.37^2-2.57^2}{2\times 9.81}\right]\text{m}\\&=4.47\ \text{m}\end{aligned}$$

$$N=0.77\times 60\%\ \text{kW}=0.462\ \text{kW}=462\ \text{W}$$

$$N_e=\frac{HQ\rho}{102}=\frac{8.90\times 4.47\div 3600\times 999.41}{102}\ \text{kW}=0.108\ \text{kW}$$

$$\eta=\frac{N_e}{N}=\frac{0.108}{0.462}=23.4\%$$

表 3-3-1　离心泵特性曲线测定数据记录表

水温：10.2 ℃　液体密度 ρ：999.41 kg/m³　泵进出口高度差：0.23 m

序号	$p_{入}$ /MPa	$p_{出}$ /MPa	电机功率 /kW	Q /(m³/h)	$u_{入}$ /(m/s)	$u_{出}$ /(m/s)	H /m	N /W	η /(%)
1	−0.044	0	0.77	8.90	2.57	1.37	4.47	462	23.4
2	−0.038	0.06	0.8	8.23	2.38	1.26	10.0	480	46.8
3	−0.033	0.08	0.79	7.65	2.21	1.17	11.6	474	50.9
4	−0.028	0.10	0.77	6.90	1.99	1.06	13.1	462	53.4
5	−0.022	0.12	0.74	6.20	1.79	0.95	14.6	444	55.5
6	−0.02	0.128	0.72	5.67	1.64	0.87	15.2	432	54.4
7	−0.016	0.14	0.69	5.17	1.49	0.79	16.1	414	54.6
8	−0.013	0.15	0.66	4.43	1.28	0.68	16.8	396	51.1
9	−0.01	0.16	0.62	3.88	1.12	0.60	17.5	372	49.7
10	−0.008	0.17	0.59	3.27	0.94	0.50	18.4	354	46.1
11	−0.006	0.18	0.54	2.52	0.73	0.39	19.2	324	40.6
12	−0.004	0.184	0.5	1.82	0.53	0.28	19.4	300	32.0
13	−0.003	0.192	0.46	0.98	0.28	0.15	20.1	276	19.4
14	0	0.2	0.41	0	0	0	20.6	246	0

离心泵管路特性曲线计算方法与其相同。表 3-3-2 为离心泵管路特性曲线测定数据表。

表 3-3-2　离心泵管路特性曲线测定数据记录表

序号	电机频率 /Hz	$p_{入}$ /MPa	$p_{出}$ /MPa	Q /(m³/h)	$u_{入}$ /(m/s)	$u_{出}$ /(m/s)	H /m
1	50	−0.038	0.060	8.41	2.43	1.29	10.01
2	48	−0.036	0.058	8.11	2.34	1.25	9.62
3	46	−0.033	0.050	7.79	2.25	1.20	8.51
4	44	−0.030	0.044	7.48	2.16	1.15	7.61
5	42	−0.028	0.040	7.15	2.07	1.10	7.01
6	40	−0.026	0.038	6.82	1.97	1.05	6.62
7	38	−0.024	0.032	6.50	1.88	1.00	5.81

续表

序号	电机频率/Hz	$p_{入}$/MPa	$p_{出}$/MPa	Q/(m^3/h)	$u_{入}$/(m/s)	$u_{出}$/(m/s)	H/m
8	36	−0.022	0.030	6.17	1.78	0.95	5.42
9	34	−0.020	0.022	5.83	1.68	0.90	4.41
10	32	−0.018	0.020	5.50	1.59	0.84	4.01
11	30	−0.016	0.020	5.16	1.49	0.79	3.82
12	28	−0.012	0.005	4.47	1.29	0.69	1.90
13	24	−0.010	0	3.76	1.09	0.58	1.21
14	20	−0.007	0	3.05	0.88	0.47	0.92
15	16	−0.0056	0	2.29	0.66	0.35	0.79
16	10	−0.004	0	1.49	0.43	0.23	0.63
17	0	0	0	0	0	0	0.23

根据实验数据和计算结果绘制离心泵特性曲线和管路特性曲线，如图 3-3-3 所示。

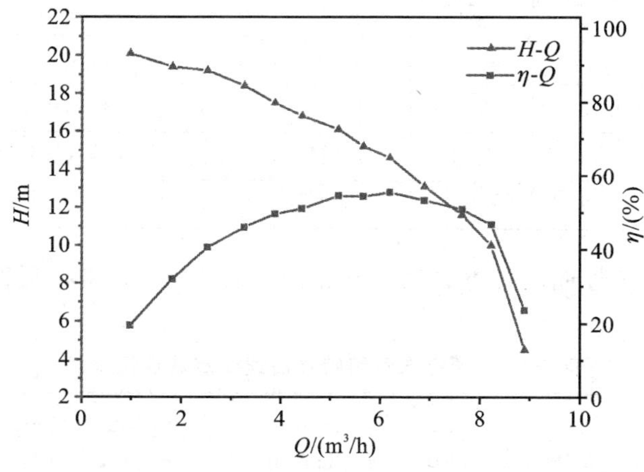

图 3-3-3　离心泵特性曲线与管路特性曲线

六、思考题

(1) 离心泵的工作原理是什么？它与其他类型泵(如柱塞泵、螺杆泵)的主要区别在哪里？

(2) 为什么需要测定离心泵的特性曲线？这些曲线对泵的选择和系统设计有何重要意义？

(3) 实验中如何控制泵的流量？流量的改变对扬程、功率和效率有何影响？

实验4(Ⅰ)　过滤实验

一、实验目的

过滤实验视频

(1) 了解板框过滤机的构造和操作方法，学习定值调压阀、安全阀的使用方法。

(2) 学习过滤方程中恒压过滤常数的测定方法。

(3) 测定洗涤速率与最终过滤速率的关系。

(4) 了解压力对过滤速率的影响，并测定出比阻。

二、实验原理

1. 恒压过滤方程

恒压过滤方程为

$$(V+V_e)^2=KA^2(\tau+\tau_e) \tag{3-4(Ⅰ)-1}$$

式中：V——滤液体积，m^3；

V_e——过滤介质的当量滤液体积，m^3；

K——过滤常数，m^2/s；

A——过滤面积，m^2；

τ——相当于得到滤液 V 所需的过滤时间，s；

τ_e——相当于得到滤液 V_e 所需的过滤时间，s。

上式也可以写为

$$(q+q_e)^2=K(\tau+\tau_e) \tag{3-4(Ⅰ)-2}$$

式中：$q=V/A$，即单位过滤面积的滤液量，m^3/m^2；

$q_e=V_e/A$，即单位过滤面积的虚拟滤液量，m^3/m^2。

2. 过滤常数 K、q_e、τ_e 的测定

将式(3-4(Ⅰ)-2)对 q 求导数，得

$$\frac{d\tau}{dq}=\frac{2}{K}q+\frac{2}{K}q_e \tag{3-4(Ⅰ)-3}$$

这是一个线性方程，以 $d\tau/dq$ 对 q 在普通坐标纸上作图，必得一条直线，它的斜率为 $2/K$，截距为 $2q_e/K$，但是 $d\tau/dq$ 难以测定，故实验时可用 $\Delta\tau/\Delta q$ 代替 $d\tau/dq$，即

$$\frac{\Delta\tau}{\Delta q}=\frac{2}{K}q+\frac{2}{K}q_e \tag{3-4(Ⅰ)-4}$$

因此，只需在某一恒压下进行过滤，测取一系列的 q 和 $\Delta\tau$、Δq 值，然后在普通坐标纸上以 $\Delta\tau/\Delta q$ 为纵坐标，以 q 为横坐标作图，即可得到一条直线，这条直线的斜率为 $2/K$，截距即为 $2q_e/K$，由此可求出 K 及 q_e，再以 $q=0$，$\tau=0$ 代入式

(3-4(Ⅰ)-2),即可求得 τ_e。

3. 洗涤速率与最终过滤速率关系的测定(选做内容)

洗涤速率

$$\left(\frac{dV}{d\tau}\right)_{洗}=\frac{V_w}{\tau_w} \tag{3-4(Ⅰ)-5}$$

式中:V_w——洗液量,m^3;

τ_w——洗涤时间,s。

最终过滤速率

$$\left(\frac{dV}{d\tau}\right)_{终}=\frac{KA^2}{2(V+V_e)}=\frac{KA}{2(q+q_e)} \tag{3-4(Ⅰ)-6}$$

在一定压力下,洗涤速率是恒定不变的。它可以在流出水量稳定后开始计量,计量时间也可根据需要决定,因此它的测定比较容易。至于最终过滤速率的测定,则比较困难,因为它是一个变量,过滤操作要进行到滤框全部被滤渣充满,此时的过滤速率才是最终过滤速率。它可以从滤液量显著减少来估计。此时滤液出口处的液流由满管口变成线状流下。也可以利用作图法来确定,一般情况下,最后的 $\Delta\tau/\Delta q$ 对 q 在图上标绘的点会偏高,可在图中标绘线的延长线上取点,作为过滤终了阶段来计算最终过滤速率。至于在本板框式过滤机中洗涤速率是否为最终过滤速率的$\frac{1}{4}$,可根据实验设备和实验情况自行分析。

4. 滤浆浓度的测定

如果固体物料的粒径比较均匀,滤浆浓度和它的密度有一定的关系,因此可以量取 100 mL 滤浆,称出质量,然后从浓度-密度关系曲线中查出滤浆浓度。此外,也可以利用测量过滤中的干滤饼及同时得到的滤液量来计算。干滤饼要用烘干的办法来取得。如果滤浆没有泡沫,也可以用测密度的方法来确定浓度。

本实验是根据配料时加入水和干物料的质量来计算其实际浓度的,干物料的质量分数

$$w=\frac{m_{物料}}{m_{水}+m_{物料}} \tag{3-4(Ⅰ)-7}$$

则单位体积悬浮液中所含固体物料的体积 φ 为

$$\varphi=\frac{w/\rho_P}{w/\rho_P+(1-w)/\rho_{水}} \tag{3-4(Ⅰ)-8}$$

式中:ρ_P——物料的密度,g/L;

$\rho_{水}$——水的密度,g/L。

5. 比阻 r 与压缩指数的求取

因过滤常数 $K=\frac{2\Delta p}{r\mu\varphi}$ 与过滤压力有关,表面上看只有在实验条件与工业生产条件相同时才可直接使用实验测定的结果。实际上这一限制并非必要,如果能在几

个不同的压差下重复过滤实验(注意,应保持在相同物料浓度、过滤温度条件下),从而求出比阻 r 与压差 Δp 之间的关系,则实验数据将具有更广泛的使用价值。

$$r = \frac{2\Delta p}{\mu\varphi K} \tag{3-4(Ⅰ)-9}$$

式中:μ——实验条件下水的黏度,Pa·s;

φ——实验条件下物料的体积分数;

K——不同压差下的过滤常数,m^2/s;

Δp——过滤压差,Pa。

根据不同压差下求出的过滤常数计算出对应的比阻 r,对不同压差 Δp 与比阻 r 进行回归,求出它们之间的关系式:

$$r = a \cdot \Delta p^{b} \quad 即 \quad r = r_0 \cdot \Delta p^{s} \tag{3-4(Ⅰ)-10}$$

式中:s——压缩指数,对不可压缩滤饼,$s=0$,对可压缩滤饼,s 为 0.2～0.8。

三、实验装置和流程

1. 流程图

恒压过滤实验流程如图 3-4(Ⅰ)-1 所示。

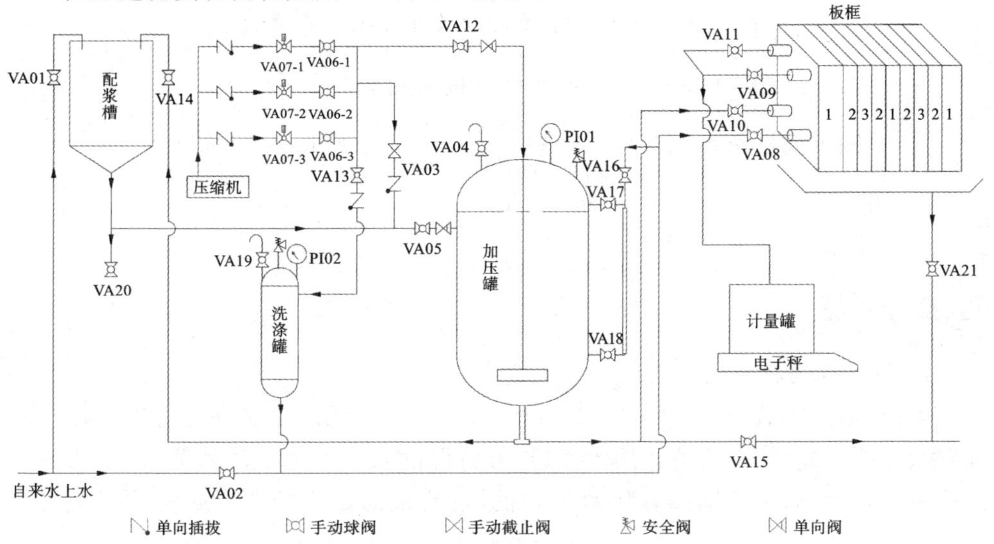

图 3-4(Ⅰ)-1　恒压过滤实验流程图

阀门:VA01—配浆槽上水阀,VA02—洗涤罐加水阀,VA03—气动搅拌阀,VA04—加压罐放空阀,VA05—加压罐进料阀,VA06-1—0.1 MPa 进气阀,VA06-2—0.15 MPa 进气阀,VA06-3—0.2 MPa 进气阀,VA07-1—0.1 MPa 稳压阀,VA07-2—0.15 MPa 稳压阀,VA07-3—0.2 MPa 稳压阀,VA08—洗涤水进口阀,VA09—滤液出口阀,VA10—滤浆进口阀,VA11—洗涤水出口阀,VA12—加压罐进气阀,VA13—洗涤罐进气阀,VA14—加压罐残液回流阀,VA15—放净阀,VA16—液位计洗水阀,VA17—液位计上口阀,VA18—液位计下口阀,VA19—洗涤罐放空阀,VA20—配浆槽放料阀,VA21—板框排污阀。

压力:PI01—加压罐压力,PI02—洗涤罐压力。

2. 流程说明

(1) 料液:料液由配浆槽经加压罐进料阀 VA05 进入加压罐,自加压罐部经滤浆进口阀 VA10 进入板框过滤机滤框内,通过滤布过滤后,滤液汇集至引流板,经滤液出口阀 VA09 流入计量罐;加压罐内残余料液可经加压罐残液回流阀 VA14 返回配浆槽。

(2) 气路:带压空气由压缩机输出,经进气阀、稳压阀、加压罐进气阀 VA12 进入加压罐内;或者经气动搅拌阀 VA03 进入配浆槽,经洗涤罐进气阀 VA13 进入洗涤罐。

3. 设备、仪表参数

(1) 加压罐:ϕ325 mm×370 mm,总容积为 38 L,液面不超过进液口位置,有效容积约 21 L。

(2) 配浆槽:ϕ325 mm,直筒高 370 mm,锥高 150 mm,锥容积 4 L。

(3) 洗涤罐:ϕ159 mm×300 mm,容积为 6 L。

(4) 板框过滤机:1[#] 滤板(非过滤板)一块,3[#] 滤板(洗涤板)两块,2[#] 滤框四块,以及两端的两个压紧挡板,作用同 1[#] 滤板,因此也为 1[#] 滤板。

$$过滤面积\ A = \frac{\pi \times 0.125^2}{4} \times 2 \times 4\ \mathrm{m^2} = 0.09818\ \mathrm{m^2}$$

$$滤框厚度 = 12\ \mathrm{mm}$$

$$四个滤框总容积\ V = \frac{\pi \times 0.125^2}{4} \times 0.012 \times 4\ \mathrm{L} = 0.589\ \mathrm{L}$$

(5) 电子秤:量程 0～15 kg,精度 1 g。

(6) 压力计:0～0.25 MPa。

四、操作步骤

1. 板框过滤机的滤布安装

按板、框的号数以 1—2—3—2—1—2—3—2—1 的顺序排列过滤机的板与框(顺序、方位不能错)。将滤布用水湿透,再将湿滤布覆在滤框的两侧(滤布孔与框的孔一致)。然后用压紧螺杆压紧板和框,过滤机固定头的四个阀均处于关闭状态。

2. 加水操作

配浆槽内加入称取的 1.3 kg 碳酸镁,加水至定位点,约需 21 kg 水;洗涤罐内加约 3/4 高度的自来水,为洗涤做准备。

3. 配原料滤浆

为了配制 5%～7%(质量分数)的轻质 $MgCO_3$ 料液,按 21 L 水约 21 kg 计算,应称取轻质 $MgCO_3$ 粉末约 1.3 kg,并倒入配浆槽内。启动压缩机,开启阀 VA06-1,

调节稳压阀 VA07-1 使压力为 0.1 MPa，将气动搅拌阀 VA03 向开启方向旋转 90°，气动搅拌使液相混合均匀，关闭阀 VA03、阀 VA06-1、阀 VA07-1，将物料加压罐的放空阀 VA04 打开，开阀 VA05 让配浆槽内配制好的滤浆自流入加压罐内，完成放料后关闭阀 VA04 和阀 VA05。

4. 加压操作

开启阀 VA12，先确定在什么压力下进行过滤，本实验装置可进行三个固定压力下的过滤，分别由三个定值稳压阀并联控制，从上到下分别是 0.1 MPa、0.15 MPa、0.2 MPa。以实验压力 0.1 MPa 为例，开启阀 VA06-1，调节稳压阀 VA07-1 使压力为 0.1 MPa，使压缩空气进入加压罐下部的气动搅拌盘，气体鼓泡搅动使加压罐内的物料保持浓度均匀，同时将密封的加压罐内的料液加压，当物料加压罐内的压力 PI01 维持在 0.1 MPa 时，准备过滤。

5. 过滤操作

开启板框过滤机上方的两个出口阀，即阀 VA09 和阀 VA11，全开下方的滤浆进口阀 VA10，滤浆便被压缩空气送入板框过滤机过滤。滤液流入计量罐，记录一定质量的滤液量所需要的时间（本实验中建议计量罐滤液质量每增加 500 g 读取一次时间数据）。待滤渣充满全部滤框后（此时滤液流量很小，但仍呈线状流出），关闭滤浆进口阀 VA10，停止过滤。

6. 洗涤操作（选做内容）

洗涤物料时，关闭加压罐进气阀 VA12，打开连接洗涤罐的压缩空气进气阀 VA13，压缩空气进入洗涤罐，维持洗涤压力与过滤压力一致。关闭过滤机固定头滤液出口阀 VA09，开启左下方的洗涤水进口阀 VA08，洗涤水经过滤渣层后流入称量筒，测取有关数据。

7. 卸料操作

洗涤完毕后，关闭洗涤水进口阀 VA08，旋开压紧螺杆，卸出滤渣，清洗滤布，整理板框。板框及滤布重新安装后，进行另一个压力操作。

8. 其他压力值过滤

由于加压罐内有足够的同样浓度的料液，按以上步骤 5、6、7，调节过滤压力，依次进行其余两个压力下的过滤操作。

9. 实验结束操作

全部过滤洗涤结束后，关闭洗涤罐进气阀 VA13，打开加压罐进气阀 VA12，盖住配浆槽，打开加压罐残液回流阀 VA14，用压缩空气将加压罐内的剩余悬浮液送回配浆槽内储存，关闭加压罐进气阀 VA12。

10. 清洗加压罐及其液位计

打开加压罐放空阀 VA04，使加压罐保持常压。关闭加压罐液位计上口阀

VA17,打开洗涤罐进气阀 VA13,打开液位计洗水阀 VA16,让清水洗涤加压罐液位计,以免剩余悬浮液沉淀,堵塞液位计、管道和阀门等;清洗完成后,关闭洗涤罐进气阀 VA13,停压缩机。

五、注意事项

(1) 实验完成后,应将装置清洗干净,防止堵塞管道。

(2) 长期不用时,应将罐体内液体放净。

六、实验数据处理

作出一定条件下 $\Delta\tau/\Delta q$ 与 q 的关系线,从图中得到其斜率和截距,计算出过滤常数 K 和虚拟滤液量 q_e。

分析不同条件(压力、温度、浓度等)可能带来的影响(本实验中建议只针对压力影响),在条件许可情况下应做正交实验。

七、思考题

(1) 每次过滤之后,过滤漏斗的滤板冲刷的干净程度不同,会对实验有什么影响?

(2) 为什么在保持悬浮液的浓度和温度相同时,才有 K 仅与 Δp^{1-s} 有关?

实验 4(Ⅱ) 恒压过滤常数测定实验

一、实验目的

(1) 熟悉板框压滤机的构造和操作方法。

(2) 通过恒压过滤实验,验证过滤基本理论。

(3) 学会测定过滤常数 K、q_e、τ_e 及压缩性指数 s 的方法。

(4) 了解过滤压力对过滤速率的影响。

二、实验内容及实验原理

1. 实验内容

(1) 通过观看实验室实物和图像,了解板框压滤机的构造和流程。

(2) 在不同压力下进行恒压过滤实验,测定一系列过滤速率。

(3) 进行滤饼的清洗实验,比较相同压力下清洗液流动速率和过滤速率的大小。

(4) 测定不同操作压力下的过滤常数 K 和滤饼的压缩性指数 s。

2. 实验原理

过滤是以某种多孔物质为介质来处理悬浮液以达到固液分离目的的一种操作过程，即在外力作用下，悬浮液中的液体通过固体颗粒层（即滤渣层）及多孔介质的孔道而固体颗粒被截留下来形成滤渣层，从而实现固、液分离。因此，过滤操作本质上是流体通过固体颗粒层的流动，而这个固体颗粒层的厚度随着过滤的进行而不断增加，故在恒压过滤操作中，过滤速率不断减小。

过滤速率 u 定义为单位时间、单位过滤面积内通过过滤介质的滤液量。影响过滤速率的主要因素除过滤推动力（压差）Δp、滤饼厚度 L 外，还有滤饼和悬浮液的性质、悬浮液温度、过滤介质的阻力等。

过滤时滤液流过滤渣和过滤介质的流动过程基本上处在层流流动范围内，因此，可利用流体通过固定床压降的简化模型，寻求滤液量与时间的关系，过滤速率计算式为

$$u=\frac{\mathrm{d}V}{A\,\mathrm{d}\tau}=\frac{\mathrm{d}q}{\mathrm{d}\tau}=\frac{A\Delta p^{1-s}}{\mu rC(V+V_e)}=\frac{A\Delta p^{1-s}}{\mu r'C'(V+V_e)} \tag{3-4(Ⅱ)-1}$$

式中：u——过滤速率，m/s；

V——通过过滤介质的滤液量，m^3；

A——过滤面积，m^2；

τ——过滤时间，s；

q——通过单位面积过滤介质的滤液量，m^3/m^2；

Δp——过滤压力（表压），Pa；

s——滤渣压缩性系数；

μ——滤液的黏度，Pa·s；

r——滤渣比阻，m^{-2}；

C——单位滤液体积的滤渣体积，m^3/m^3；

V_e——过滤介质的当量滤液体积，m^3；

r'——滤渣比阻，m/kg；

C'——单位滤液体积的滤渣质量，kg/m^3。

对于一定的悬浮液，在恒温和恒压下过滤时，μ、r、C 和 Δp 都恒定，为此令

$$K=\frac{2\Delta p^{1-s}}{\mu rC} \tag{3-4(Ⅱ)-2}$$

于是式(3-4(Ⅱ)-1)可改写为

$$\frac{\mathrm{d}V}{\mathrm{d}\tau}=\frac{KA^2}{2(V+V_e)} \tag{3-4(Ⅱ)-3}$$

式中：K——过滤常数，由物料特性及过滤压差决定，m^2/s。

将式(3-4(Ⅱ)-3)分离变量积分，整理得

$$\int_{V_e}^{V+V_e}(V+V_e)\mathrm{d}(V+V_e)=\frac{1}{2}KA^2\int_0^{\tau}\mathrm{d}\tau \tag{3-4(Ⅱ)-4}$$

即

$$V^2+2VV_e=KA^2\tau \tag{3-4(Ⅱ)-5}$$

将式(3-4(Ⅱ)-4)的积分范围改为从 0 到 V_e和从 0 到 τ_e,则

$$V_e^2=KA^2\tau_e \tag{3-4(Ⅱ)-6}$$

将式(3-4(Ⅱ)-5)和式(3-4(Ⅱ)-6)相加,可得

$$(V+V_e)^2=KA^2(\tau+\tau_e) \tag{3-4(Ⅱ)-7}$$

式中:τ_e——虚拟过滤时间,相当于滤出滤液量 V_e所需时间,s。

再将式(3-4(Ⅱ)-7)微分,得

$$2(V+V_e)\mathrm{d}V=KA^2\mathrm{d}\tau \tag{3-4(Ⅱ)-8}$$

将式(3-4(Ⅱ)-8)写成差分形式,则

$$\frac{\Delta\tau}{\Delta q}=\frac{2}{K}\bar{q}+\frac{2}{K}q_e \tag{3-4(Ⅱ)-9}$$

式中:Δq——每次测定的单位过滤面积的滤液体积(在实验中一般等量分配),m^3/m^2;

$\Delta\tau$——每次测定的滤液体积 Δq 所对应的时间,s;

$\bar{q}$——相邻两个 q 值的平均值,m^3/m^2;

q_e——当量滤液量,m^3/m^2。

以 $\Delta\tau/\Delta q$ 为纵坐标,$\bar{q}$ 为横坐标将式(3-4(Ⅱ)-9)标绘成一条直线,可得该直线的斜率和截距:

斜率

$$s=\frac{2}{K}$$

截距

$$I=\frac{2}{K}q_e$$

则

$$K=\frac{2}{s}$$

$$q_e=\frac{KI}{2}=\frac{I}{s}$$

$$\tau_e=\frac{q_e^2}{K}=\frac{I^2}{Ks^2}$$

改变过滤压差 Δp,可测得不同的 K 值,由 K 的定义式(3-4(Ⅱ)-2)两边取对数得

$$\lg K=(1-s)\lg(\Delta p)+B \tag{3-4(Ⅱ)-10}$$

在实验压差范围内,若 B 为常数,则 $\lg K$-$\lg(\Delta p)$的关系在直角坐标系中应是一条直线,斜率为 $1-s$,从而可得滤饼压缩性指数 s。

三、实验装置和流程

板框压滤系统，由空压机、配料罐、压力罐、板框过滤机等组成，其流程如图3-4(Ⅱ)-1所示。

板框过滤机：框2个，框厚度20 mm，每个框过滤面积0.0177 m^2。

空压机：风量0.06 m^3/min，最大气压0.8 MPa。

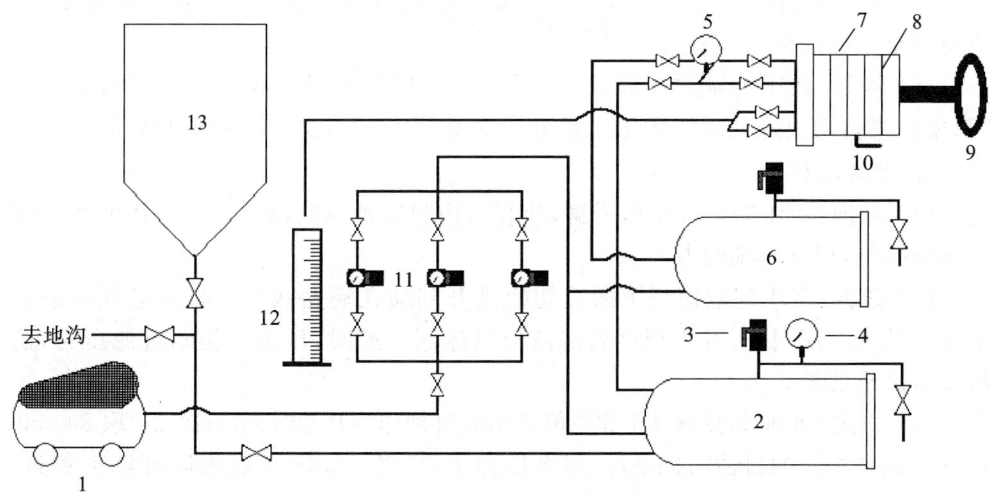

图 3-4(Ⅱ)-1　板框压滤系统过滤流程图

1—空压机；2—压力罐；3—安全阀；4、5—压力计；6—清水罐；7—滤框；8—滤板；9—手轮；10—通孔切换阀；11—调压阀；12—量筒；13—配料罐

$CaCO_3$的悬浮液在配料罐内配制成一定浓度后，利用压差送入压力罐中，用压缩空气加以搅拌使$CaCO_3$不沉降，同时利用压缩空气的压力将滤浆送入板框压滤机过滤，滤液流入量筒计量，压缩空气从压力罐上排空管中排出。

四、操作步骤

1. 实验准备

(1) 配料：在配料罐内配制含$CaCO_3$ 10%～30%（质量分数）的水悬浮液，$CaCO_3$事先用天平称重，水位高度按标尺示数，筒身直径为35 mm。配制时，应将配料罐底部阀门关闭。

(2) 搅拌：开启空压机，将压缩空气通入配料罐（空压机的出口小球阀保持半开状态，进入配料罐的两个阀门保持适当开度），使$CaCO_3$悬浮液搅拌均匀。搅拌时，应将配料罐的顶盖合上。

(3) 设定压力：分别打开进压力罐的三路阀门，空压机过来的压缩空气经各定值调节阀分别设定为0.1 MPa、0.2 MPa和0.25 MPa(出厂已设定,实验时不需要再调压。若欲进行0.25 MPa以上的压力过滤,需调节压力罐安全阀)。设定定值调节阀时,压力罐泄压阀可略开。

(4) 装板框:正确装好滤板、滤框及滤布。滤布使用前用水浸湿,滤布要绷紧,不能起皱。滤布紧贴滤板,密封垫紧贴滤布。(注意:用螺旋装置压紧时,千万不要把手指压伤,先慢慢转动手轮使板框合上,再压紧。)

(5) 灌清水:向清水罐通入自来水,液面达视镜高度的2/3左右。灌清水时,应将安全阀处的泄压阀打开。

(6) 灌料:在压力罐泄压阀打开的情况下,打开配料罐和压力罐间的进料阀门,使料浆自动由配料罐流入压力罐至其视镜1/2～2/3处,关闭进料阀门。

2. 过滤过程

(1) 鼓泡:通压缩空气至压力罐,使容器内料浆被不断搅拌。压力罐的排气阀应不断排气,但又不能喷浆。

(2) 过滤:将中间双面板下通孔切换阀开到通孔通路状态。打开进板框前料液进口的两个阀门,打开出板框后清液出口球阀。此时,压力计指示过滤压力,清液出口流出滤液。

(3) 每次实验应将滤液从汇集管刚流出的时刻作为开始时刻,每次ΔV取800 mL左右。记录相应的过滤时间$\Delta\tau$。每个压力下,测量8～10个数据即可停止实验。若欲得到干而厚的滤饼,则应每个压力下做到没有清液流出为止。量筒交替接滤液时不要流失滤液,等量筒内滤液静止后读出ΔV值。(注意:ΔV约为800 mL时替换量筒,这时量筒内滤液量并非正好800 mL。要事先熟悉量筒刻度,不要打碎量筒),此外,要熟悉双秒表轮流读数的方法。

(4) 一个压力下的实验完成后,先打开泄压阀使压力罐泄压。卸下滤框、滤板、滤布进行清洗,清洗时滤布不要折叠。每次滤液及滤饼均收集在小桶内,滤饼弄细后重新倒入配料罐内搅拌配料,进入下一个压力实验。若清水罐中水不足,可补充一定水,补水时仍应打开该罐的泄压阀。

3. 清洗过程

(1) 关闭板框过滤机的进出阀门。将中间双面板下通孔切换阀开到通孔关闭状态(阀门手柄与滤板平行时为过滤状态,垂直时为清洗状态)。

(2) 打开清洗液进入板框的进出阀门(板框前有两个进口阀,板框后有一个出口阀)。此时,压力计指示清洗压力,清液出口处流出清洗液。清洗液流动速率比同压力下过滤速率小很多。

(3) 清洗液流动约1 min,可通过观察混浊程度的变化情况来判断结束的时机。一般物料可不进行清洗过程。结束清洗过程时,也是关闭清洗液进出板框的阀门,关闭定值调节阀后进气阀门。

4. 实验结束

(1) 先关闭空压机出口球阀,再关闭空压机电源。

(2) 打开安全阀处泄压阀,使压力罐和清水罐泄压。

(3) 卸下滤框、滤板、滤布并进行清洗,清洗时滤布不要折叠。

(4) 将压力罐内物料压到配料罐内以备下次使用,或将该两罐物料直接排空后用清水冲洗。

五、实验数据整理

1. 实验数据记录

将原始数据记录于表 3-4(Ⅱ)-1 中。

表 3-4(Ⅱ)-1　不同操作压力下 800 mL 滤液的过滤时间

操作压力/MPa	过滤时间/s							
	1	2	3	4	5	6	7	8
0.1								
0.2								
0.25								

2. 数据处理

(1) 滤饼常数 K 的求取。

下面以 $\Delta p=0.1$ MPa 时的一组数据为例。

过滤面积 $A=0.0177\times 2\ m^2=0.0254\ m^2$

$\Delta V_1=637\times 10^{-6}\ m^3$,　$\Delta \tau_1=31.98\ s$

$\Delta V_2=630\times 10^{-6}\ m^3$,　$\Delta \tau_2=35.67\ s$

$\Delta q_1=\Delta V_1/A=637\times 10^{-6}/0.0254\ m^3/m^2=0.0250787\ m^3/m^2$

$\Delta q_2=\Delta V_2/A=630\times 10^{-6}/0.0254\ m^3/m^2=0.02480315\ m^3/m^2$

$\Delta \tau_1/\Delta q_1=31.98/0.0250787\ s\cdot m^2/m^3=1275.18\ s\cdot m^2/m^3$

$\Delta \tau_2/\Delta q_2=35.67/0.02480315\ s\cdot m^2/m^3=1438.124\ s\cdot m^2/m^3$

$q_0=0\ m^3/m^2$

$q_1=q_0+\Delta q_1=0.0250787\ m^3/m^2$

$q_2=q_1+\Delta q_2=0.049882\ m^3/m^2$

$\bar{q}_1=(q_0+q_1)/2=0.01253937\ m^3/m^2$

$\bar{q}_2=(q_1+q_2)/2=0.03748031\ m^3/m^2$

依次算出多组 $\Delta \tau/\Delta q$ 及$\bar{q}$。在直角坐标系中绘制 $\Delta \tau/\Delta q$-$\bar{q}$ 的关系曲线,如图 3-4(Ⅱ)-2 所示,从该图中读出斜率,可求得 K。不同压力下的 K 值列于表

3-4(Ⅱ)-2中。

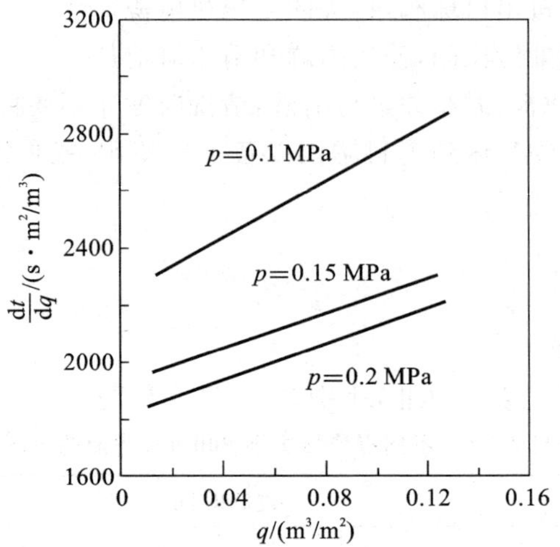

图 3-4(Ⅱ)-2　$\Delta\tau/\Delta q$-$\bar{q}$曲线

表 3-4(Ⅱ)-2　不同压力下的 K 值

Δp/MPa	过滤常数 K/(m^2/s)
0.1	8.524×10^{-5}
0.15	1.191×10^{-4}
0.2	1.486×10^{-4}

(2) 滤饼压缩性指数 s 的求取。

计算举例:在压力 Δp=0.1 MPa 时的 $\Delta\tau/\Delta q$-$\bar{q}$ 直线上,回归得线性方程,斜率为 $2/K_3$,则 K_3=0.00008524。

将不同压力下测得的 K 值作 $\lg K$-$\lg(\Delta p)$曲线,如图 3-4(Ⅱ)-3 所示,也回归得线性方程,根据斜率为 $1-s$,可计算得 s=0.198。

六、注意事项

(1) 搅拌料液时,为避免料液喷溅,空压机的出口球阀保持半开状态,进入配料罐的两个阀门保持适当开度,同时将配料罐的顶盖合上。

(2) 在夹紧滤布时,先慢慢转动手轮使板框合上,然后压紧,千万不要将手指压伤。

(3) 滤布使用前用水浸湿,滤布要绷紧,不能起皱。滤布紧贴滤板,密封垫紧贴滤布,否则会导致过滤操作失败。

(4) 每次滤液及滤饼均收集在小桶内,以便下次实验重复使用。

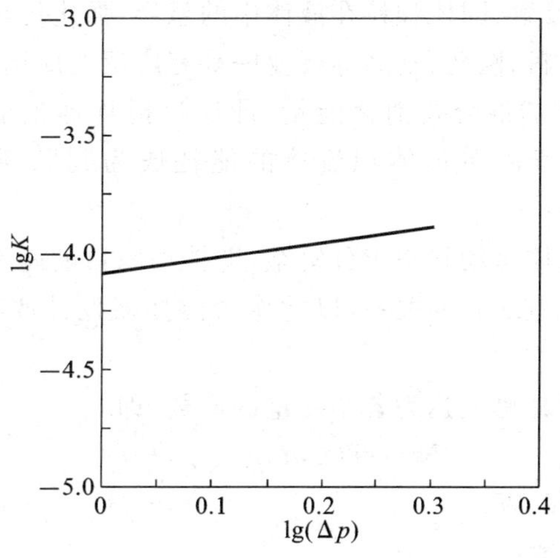

图 3-4(Ⅱ)-3　lgK-lg(Δp)曲线

(5) 实验结束后,将压力罐内物料压到配料罐内,既可供下次实验使用,又可防止悬浊液中的碳酸钙沉积在罐底。

七、思考题

(1) 板框过滤机的优缺点是什么?适用于什么场合?

(2) 板框过滤机的操作分哪几个阶段?

(3) 为什么过滤开始时,滤液常常有点混浊,一段时间后才变澄清?

(4) 影响过滤速率的主要因素有哪些?当你在某一恒压下测得 K、q_e、τ_e 的值后,若将过滤压力提高一倍,上述三个值将有何变化?

实验 5　搅拌实验

实验 5*
搅拌实验

一、实验目的

(1) 掌握搅拌功率曲线的测定方法。

(2) 了解搅拌功率的影响因素及其关联方法。

(3) 在羧甲基纤维素钠(CMC)水溶液中,分别测定搅拌釜中气-液相和液-液相搅拌功率曲线。

二、实验原理

搅拌操作是重要的化工单元操作之一,它常用于互溶液体的混合、不互溶液体的分散和接触、气液接触、固体颗粒在液体中的悬浮、强化传热及化学反应等过程，在石油、废水处理、染料、医药、食品等行业中都有广泛的应用。

搅拌过程中流体的混合要消耗能量，即通过搅拌器把能量输入被搅拌的流体中去。因此，搅拌釜内单位体积流体的能耗成为判断搅拌过程好坏的依据之一。

由于搅拌釜内液体运动状态十分复杂，搅拌功率目前尚不能由理论得出，只能由实验获得它和多变量之间的关系，以此作为搅拌器设计放大过程中确定搅拌功率的依据。

液体搅拌功率消耗可表达为各个变量的函数，即

$$N = f(n, d, \rho, \mu, g, K)$$

式中：N——搅拌功率，W；

K——无因次系数；

n——搅拌转速，r/s；

d——搅拌器直径，m；

ρ——流体密度，kg/m^3；

μ——流体黏度，Pa · s；

g——重力加速度，m/s^2。

由因次分析法可得下列无因次数群的关联式：

$$\frac{N}{\rho n^3 d^5} = K\left(\frac{d^2 n\rho}{\mu}\right)^x \left(\frac{n^2 d}{g}\right)^y \tag{3-5-1}$$

令 $\frac{N}{\rho n^3 d^5} = N_p$，$N_p$ 称为功率无因次数；$\frac{d^2 n\rho}{\mu} = Re$，$Re$ 为搅拌雷诺数；$\frac{n^2 d}{g} = Fr$，Fr 为搅拌弗劳德数，则

$$N_p = KRe^x Fr^y \tag{3-5-2}$$

令 $\phi = \frac{N_p}{Fr^y}$，ϕ 称为功率因数，则

$$\phi = KRe^x \tag{3-5-3}$$

对于不打旋的系统重力影响极小，可忽略 Fr 的影响，即 $y = 0$，则

$$\phi = N_p = KRe^x \tag{3-5-4}$$

因此，在对数坐标纸上可标绘出 N_p 与 Re 的关系。

搅拌功率计算式：

$$N = IV - (I^2 \times R + Kn^{1.2}) \tag{3-5-5}$$

式中：I——搅拌电机的电枢电流，A；

V——搅拌电机的电枢电压，V；

n——搅拌电机的转速，r/s；

R——搅拌电机内阻,Ω,采用实验现场给出的数据;

K——常数,无因次,采用实验现场给出的数据。

三、实验装置和流程

1. 流程图

实验流程如图 3-5-1 所示。

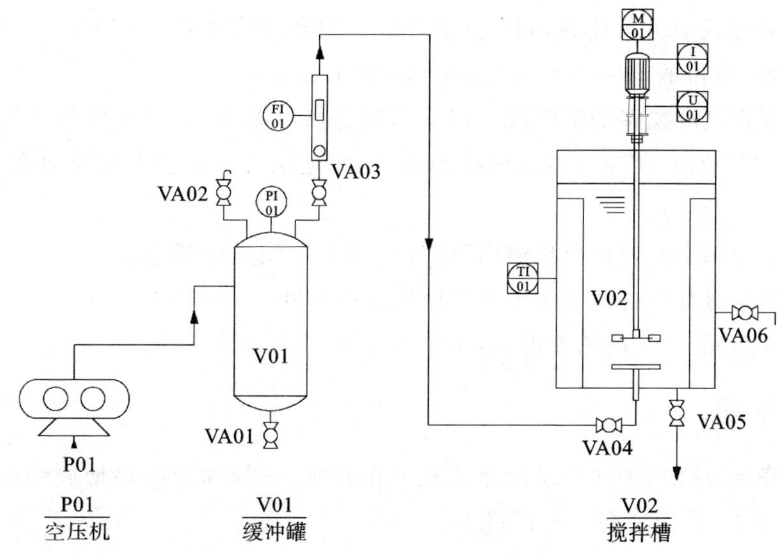

图 3-5-1　搅拌桨特性实验流程图

VA01—缓冲罐放净阀;VA02—缓冲罐放空阀;VA03—缓冲罐出气阀;
VA04—搅拌槽进气阀;VA05—搅拌槽放液阀;VA06—取样阀

实验物系采用的是羧甲基纤维素钠(CMC-Na)的水溶液和空气。

2. 设备、仪器参数

(1) 空压机:220 V,流量 40 L/min,功率 550 W,额定排气压力 0.7 MPa。

(2) 缓冲罐:不锈钢 304 材质,直径 159 mm,容积 5 L。

(3) 搅拌槽:透明有机玻璃材质,内径 280 mm,高度 500 mm,内置 4 块挡板和气体分布器;搅拌桨为六直叶圆盘涡轮,直径 0.1 m。

(4) 转子流量计(FI01):介质为空气,量程 0.25~2.5 m^3/h。

(5) 压力计(PI01):0~1 MPa,精度 1.6 级。

(6) 温度传感器(TI01):Pt100。

(7) 黏度计:10~10^5 mPa·s,配 1~4 号转子,显示方式为数字式。

(8) 调速电机:220 V,245 W,1.5 A,转速范围 0~1500 r/min,电机常数 $K=0.2451$,搅拌电机内阻 $R=18$ Ω。

四、操作步骤

(1) 测定CMC溶液搅拌功率曲线。打开总电源、控制电源,进入控制面板,各仪表显示"0"。打开"电机控制",慢慢调节"电机输出",电机开始转动。在转速100～500 r/min范围内,取10～12个点测试(实验中转速的选择:低转速时搅拌器的转动要均匀;高转速时以流体不出现旋涡为宜)。实验中每调节一个转速,待数据显示基本稳定后方可读数,同时注意观察流型及搅拌情况。每调节一个转速,记录以下数据:电机的电压(V)、电流(A)、转速(r/min)。

(2) 测定气液搅拌功率曲线。以空压机为供气系统,通过气体转子流量计调节至一定空气流量,将空气输入搅拌槽内,同时记录每一转速下的液面高度,其余操作同上。

(3) 实验结束时,将"电机输出"调为0,方可关闭搅拌调速。

(4) 实验过程中每组需测定搅拌槽内流体黏度。

(5) 实验完毕,关闭调速电机,关闭相关阀门,关闭空压机。

五、注意事项

(1) 在向搅拌槽加羧甲基纤维素钠水溶液前,必须保证搅拌槽底部的进气阀处于关闭状态,避免堵塞空气管路。

(2) 电机调速过程要慢,否则易损坏电机。

(3) 黏度计使用后要清洗干净、吹干,否则影响以后的使用。

(4) 在冬季室内温度达到冰点时,严禁设备内存水或物料。

(5) 严禁学生打开电气控制柜,以免发生触电事故。

六、实验数据处理

(1) 记录有关实验数据,完成表3-5-1。

表3-5-1 搅拌桨特性实验数据记录表

温度=______℃ 溶液密度=______kg/m^3 黏度=______Pa·s 空气流量=______m^3/h

序号	转速/(r/min)	直流电流/A	直流电压/V
1			
2			
3			
4			

续表

序 号	转速/(r/min)	直流电流/A	直流电压/V
5			
6			
7			
8			
9			
10			
11			
12			

(2) 在对数坐标纸上绘制 N_p-Re 曲线。

七、思考题

(1)几何相似的搅拌装置能通用搅拌功率曲线吗?

(2)试说明测定 N_p -Re 曲线的实际意义。

实验6 传热实验

本实验包括空气-水物系换热器的操作和传热系数的测定、空气-水蒸气物系换热器传热系数的测定和强化传热、冷空气-热空气物系列管式换热器传热系数的测定,以及计算机数据在线采集及自动控制功能等。根据实际教学需要,可选择部分或全部实验内容进行实验。

一、实验目的

(1) 通过对空气-水蒸气简单套管换热器的实验研究,掌握对流传热系数 α_i 的测定方法,加深对其概念和影响因素的理解。

(2) 通过对管程内部插有螺旋线圈的空气-水蒸气强化套管换热器的实验研究,掌握对流传热系数 α_i 的测定方法,加深对其概念和影响因素的理解。

(3) 学会并应用线性回归分析方法,确定关联式 $Nu=ARe^mPr^{0.4}$ 中常数 A、m 的值。

(4) 由实验数据及关联式 $Nu=ARe^mPr^{0.4}$ 计算出 Nu、Nu_0,求出强化比 Nu/Nu_0,深入理解强化传热的基本理论和基本方式。

二、实验原理

1. 普通套管换热器传热系数测定及准数关联式的确定

(1) 对流传热系数 α_i 的测定。

对流传热系数 α_i 可以根据牛顿冷却定律通过实验测定。因为 $\alpha_i \ll \alpha_o$,所以传热管内的对流传热系数 $\alpha_i \approx K$,K(W/(m^2 · ℃))为热、冷流体间的总传热系数,且

$$K = Q_i / (\Delta t_{mi} \cdot S_i)$$

所以

$$\alpha_i \approx \frac{Q_i}{\Delta t_{mi} \cdot S_i} \tag{3-6-1}$$

式中:α_i ——管内流体对流传热系数,W/(m^2 · ℃);

Q_i——管内传热速率,W;

S_i——管内换热面积,m^2;

Δt_{mi} ——管内平均温度差,℃。

平均温度差由下式确定:

$$\Delta t_{mi} = t_w - t_m \tag{3-6-2}$$

式中:t_m ——冷流体的入口、出口平均温度,℃;

t_w——壁面平均温度,℃。

因为换热器内管为紫铜管,其导热系数很大,且管壁很薄,故认为内壁温度、外壁温度和壁面平均温度近似相等,用 t_w 来表示。由于管外使用蒸汽,因此 t_w 近似等于热流体的平均温度。

管内换热面积

$$S_i = \pi d_i L_i \tag{3-6-3}$$

式中:d_i——传热管(紫铜内管)内径,m;

L_i——传热管测量段的实际长度,m。

热量衡算式为

$$Q_i = G_i c_{pi} (t_{i2} - t_{i1}) \tag{3-6-4}$$

其中 t_{i1}、t_{i2} 为管壁两侧温度,质量流量 G_i 由下式求得:

$$G_i = \frac{V_i \rho_i}{3600} \tag{3-6-5}$$

式中:V_i——冷流体在套管内的平均体积流量,m^3/ h;

c_{pi}——冷流体的定压比热,kJ / (kg · ℃);

ρ_i——冷流体的密度,kg /m^3。

c_{pi}和 ρ_i可根据定性温度 t_m查得,$t_m = \frac{t_{i1} + t_{i2}}{2}$ 为冷流体进、出口平均温度。t_{i1}、

t_{i2}、t_w、V_i可采取一定的测量方法得到。

(2) 对流传热系数准数关联式的实验确定。

流体在管内做强制湍流，处于被加热状态，准数关联式为

$$Nu_i = A Re_i^m Pr_i^n \tag{3-6-6}$$

其中
$$Nu_i = \frac{\alpha_i d_i}{\lambda_i}, \quad Re_i = \frac{u_i d_i \rho_i}{\mu_i}, \quad Pr_i = \frac{c_{pi}\mu_i}{\lambda_i}$$

物性数据 λ_i、c_{pi}、ρ_i、μ_i可根据定性温度 t_m查得。经过计算可知，对于管内被加热的空气，普兰特数 Pr_i变化不大，可以认为是常数，则关联式简化为

$$Nu_i = A Re_i^m Pr_i^{0.4} \tag{3-6-7}$$

这样通过实验确定不同流量下 Re_i与 Nu_i，然后用线性回归方法确定 A 和 m 的值。

2. 强化套管换热器传热系数、准数关联式及强化比的测定

强化传热技术，可以使初设计的传热面积减小，从而减小换热器的体积和质量，提高现有换热器的换热能力，达到强化传热的目的。同时换热器能够在较低温度差下工作，减小换热器工作阻力，以减少动力消耗，更合理有效地利用能源。

强化传热的方法有多种，本实验装置采用了多种强化方式。其中螺旋线圈强化管的结构如图 3-6-1 所示，螺旋线圈由直径在 3 mm 以下的铜丝和钢丝按一定节距绕成。将金属螺旋线圈插入并固定在管内，即可构成一种强化管。在近壁区域，流体一方面由于螺旋线圈的作用而发生旋转，另一方面还周期性地受到线圈的螺旋金属丝的扰动，因而可以使传热强化。由于绕制线圈的金属丝直径很细，流体旋流强度也较弱，因此阻力较小，有利于节省能源。螺旋线圈是以线圈节距 H 与管内径 d 的比值以及管壁粗糙度 $2d/h$ 为主要技术参数，且长径比是影响传热效果和阻力系数的重要因素。

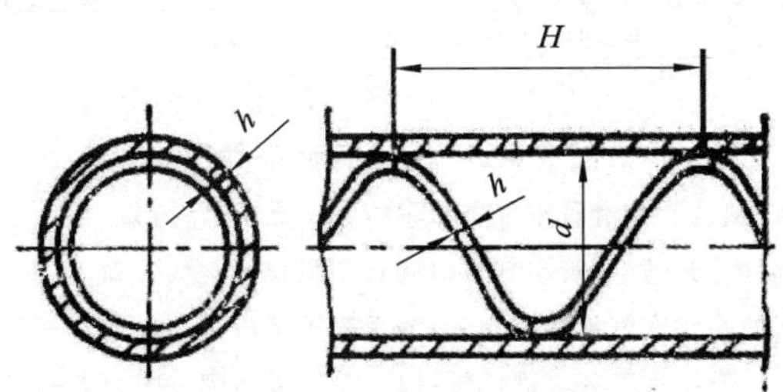

图 3-6-1　螺旋线圈强化管的结构

科学家通过实验研究总结了形式为 $Nu = A Re^m$ 的经验公式，其中 A 和 m 的值因强化方式不同而不同。在本实验中，确定不同流量下的 Re_i与 Nu_i，用线性回归方法可确定 A 和 m 的值。

单纯研究强化手段的强化效果(不考虑阻力的影响),可以用强化比的概念作为评判准则,它的形式是:Nu/Nu_0,其中 Nu 是强化管的努塞尔数,Nu_0 是普通管的努塞尔数,显然,强化比 $Nu/Nu_0>1$,而且它的值越大,强化效果越好。需要说明的是,如果评判强化方式的真正效果和经济效益,则必须考虑阻力因素,阻力系数随着换热系数的增加而增加,从而导致换热性能的降低和能耗的增加,只有强化比较高且阻力系数较小的强化方式,才是最佳的强化方案。

三、实验装置和流程

1. 流程图

实验流程如图 3-6-2 所示。

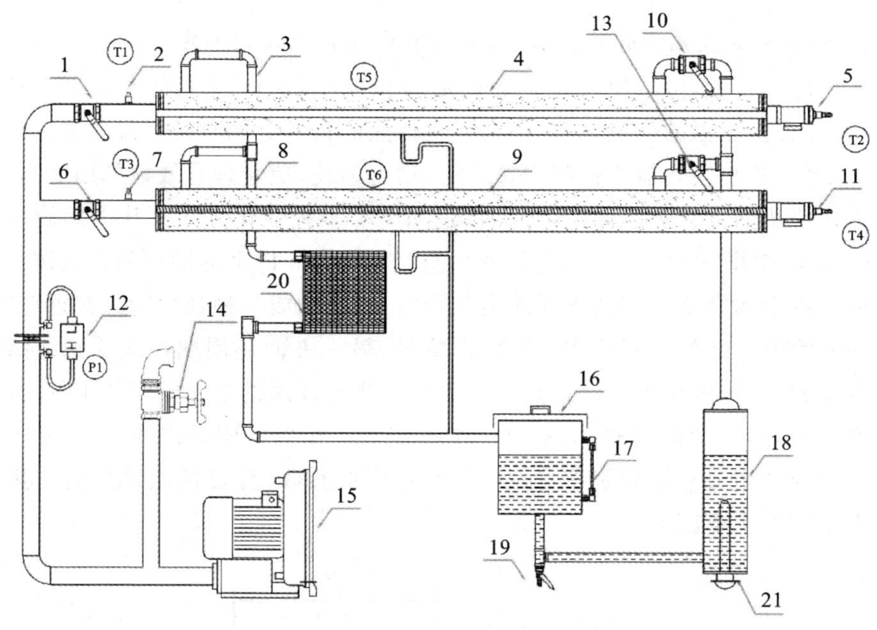

图 3-6-2　传热实验流程图

1—光滑管空气进口阀;2—光滑管空气进口温度;3—光滑管蒸汽出口;4—光滑套管换热器;5—光滑管空气出口温度;6—强化管空气进口阀;7—强化管空气进口温度;8—强化管蒸汽出口;9—内插有螺旋线圈的强化套管换热器;10—光滑套管蒸汽进口阀;11—强化管空气出口温度;12—孔板流量计;13—强化套管蒸汽进口阀;14—空气旁路调节阀;15—旋涡气泵;16—储水罐;17—液位计;18—蒸汽发生器;19—排水阀;20—散热器;其中 2、5、7、11、12 为测试点

2. 传热实验装置面板

传热实验装置面板如图 3-6-3 所示。

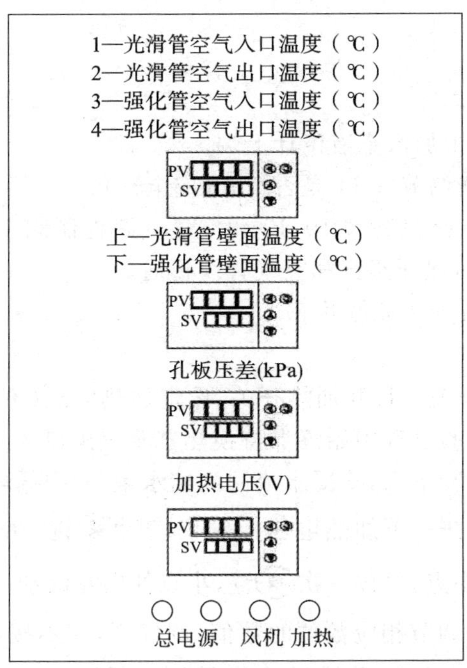

图 3-6-3　传热实验装备面板

3. 设备、仪表参数

设备、仪表参数如表 3-6-1 所示。

表 3-6-1　设备、仪表参数

项　　目		数值或型号
实验内管内径 d_i		20.0 mm
实验内管外径 d_o		22.0 mm
实验外管内径 D_i		50 mm
实验外管外径 D_o		57.0 mm
测量段（紫铜内管）长度 L		1.200 mm
强化管内插物（螺旋线圈）	丝径 h	1 mm
	节距 H	40 mm
孔板流量计	流量系数 c_0	0.65
	孔径 d_0	0.017 m
旋涡气泵		XGB-12 型
加热釜	操作电压	≤200 V
	操作电流	≤10 A

四、操作步骤

1. 实验前的准备工作

(1) 向储水罐 16 中加水至液位计上端。

(2) 检查空气旁路调节阀 14 是否全开(应全开)。

(3) 检查蒸汽管支路控制阀 10、13 和空气支路控制阀 1、6 是否已打开(应保证有一路是开启状态),保证蒸汽和空气管线畅通。

(4) 确认加热系统处于完好状态。

2. 实验操作

(1) 合上电源总开关。打开加热开关,设定加热电压(不得大于 200 V),直至有蒸汽冒出,在整个实验过程中始终保持换热器蒸汽出口 3 或 8 处有蒸汽冒出,经过散热器 20 将蒸汽冷凝下来,冷凝水流回到储水罐 16 中循环使用。

加热电压的设定:按一下加热电压控制仪表的◀键,在仪表的 SV 显示窗中右下方出现一闪烁的小点,每按一次◀键,小点便向左移动一位,小点在哪个数位就可以利用▲、▼键调节相应数位的数值,调好后,在不按动仪表上任何按键的情况下 30 s 后仪表自动确认,并按所设定的数值运行。

(2) 合上面板上风机开关启动风机并用空气旁路调节阀 14 调节空气的流量,在一定的流量下稳定 3～5 min,分别测量空气的流量,空气进、出口的温度(用温度巡检仪测量光滑管空气入口温度、光滑管空气出口温度、粗糙管空气入口温度、粗糙管空气出口温度,以及换热器内管壁面的温度(光滑管壁面温度、粗糙管壁面温度))。然后,在改变流量并稳定后分别测量空气的流量,空气进、出口温度,以及壁面温度后继续实验。

(3) 实验结束后,依次关闭电加热器、风机和总电源。设备、仪表复原。

五、实验数据处理

填写原始数据记录表,将有关数据进行整理,写出典型数据的计算过程,绘制实验准数关联图。

下面举例说明实验数据处理(以表 3-6-2(普通管)第 1 组数据为例)。

孔板流量计压差 $\Delta p=0.9$ kPa,壁面温度 $t_w=99.4$ ℃。

进口温度 $t_1=14.4$ ℃,出口温度 $t_2=63.5$ ℃。

(1) 传热管流通截面积 F 及换热面积 S_i 的计算。

内径

$$d_i=20.0\ \mathrm{mm}=0.0200\ \mathrm{m}$$

流通截面积

$$F=\pi d_{\rm i}^2/4=3.14\times(0.0200)^2/4\ {\rm m^2}=0.000314\ {\rm m^2}$$

传热管有效长度

$$L=1.200\ {\rm m}$$

换热面积

$$S_{\rm i}=\pi L d_{\rm i}=3.14\times1.200\times0.0200\ {\rm m^2}=0.07536\ {\rm m^2}$$

(2) 传热管测量段空气平均物性常数的确定。

先算出测量段空气的定性温度(℃)，为简化计算，取空气进口温度 t_1(℃)及出口温度 t_2(℃)的平均值，即

$$t_{\rm m}=\frac{t_1+t_2}{2}=\frac{14.4+63.5}{2}\ ℃=38.95\ ℃$$

据此查得：

测量段进口空气的密度 $\rho_1=1.23\ {\rm kg/m^3}$；

测量段空气的平均密度 $\rho_{\rm m}=1.14\ {\rm kg/m^3}$；

测量段空气的平均比热 $c_p=1005\ {\rm J/(kg\cdot K)}$；

测量段空气的平均导热系数 $\lambda=0.0274\ {\rm W/(m\cdot K)}$；

测量段空气的平均黏度 $\mu_{\rm m}=1.91\times10^{-5}\ {\rm Pa\cdot s}$。

(3) 传热管测量段空气的平均普兰特数的0.4次方为

$$Pr^{0.4}=0.86$$

(4) 空气流过测量段平均体积 $V({\rm m^3/h})$的计算。

孔板流量计体积流量

$$\begin{aligned}V_1&=c_0A_0\sqrt{\frac{2\times\Delta p}{\rho_1}}\\&=0.65\times3.14\times0.017^2\times3600/4\times\sqrt{\frac{2\times0.9\times1000}{1.23}}\ {\rm m^3/h}\\&=20.31\ {\rm m^3/h}\end{aligned}$$

传热管内平均体积流量

$$V=V_1\times\frac{273+t_{\rm m}}{273+t_1}=20.31\times\frac{273+38.95}{273+14.4}\ {\rm m^3/h}=22.04\ {\rm m^3/h}$$

(5) 平均流速 u 的计算。

$$u=V/(F\times3600)=22.04/(0.000314\times3600)\ {\rm m/s}=19.50\ {\rm m/s}$$

(6) 冷、热流体间的平均温度差 $\Delta t_{\rm m}$(℃)的计算。

测得 $t_{\rm W}=99.4$ ℃，则

$$\Delta t_{\rm m}=t_{\rm W}-\frac{t_1+t_2}{2}=(99.4-38.95)℃=60.45\ ℃$$

(7) 其他项计算。

传热速率

$$Q = \frac{V\rho_m c_p \Delta t}{3600} = \frac{22.04 \times 1.14 \times 1005 \times (63.5 - 14.4)}{3600} \text{ W}$$

$$= 344.40 \text{ W}$$

$$\alpha_i = Q/(\Delta t_m \cdot S_i) = 344.40/(60.45 \times 0.07536) \text{ W}/(\text{m}^2 \cdot ℃)$$

$$= 75.6 \text{ W}/(\text{m}^2 \cdot ℃)$$

传热准数　$Nu = \alpha_i d_i/\lambda = 75.6 \times 0.0200/0.0274 = 55.2$

雷诺数　$Re = d_i u\rho/\mu = 0.0200 \times 19.50 \times 1.14/0.0000191 = 23277$

(8) 作图(图 3-6-4),回归得到准数关联式:

$$Nu = 0.0185\, Re^{0.8022}\, Pr^{0.4}$$

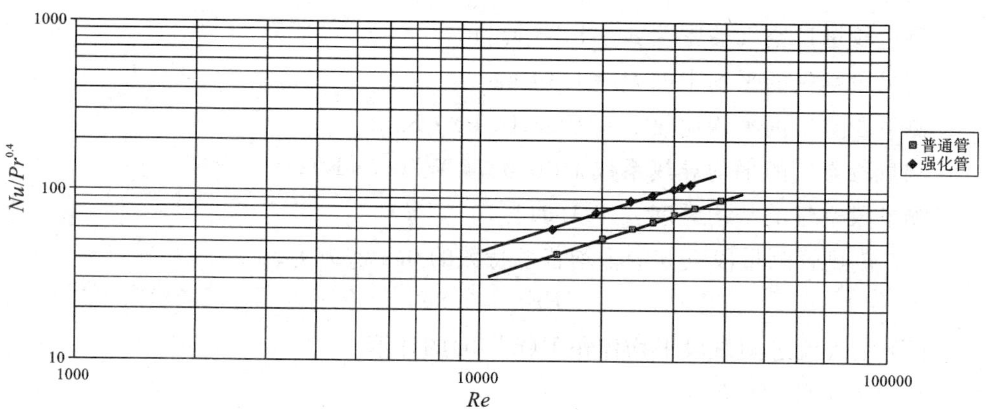

图 3-6-4　传热实验装置实验准数关联图

普通管换热器的实验数据处理结果参见表 3-6-2 内容。

表 3-6-2　实验装置 1 数据记录及整理表(普通管换热器)

序　　号	1	2	3	4	5	6	7
Δp/kPa	0.9	1.5	2.1	2.63	3.35	4.21	5.63
t_1/℃	14.4	15.6	16.2	18.5	20.9	24.1	30.3
ρ_1/(kg/m³)	1.23	1.22	1.22	1.21	1.20	1.19	1.17
t_2/℃	63.5	62.3	61.4	61.6	62	62.8	65.1
t_W/℃	99.4	99.4	99.3	99.2	99.2	99.2	99.2
t_m/℃	38.95	38.95	38.80	40.05	41.45	43.45	47.70
ρ_m/(kg/m³)	1.14	1.14	1.14	1.14	1.13	1.13	1.11
λ/[10^{-2} W/(m·K)]	2.74	2.74	2.74	2.75	2.76	2.77	2.80

续表

序　　号	1	2	3	4	5	6	7
c_p/[J/(kg·K)]	1005	1006	1007	1008	1009	1010	1011
μ_m/(10^{-5} Pa·s)	1.91	1.91	1.91	1.91	1.92	1.93	1.95
Δt/℃	49.10	46.70	45.20	43.10	41.10	38.70	34.80
Δt_m/℃	60.45	60.45	60.50	59.15	57.75	55.75	51.50
V_1/(m^3/h)	20.31	20.83	21.12	22.64	26.85	30.23	35.28
V/(m^3/h)	22.04	28.45	33.58	37.59	42.44	47.56	55.07
u/(m/s)	19.5	25.17	29.71	33.25	37.54	42.08	48.71
Q/W	344.40	423	484	517	552	584	597
α_i/[W/(m^2·℃)]	75.6	93	106	116	127	139	154
Re	23277	30048	35463	39694	44193	49271	55459
Nu	55.2	66	78	85	92	96	99
$Nu/Pr^{0.4}$	86	105	119	130	142	155	170

(9) 重复步骤①～⑧，处理强化管的实验数据。作图，回归得到准数关联式：

$$Nu = 0.0309Re^{0.7884}Pr^{0.4}$$

强化管换热器的实验数据处理结果参见表 3-6-3 内容。

表 3-6-3　实验装置 1 数据记录及整理表(强化管换热器)

序　　号	1	2	3	4	5	6	7
Δp/kPa	0.88	1.44	2.11	2.7	3.39	3.73	4.12
t_1/℃	18.3	18	20	23	27.7	30.7	34.1
ρ_1/(kg/m^3)	1.21	1.21	1.21	1.20	1.18	1.17	1.16
t_2/℃	78.7	77.7	77	77.1	77.7	78.4	79.4
t_W/℃	99.5	99.5	99.4	99.5	99.5	99.4	99.5
t_m/℃	48.50	47.85	48.50	50.05	52.70	54.55	56.75
ρ_m/(kg/m^3)	1.11	1.11	1.11	1.11	1.10	1.09	1.08
λ/[10^{-2} W/(m·K)]	2.81	2.81	2.81	2.82	2.84	2.86	2.87
c_p/[J/(kg·K)]	1005	1005	1005	1005	1005	1006	1007
μ_m/(10^{-5} Pa·s)	1.95	1.95	1.95	1.96	1.97	1.98	1.99
Δt/℃	60.40	59.70	57.00	54.10	50.00	47.70	45.30

续表

序　　号	1	2	3	4	5	6	7
Δt_m/℃	51.00	51.65	50.90	49.45	46.80	44.85	42.75
V_1/(m³/h)	20.2	25.9	31.4	35.6	40.2	42.4	44.7
V/(m³/h)	22.3	28.6	34.4	38.9	43.6	45.7	48.0
u/(m/s)	19.8	25.3	30.4	34.4	38.6	40.4	42.5
Q/W	379	479	554	597	618	616	612
α_i/[W/(m²·℃)]	99	123	144	160	175	182	190
Re	22505	28760	34645	38943	43059	44530	46131
Nu	52	65	76	83	89	93	96
$Nu/Pr^{0.4}$	83	101	117	129	139	143	147

六、思考题

(1) 为什么要待热空气进口温度稳定后才读数?

(2) 在实验中有哪些因素影响实验的稳定性?

(3) 本实验采用改变哪种流体流量来达到改变传热系数的目的。

实验 7(Ⅰ)　精馏塔实验

一、实验目的

(1) 了解板式精馏塔的结构和操作方法。

(2) 学习精馏塔性能参数的测量方法,并掌握其影响因素。

二、实验原理

对于二元物系,如已知其气液平衡数据,则根据精馏塔的原料液组成、进料热状况、操作回流比及塔顶馏出液组成、塔底釜液组成可以求出该塔的理论板数 N_T。按照下式可以得到全塔效率 E_T:

$$E_T = \frac{N_T}{N_P} \times 100\% \tag{3-7(Ⅰ)-1}$$

式中:N_P——实际塔板数。

部分回流时,进料热状况的计算式为

$$q = \frac{c_{pm}(t_B - t_F) + r_m}{r_m} \tag{3-7(Ⅰ)-2}$$

式中：t_F——进料温度，℃；

t_B——进料的泡点，℃；

c_{pm}——进料液在平均温度$(t_F+t_P)/2$下的比热，kJ/(kmol·℃)；

r_m——进料液在其组成和泡点下的汽化热，kJ/kmol。

$$c_{pm} = c_{p1}M_1x_1 + c_{p2}M_2x_2 \tag{3-7(Ⅰ)-3}$$

$$r_m = r_1M_1x_1 + r_2M_2x_2 \tag{3-7(Ⅰ)-4}$$

式中：c_{p1}、c_{p2}——纯组分1和纯组分2在平均温度下的比热，kJ/(kg·℃)；

r_1、r_2——纯组分1和纯组分2在泡点下的汽化热，kJ/kg。

M_1、M_2——纯组分1和纯组分2的摩尔质量，kg/kmol。

x_1、x_2——纯组分1和纯组分2在进料中的摩尔分数。

浓度分析使用阿贝折光仪，温度、折光指数与液相中乙醇质量分数的关系如表3-7(Ⅰ)-1所示。

表3-7(Ⅰ)-1 温度-折光指数-液相中乙醇质量分数之间的关系

液相中乙醇质量分数		0	0.05052	0.09985	0.1974	0.2950	0.3977	0.4970	0.5990
折光指数	25 ℃	1.3827	1.3815	1.3797	1.3770	1.3750	1.3730	1.3705	1.3680
	30 ℃	1.3809	1.3796	1.3784	1.3759	1.3755	1.3712	1.3690	1.3668
	35 ℃	1.3790	1.3775	1.3762	1.3740	1.3719	1.3692	1.3670	1.3650
液相中乙醇质量分数		0.6445	0.7101	0.7983	0.8442	0.9064	0.9509	1.000	
折光指数	25 ℃	1.3607	1.3658	1.3640	1.3628	1.3618	1.3606	1.3589	
	30 ℃	1.3657	1.3640	1.3620	1.3607	1.3593	1.3584	1.3574	
	35 ℃	1.3634	1.3620	1.3600	1.3590	1.3573	1.3653	1.3551	

30 ℃下质量分数与阿贝折光仪读数之间的关系也可按下列回归式计算：

$$w = 58.844116 - 42.61325 \times n_D$$

式中：w——乙醇的质量分数；

n_D——折光仪读数（折光指数）。

通过质量分数求出摩尔分数(x_A)，公式如下：

$$x_A = \frac{\dfrac{w}{M_A}}{\dfrac{w}{M_A} + \dfrac{1 - w_A}{M_B}}$$

乙醇摩尔质量 $M_A=46$ g/mol,正丙醇摩尔质量 $M_B=60$ g/mol。

三、实验装置和流程

1. 流程图

实验流程如图 3-7(Ⅰ)-1 所示。

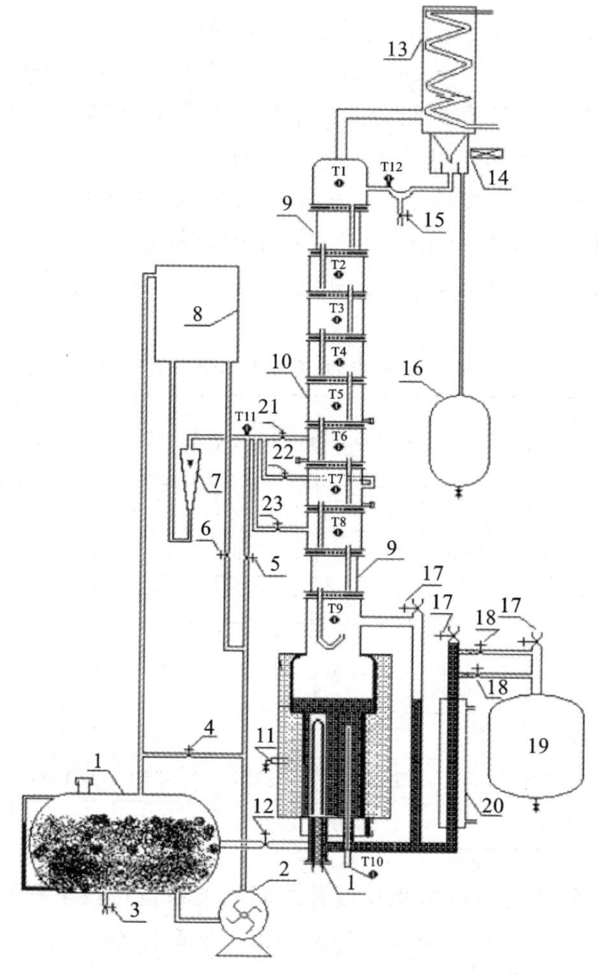

图 3-7(Ⅰ)-1 精馏实验流程图

1—原料储料罐;2—进料泵;3—放料阀;4—料液循环阀;5—直接进料阀;6—间接进料阀;7—流量计;8—高位槽;9—玻璃观察段;10—精馏塔;11—塔釜取样阀;12—釜液放空阀;13—塔顶冷凝器;14—回流比控制器;15—塔顶取样阀;16—塔顶液回收罐;17—放空阀;18—塔釜出料阀;19—塔釜储料罐;20—塔釜冷凝器;21—第 6 块板进料阀;22—第 7 块板进料阀;23—第 8 块板进料阀;T1～T12—测温点

2. 实验设备面板

实验设备面板如图 3-7(Ⅰ)-2 所示。

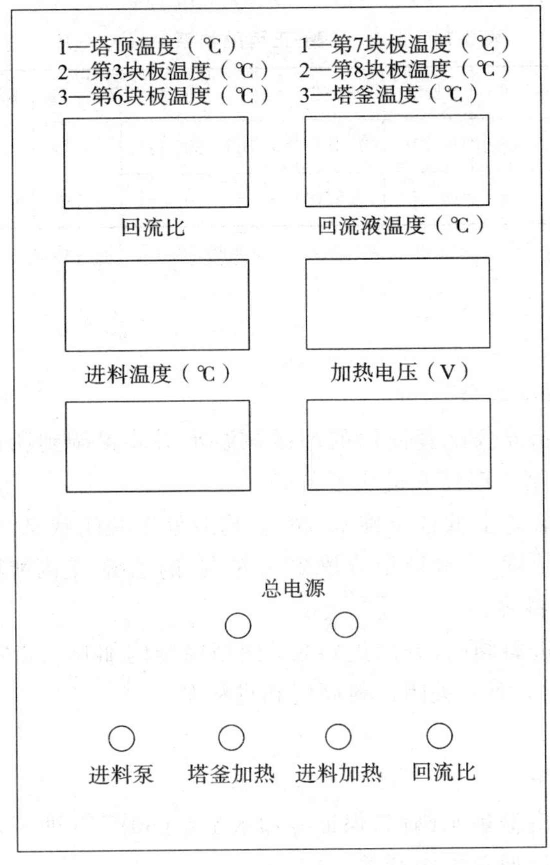

图 3-7(Ⅰ)-2　精馏设备仪表面板

3. 设备参数

精馏塔实验装置结构参数如表 3-7(Ⅰ)-2 所示。

表 3-7(Ⅰ)-2　精馏塔实验装置结构参数

名　称	尺寸/mm			板间距/mm	板数	板型与孔径/mm	降液管尺寸	材质
	直径	壁厚	高度					
塔体	57	3.5	2300	100	9	筛板 2.0	ϕ8 mm×1.5 mm	不锈钢
塔釜	100	2	400					不锈钢
塔顶冷凝器	57	3.5	300					不锈钢
塔釜冷凝器	57	3.5	300					不锈钢

4. 实验物系

实验物系:乙醇-正丙醇,化学纯或分析纯。实验物系平衡关系如表 3-7(Ⅰ)-3 所示。实验物系浓度要求:15%~25%(乙醇质量分数)。

表 3-7(Ⅰ)-3 乙醇-正丙醇物系 t-$x(y)$关系

t	97.60	93.85	92.66	91.60	88.32	86.25	84.98	84.13	83.06	80.50	78.38
x	0	0.126	0.188	0.210	0.358	0.461	0.546	0.600	0.663	0.884	1.0
y	0	0.240	0.318	0.349	0.550	0.650	0.711	0.760	0.799	0.914	1.0

注:以乙醇摩尔分数表示,x 为液相,y 为气相;乙醇沸点为 78.3 ℃,正丙醇沸点为 97.2 ℃。

四、操作步骤

1. 实验前的准备工作

(1) 将与阿贝折光仪配套使用的超级恒温水浴装置调到所需的温度,并记录这个温度。将取样用注射器和镜头纸备好。

(2) 检查实验装置上的各个旋塞、阀门,均应处于关闭状态。

(3) 配制一定浓度(乙醇质量分数 20%左右)的乙醇-正丙醇混合液(总量 15 L 左右),倒入原料储料罐。

(4) 打开直接进料阀门,开启进料泵,向精馏釜内加料到指定高度(冷液面在塔釜总高的 2/3 处),而后关闭进料阀门和进料泵。

2. 实验操作

(1) 全回流操作。

①打开塔顶冷凝器进水阀门,保证冷却水足量(60 L/h 即可)。

②记录室温。接通总电源开关。

③调节加热电压至约 130 V,待塔板上建立液层后再适当加大电压,使塔内维持正常操作。

④ 当各块塔板上鼓泡均匀后,保持加热釜电压不变,在全回流情况下稳定 20 min 左右。此期间要随时观察塔内传质情况,直至操作稳定。分别在塔顶、塔釜取样口用 50 mL 锥形瓶同时取样,通过阿贝折光仪分析样品浓度。

(2) 部分回流操作。

①打开间接进料阀门,开启进料泵,调节转子流量计,以 2.0~3.0 L/h 的流量向塔内加料,用回流比控制器调节至回流比 $R=4$,馏出液收集在塔顶液回收罐中。

②塔釜产品经冷却后由溢流管流出,收集在容器内。

③待操作稳定后,观察塔板上传质状况,记下加热电压、塔顶温度等有关数据,

整个操作过程中维持进料流量计读数不变，分别在塔顶、塔釜和进料三处取样，用阿贝折光仪分析其浓度并记录进塔原料液的温度。

(3) 实验结束。

①取好实验数据并检查无误后可停止实验，此时关闭进料阀门和加热器，关闭回流比控制器。

②停止加热达 10 min 后再关闭冷却水，一切复原。

③根据物系的 t-$x(y)$关系，确定部分回流条件下进料的泡点，并进行数据处理。

五、实验数据处理

填写原始数据记录表，将有关数据进行整理，写出典型数据的计算过程。

下面举例说明实验数据处理(表 3-7(Ⅰ)-4)。

表 3-7(Ⅰ)-4　精馏实验原始数据及处理结果

实际塔板数:9　实验物系:乙醇-正丙醇　阿贝折光仪分析温度:30 ℃

项　目	全回流:$R=\infty$		部分回流:$R=4$　进料量:2 L/h　进料温度:30.4 ℃		
	塔　顶	塔　釜	塔　顶	塔　釜	进　料
折光指数	1.3611	1.3769	1.3637	1.3782	1.3755

1. 全回流

塔顶样品折光指数 $n_D=1.3611$。

乙醇质量分数　$w=58.844116-42.61325\times n_D$

$=58.844116-42.61325\times 1.3611=0.843$

摩尔分数

$$x_D=\frac{\frac{0.843}{46}}{\frac{0.843}{46}+\frac{1-0.843}{60}}=0.875$$

同理:塔釜样品折光指数 $n_D=1.3769$。

乙醇的质量分数　$w=58.844116-42.61325\times n_D$

$=58.844116-42.61325\times 1.3769=0.169$

摩尔分数　$x_W=0.209$

在平衡线和操作线之间图解，得理论板数为 3.53，如图 3-7(Ⅰ)-3 所示。

$$全塔效率\ E_T=\frac{N_T}{N_P}\times 100\%=\frac{3.53}{9}\times 100\%=39.22\%$$

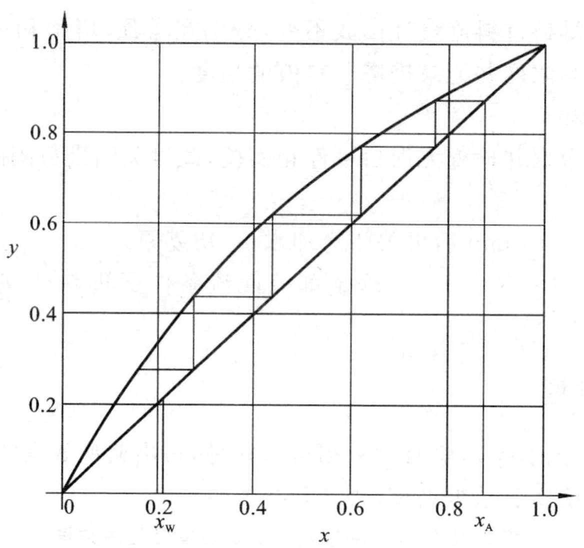

图 3-7(Ⅰ)-3 全回流平衡线和操作线

2. 部分回流($R=4$)

塔顶样品折光指数 $n_D=1.3637$,塔釜样品折光指数 $n_D=1.3782$,进料样品折光指数 $n_D=1.3755$。

根据全回流计算时的方法计算出部分回流时的物质的量浓度 $x_D=0.781$,$x_W=0.144$,$x_F=0.280$。

进料温度 $t_F=30.4$ ℃,在 $x_F=0.280$ 的条件下,根据表 3-7(Ⅰ)-3 中乙醇-正丙醇物系 t-$x(y)$关系数据作图,由图查得泡点为 90.27 ℃。

乙醇在 60.3 ℃下的比热

$$c_{p1}=3.08\ \text{kJ/(kg·℃)}$$

正丙醇在 60.3 ℃下的比热

$$c_{p2}=2.89\ \text{kJ/(kg·℃)}$$

乙醇在 90.27 ℃下的汽化热

$$r_1=821\ \text{kJ/kg}$$

正丙醇在 90.27 ℃下的汽化热

$$r_2=684\ \text{kJ/kg}$$

混合液体比热

$$c_{pm}=[46\times0.280\times3.08+60\times(1-0.280)\times2.89]\ \text{kJ/(kmol·℃)}=164.52\ \text{kJ/(kmol·℃)}$$

混合液体汽化热

$$r_m=[46\times0.280\times821+60\times(1-0.280)\times684]\ \text{kJ/kmol}=40123.28\ \text{kJ/kmol}$$

$$q=\frac{c_{pm}(t_B-t_F)+r_m}{r_m}=\frac{164.52\times(90.27-30.4)+40123.28}{40123.28}=1.25$$

$$q\text{线斜率}=\frac{q}{q-1}=4.98$$

在平衡线和精馏段操作线、提馏段操作线之间图解，得理论板数为 5.013。如图 3-7(Ⅰ)-4 所示。

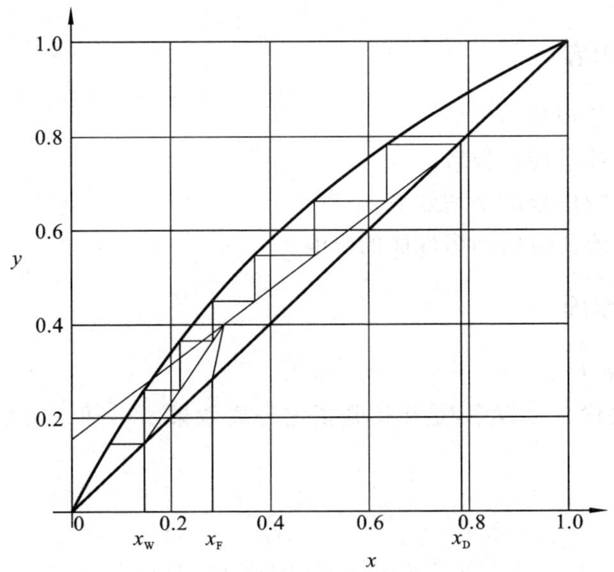

图 3-7(Ⅰ)-4　部分回流平衡线和操作线

$$\text{全塔效率 } E_T=\frac{N_T}{N_P}\times100\%=\frac{5.013}{9}\times100\%=55.70\%$$

第 7 块板单板效率(即液相默弗里板效率)

$$E_{mL}=\frac{x_{n-1}-x_n}{x_{n-1}-x_n^*}=\frac{x_5-x_6}{x_5-x_6^*}=\frac{0.6544-0.5728}{0.6544-0.474}=45.4\%$$

六、思考题

(1) 精馏塔的工作原理是什么?

(2) 精馏塔的主要组成部分有哪些?

实验 7(Ⅱ)　筛板塔精馏单元操作实验

一、实验目的

(1) 了解精馏的基本流程，掌握精馏的基本操作方法。

(2) 了解筛板塔及其附属设备的基本结构。

(3) 学会判断系统达到稳定的方法,掌握测定塔顶、塔釜溶液浓度的实验方法。

(4) 学习测定精馏塔全塔效率和单板效率的方法,研究回流比对精馏塔分离效率的影响。

二、实验内容及实验原理

(一) 实验内容

(1) 观察液泛现象。

(2) 计算精馏塔理论板数。

(3) 测定精馏塔全塔平均效率。

(4) 了解回流比对精馏塔性能的影响。

(二) 实验原理

1. 全塔效率 E_T

全塔效率又称总板效率,是指达到指定分离效果所需理论板数与实际板数的比值,即

$$E_T = \frac{N_T - 1}{N_P} \tag{3-7(Ⅱ)-1}$$

式中:N_T ——完成一定分离任务所需的理论板数,包括蒸馏釜;

N_P ——完成一定分离任务所需的实际塔板数,本装置 $N_P=10$。

全塔效率简单地反映了整个塔内塔板的平均效率,说明了塔板结构、物性系数、操作状况对塔分离能力的影响。对于塔内所需理论板数 N_T,可由已知的双组分物系相平衡关系,以及实验中测得的塔顶、塔釜出液的组成,回流比 R 和热状况 q 等,用图解法求得。

2. 单板效率 E_M

单板效率又称默弗里板效率,如图 3-7(Ⅱ)-1 所示,是指气相或液相经过一层实际塔板前后的组成变化值与经过一层理论板前后的组成变化值之比。

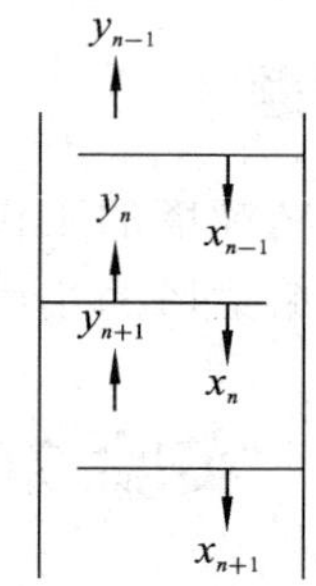

图 3-7(Ⅱ)-1　塔板气液流向示意图

按气相组成变化表示的单板效率为

$$E_{MV} = \frac{y_n - y_{n+1}}{y_n^* - y_{n+1}} \tag{3-7(Ⅱ)-2}$$

按液相组成变化表示的单板效率为

$$E_{ML} = \frac{x_{n-1} - x_n}{x_{n-1} - x_n^*} \tag{3-7(Ⅱ)-3}$$

式中：y_n 、y_{n+1} ——离开第 n、$(n+1)$块塔板的气相组成(摩尔分数)；

x_{n-1} 、x_n ——离开第$(n-1)$、n 块塔板的液相组成(摩尔分数)；

y_n^* ——与 x_n 成平衡的气相组成(摩尔分数)；

x_n^* ——与 y_n 成平衡的液相组成(摩尔分数)。

3. 图解法求理论板数 N_T

图解法又称麦卡勃-蒂列(McCabe-Thiele)法，简称 M-T 法，其原理与逐板计算法完全相同，只是将逐板计算过程在 y-x 图上直观地表示出来。

精馏段的操作线方程为

$$y_{n+1} = \frac{R}{R+1}x_n + \frac{x_D}{R+1} \tag{3-7(Ⅱ)-4}$$

式中：y_{n+1} ——精馏段第$(n+1)$块塔板上升的蒸气组成(摩尔分数)；

x_n ——精馏段第 n 块塔板流下的液体组成(摩尔分数)；

x_D ——塔顶馏出液的液体组成(摩尔分数)；

R ——泡点下的回流比。

提馏段的操作线方程为

$$y_{m+1} = \frac{L'}{L'-W}x_m - \frac{Wx_W}{L'-W} \tag{3-7(Ⅱ)-5}$$

式中：y_{m+1} ——提馏段第$(m+1)$块塔板上升的蒸气组成(摩尔分数)；

x_m ——提馏段第 m 块塔板流下的液体组成(摩尔分数)；

x_W ——塔底釜液的液体组成(摩尔分数)；

L' ——提馏段内流下的液体量，kmol/s；

W ——釜液流量，kmol/s。

加料线(q 线)方程可表示为

$$y = \frac{q}{q-1}x - \frac{x_F}{q-1} \tag{3-7(Ⅱ)-6}$$

其中

$$q = 1 + \frac{c_{pF}(t_S - t_F)}{r_F} \tag{3-7(Ⅱ)-7}$$

式中：q ——进料热状况；

r_F ——进料液组成下的汽化热，kJ/kmol；

t_S ——进料液的泡点，℃；

t_F ——进料液温度，℃；

c_{pF} ——进料液在平均温度 $(t_S - t_F)/2$ 下的比热，kJ/(kmol · ℃)；

x_F ——进料液组成(摩尔分数)。

回流比

$$R = \frac{L}{D} \tag{3-7(Ⅱ)-8}$$

式中：L ——回流液量，kmol/s；

D ——馏出液量，kmol/s。

式(3-7(Ⅱ)-8)只适用于泡点下回流的情况，而实际操作时为了保证上升气流完全冷凝，冷却水量一般比较大，回流液温度往往低于泡点，即冷液回流。如图 3-7(Ⅱ)-2 所示，从全凝器出来的温度为 t_R 、流量为 L 的液体回流入塔顶第 1 块塔板，由于回流温度低于第 1 块塔板上的液相温度，离开第 1 块塔板的一部分上升蒸气将冷凝成液体，这样，塔内的实际流量将大于塔外回流量。

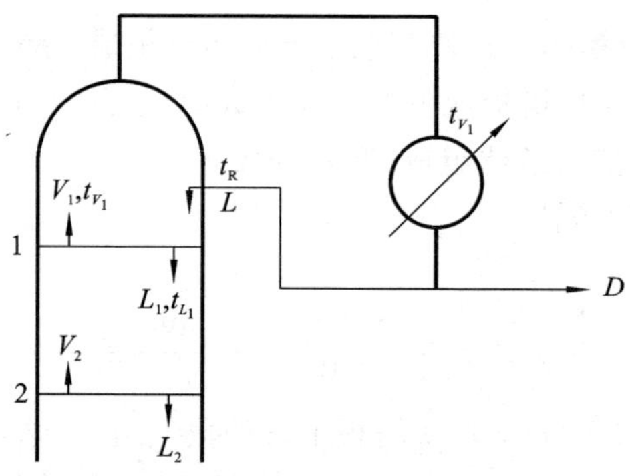

图 3-7(Ⅱ)-2　塔顶回流示意图

对第 1 块塔板作物料、热量衡算：

$$V_1 + L_1 = V_2 + L \tag{3-7(Ⅱ)-9}$$

$$V_1 I_{V_1} + L_1 I_{L_1} = V_2 I_{V_2} + L I_L \tag{3-7(Ⅱ)-10}$$

对式(3-7(Ⅱ)-9)、式(3-7(Ⅱ)-10)整理、化简后，可得

$$L_1 \approx L\left[1 + \frac{c_p(t_{L_1} - t_R)}{r}\right] \tag{3-7(Ⅱ)-11}$$

即实际回流比

$$R_1 = \frac{L_1}{D} \tag{3-7(Ⅱ)-12}$$

$$R_1 = \frac{L\left[1 + \frac{c_p(t_{L_1} - t_R)}{r}\right]}{D} \tag{3-7(Ⅱ)-13}$$

式中：V_1 、V_2 ——离开第 1、2 块塔板的气相摩尔流量，kmol/s；

L_1 ——塔内实际液流量，kmol/s；

I_{V_1} 、I_{V_2} 、I_{L_1} 、I_L ——对应于 V_1 、V_2 、L_1 、L 的焓值，kJ/kmol；

t_R——回流液温度，℃；

t_{L_1}——塔顶蒸气温度，℃；

r——回流液组成下的汽化热，kJ/kmol；

c_p——回流液在 t_{L_1} 与 t_R 平均温度下的平均比热，kJ/(kmol·℃)。

(1) 全回流操作。

在精馏全回流操作时，操作线在 y-x 图上为对角线，如图 3-7(Ⅱ)-3 所示，根据塔顶、塔釜的组成在操作线和平衡线间作梯级，即可得到理论板数。

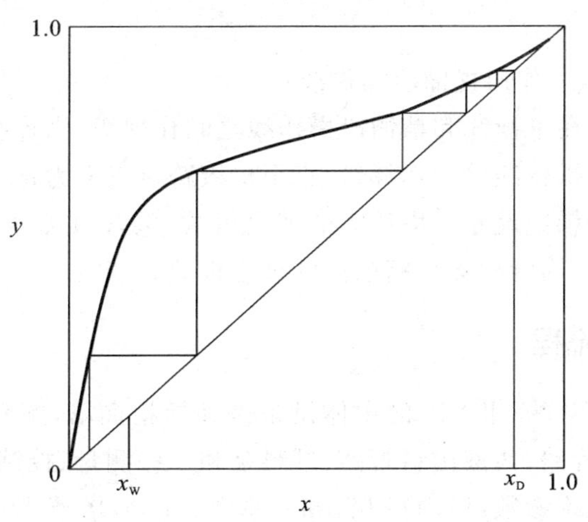

图 3-7(Ⅱ)-3　全回流时理论板数的确定

(2) 部分回流操作。

部分回流操作时，如图 3-7(Ⅱ)-4 所示，图解法的主要步骤如下：

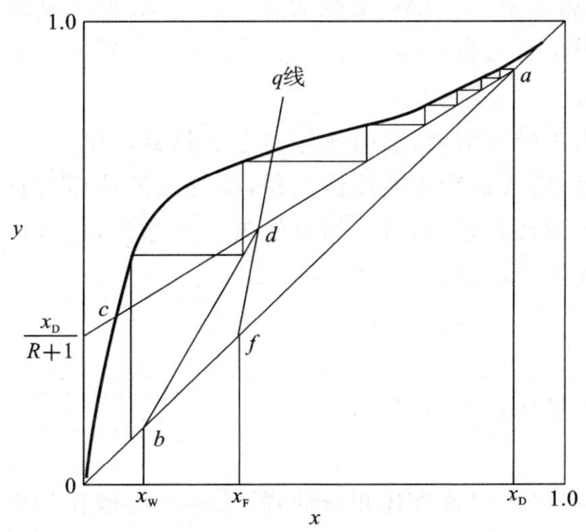

图 3-7(Ⅱ)-4　部分回流时理论板数的确定

①根据物系和操作压力在 y-x 图上作出相平衡曲线，并画出对角线作为辅助线；

②在 x 轴上定出 x_D、x_F、x_W 三点，依次通过这三点作垂线，分别交对角线于点 a、点 f、点 b；

③在 y 轴上定出 $y_c=x_D/(R+1)$ 的点 c，连接点 a、点 c 作出精馏段操作线；

④由进料热状况求出 q 线的斜率 $q/(q-1)$，过点 f 作出 q 线，交精馏段操作线于点 d；

⑤连接点 d、点 b 作出提馏段操作线；

⑥从点 a 开始在平衡线和精馏段操作线之间作梯级，当梯级跨过点 d 时，就改在平衡线和提馏段操作线之间作梯级，直至梯级跨过点 b 为止；

⑦所画的总阶梯数就是全塔所需的理论板数(包含再沸器)，跨过点 d 的那块板就是加料板，其上的阶梯数为精馏段的理论板数。

三、实验装置和流程

本实验装置(图 3-7(Ⅱ)-5)的主体设备是筛板精馏塔，配套的有加料系统、回流系统、产品出料管路、残液出料管路、进料泵和一些测量、控制仪表。

筛板塔主要结构参数：塔内径 68 mm，厚度 2 mm，塔节 ϕ76 mm×4 mm，塔板 10 块，板间距 100 mm。加料位置为由下向上数第 3 块和第 5 块。降液管采用弓形降液管、齿形溢流堰，堰长 56 mm，堰高 7.3 mm，齿深 4.6 mm，齿数 9。降液管底隙 4.5 mm。筛孔直径 1.5 mm，正三角形排列，孔间距 5 mm，开孔数 74。塔釜为内电加热式，加热功率 2.5 kW，有效容积 10 L。塔顶冷凝器、塔釜换热器均为盘管式。单板取样位置为自下而上第 1 块和第 10 块，斜向上管为液相取样口，水平管为气相取样口。

本实验料液为乙醇水溶液，釜内液体由电加热器产生蒸气，逐板上升，经与各板上的液体传质后，进入盘管式换热器壳程，冷凝成液体后再从集液器流出，一部分作为回流液从塔顶流入塔内，另一部分作为产品馏出，进入产品储罐；残液经釜液转子流量计流入残液储罐。

四、操作步骤

本实验的主要操作步骤如下。

1. 全回流

(1) 配制 10%～20%(乙醇体积分数)的乙醇水溶液作为料液，加入料液储罐中，打开进料管路上的阀门，由进料泵将料液打入塔釜，至釜容积的 2/3 处(由塔釜液位计可观察)。

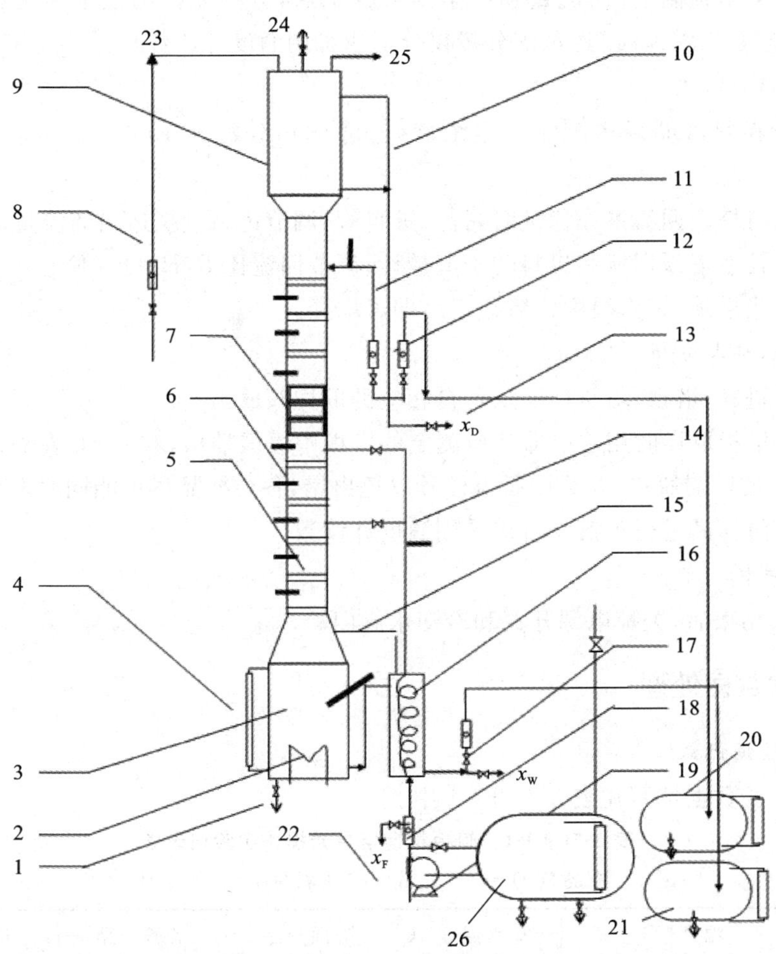

图 3-7(Ⅱ)-5　筛板精馏塔实验装置

1—塔釜排液口；2—电加热器；3—塔釜；4—塔釜液位计；5—塔板；6—温度计；7—观察节；8—冷却水流量计；9—盘管冷凝器；10—塔顶平衡管；11—回流液流量计；12—塔顶出料流量计；13—产品取样口；14—进料管路；15—塔釜平衡管；16—盘管加热器；17—塔釜出料流量计；18—进料流量计；19—进料泵；20—产品储罐；21—残液储罐；22—料液取样口；23—冷却水进口；24—惰性气体出口；25—冷却水出口；26—料液储罐

(2) 关闭塔身进料管路上的阀门，启动电加热管，调节加热电压，使塔釜温度缓慢上升(塔中部玻璃部分较脆弱，若加热过快玻璃极易碎裂，使整个精馏塔报废，故升温过程应尽可能缓慢)。

(3) 打开塔顶冷凝器的冷却水，调节至合适的冷凝量，关闭塔顶出料管路，使整塔处于全回流状态。

(4) 当塔顶温度、回流量和塔釜温度稳定后,分别取样测定塔顶出料液浓度 x_D 和塔釜残液浓度 x_W(送色谱分析仪分析或采用酒度计读数)。

2. 部分回流

(1) 在料液储罐中配制一定浓度(乙醇体积分数为 10%~20%)的乙醇水溶液。

(2) 待塔全回流操作稳定时,打开进料阀,调节进料量至适当的流量。

(3) 控制塔顶回流和出料转子流量计,调节回流比 R(R=1~4)。

(4) 当塔顶、塔内温度读数稳定后即可取样。

3. 取样与分析

(1) 进料、塔顶、塔釜样液从各自相应的取样阀放出。

(2) 塔板取样时用注射器从所测定的塔板中缓缓抽出,取 1 mL 左右注入事先洗净烘干的针剂瓶中,并给该瓶盖标号以免出错,各个样品尽可能同时取样。

(3) 将样品进行色谱分析或采用酒度计读数。

4. 关机

操作结束后,关掉电源开关和冷却水阀门。

五、实验数据处理

1. 数据记录

将实验数据填写在表 3-7(Ⅱ)-1 中。

表 3-7(Ⅱ)-1　筛板精馏塔单元操作实验记录表

回流量 L=　　L/h　　产品量 D=　　L/h　　进料量 F=　　L/h

<table>
<tr><th rowspan="2">加热功率/kW</th><th colspan="4">温度/℃</th><th colspan="2">冷却水温度/℃</th><th colspan="2">塔顶产品</th><th colspan="2">塔釜产品</th><th colspan="2">进　料</th></tr>
<tr><th>回流</th><th>塔釜</th><th>塔板</th><th>塔顶</th><th>进水</th><th>出水</th><th>酒度计示值</th><th>温度/℃</th><th>酒度计示值</th><th>温度/℃</th><th>摩尔分数/(%)</th><th>温度/℃</th></tr>
<tr><td></td><td></td><td></td><td></td><td></td><td></td><td></td><td></td><td></td><td></td><td></td><td></td><td></td></tr>
</table>

注:进料摩尔分数是由配制稀乙醇溶液时的配料量确定的。

2. 数据处理

(1) 实验数据转换。查有关图表,把实验数据中的酒度计读数转换为摩尔浓度。

(2) 求回流比 R。

(3) 求精馏段操作线方程。

(4) 计算 q 值。

(5) 求 q 线方程。

(6) 在乙醇-水气液平衡图上画 q 线与精馏段操作线，作提馏段操作线，求理论板数 N_T。

(7) 求全塔平均效率 E_T。

六、注意事项

(1) 塔顶放空阀一定要打开，否则容易因塔内压力过大导致危险。

(2) 料液一定要加到设定液位的 2/3 处方可打开加热管电源，否则塔釜液位过低会使电加热丝露出干烧而损坏。

(3) 避免在无原料液情况下启动供料泵，以免损坏泵体。中间槽无产品时不得启动回流泵。

(4) 转子流量计转子若被杂物卡死，要及时清洗。

(5) 若长时间内不使用，要将釜液排除干净。

(6) 定期清洗塔身，釜内加入浓度较高的乙醇水溶液，进行全回流操作清洗设备。

(7) 压力计不能过载。

七、思考题

(1) 求理论板数的常用方法有哪些？

(2) 实验过程中，如何判断操作状态已达到稳定？

(3) 什么是全回流操作？全回流操作有哪些特点？在生产中有什么实际意义？

(4) 塔板效率受哪些因素影响？

实验 7(Ⅲ)　填料塔精馏单元操作实验

一、实验目的

(1) 掌握填料塔及其附属设备的基本结构，掌握精馏的基本操作方法。

(2) 学会判断系统达到稳定的方法，掌握测定塔顶、塔釜溶液浓度的实验方法。

(3) 掌握在保持其他条件不变的情况下调节回流比的方法，研究回流比对精馏塔分离效率的影响。

(4) 掌握用图解法求取理论板数的方法，并计算等板高度(HETP)。

二、实验内容及实验原理

(一) 实验内容

本实验料液为乙醇水溶液,由进料泵打入塔内,釜内液体由电加热器加热汽化,经填料层内填料完成传质传热过程,进入盘管式换热器管程,被壳层的冷却水全部冷凝成液体,再从集液器流出,一部分作为回流液从塔顶流入塔内,另一部分作为产品馏出,进入产品储罐;残液经釜液转子流量计流入釜液储罐。本实验完成以下内容:

(1) 全回流条件下测定塔顶产品摩尔分数 x_D、塔底产品摩尔分数 x_W,利用图解法得到理论板数 N_T;

(2) 部分回流条件下由进料液温度 t_F、进料液摩尔分数 x_F确定进料热状况 q;

(3) 部分回流条件下测定塔顶产品摩尔分数 x_D、塔底产品摩尔分数 x_W,计算精馏操作的回流比 R,利用图解法确定 N_T;

(4) 计算填料层的等板高度(HETP)。

(二)实验原理

填料塔属连续接触式传质设备,填料塔与板式塔的不同之处在于塔内气液相浓度前者呈连续式变化,后者呈逐级变化。等板高度是衡量填料精馏塔分离效果的一个关键参数,等板高度越小,填料层的传质分离效果越好。

1. 等板高度(HETP)

HETP 是指与一层理论板的传质作用相当的填料层高度。它的大小不仅取决于填料的类型、材质与尺寸,而且受系统物性、操作条件及塔设备尺寸的影响。对于双组分物系,根据其相平衡关系,通过实验测得塔顶组成 x_D 、塔釜组成 x_W 、进料组成 x_F 及进料热状况 q、回流比 R 和填料层高度 Z 等有关参数,用图解法求得其理论板数 N_T后,即可用下式确定:

$$\text{HETP} = \frac{Z}{N_T} \tag{3-7(Ⅲ)-1}$$

2. 图解法求理论板数 N_T

见第三部分实验 7(Ⅱ)的实验原理部分。

三、实验装置

(1) 填料精馏塔实验装置如图 3-7(Ⅲ)-1 所示。

(2) 酒度计。

(3) 气相色谱仪。

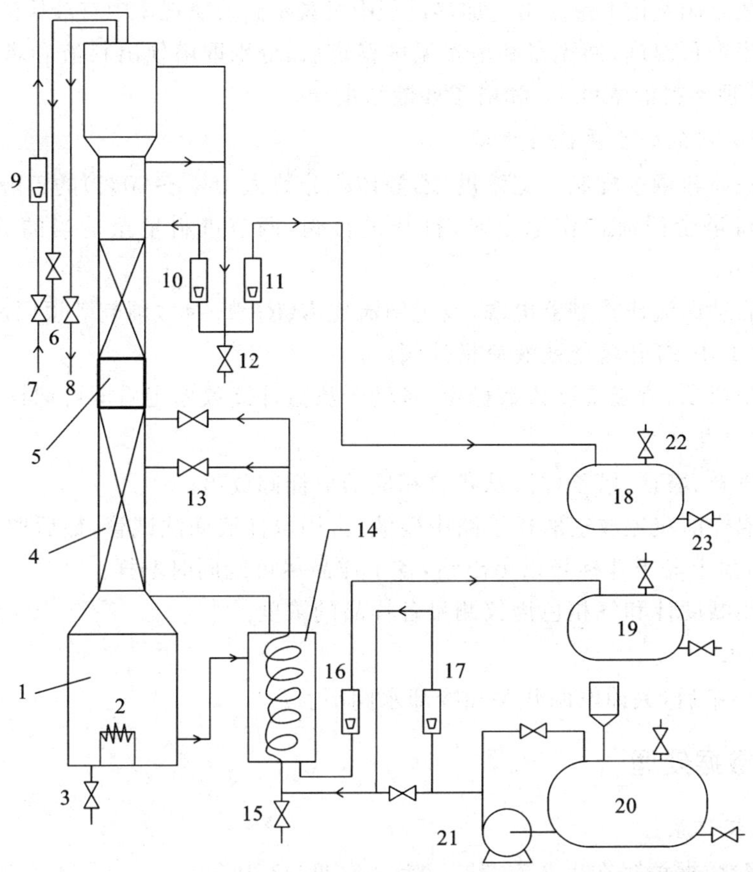

图 3-7(Ⅲ)-1　填料精馏塔实验装置图

1—塔釜；2—电加热管；3—塔釜取样口；4—θ 环填料；5—玻璃视镜；6—不凝性气体出口；7—冷却水进口；8—冷却水出口；9—冷却水流量计；10—塔顶回流流量计；11—塔顶出料液流量计；12—塔顶出料取样口；13—进料阀；14—换热器；15—进料液取样口；16—塔釜残液流量计；17—进料液流量计；18—产品罐；19—残液罐；20—原料罐；21—进料泵；22—排空阀；23—排液阀

四、操作步骤

1. 全回流的主要操作步骤

(1) 在原料罐中配制 15%～20%(乙醇的体积分数)的乙醇水溶液作为料液，由进料泵打入塔釜中，至釜容积的 2/3 处，进料液浓度以进料泵运行后取样分析为准。

(2) 检查各阀门位置，确认处于关闭状态，启动电加热管，使塔釜温度缓慢上升。打开冷却水进出口阀门，通过冷却水流量计调节，使放空阀中液滴间断性下落即可。建议冷却水流量为 40～60 m^3/h，过大则使塔顶蒸气冷凝液溢流回塔内，过小则使塔顶蒸气由放空阀直接大量溢出。加热过程中可观察到玻璃视镜中有液体流下。

(3) 当塔顶温度、回流量和塔釜温度稳定后,分别取塔顶出料液和塔釜残液样品,分析塔顶出料液浓度 x_D 和塔釜残液浓度 x_W 。

2. 部分回流的主要操作步骤

(1) 在原料罐中配制一定浓度(乙醇体积分数为15%~20%)的乙醇水溶液。

(2) 待塔全回流操作稳定时,打开进料阀,调节进料量至适当的流量,建议10~16 L/h。

(3) 启动回流比控制器电源,设定回流比 $R(R=1\sim4)$,调节塔顶回流液流量,建议6~8 L/h,打开塔釜残液流量计阀门。

(4) 当塔顶、塔釜温度读数稳定,各转子流量计读数稳定后即可取样。

3. 取样与分析

(1) 进料、塔顶、塔釜样液从各自相应的取样阀放出。

(2) 取样前应先放空取样管路中残液,再用取样液润洗试管,最后取10 mL左右的样品,盖上盖子并标号以免出错,各个样品尽可能同时取样。

(3) 用酒度计和气相色谱仪测量各样品的浓度。

4. 关机

操作结束后,关掉电源开关和冷却水阀门。

五、实验数据处理

1. 数据记录

将实验数据填写在表3-7(Ⅲ)-1、表3-7(Ⅲ)-2中。

表3-7(Ⅲ)-1　全回流操作实验数据记录表

测量对象	塔顶蒸气	塔顶回流液	冷却进水	冷却出水	釜　液
温度/℃					
物料组成(酒度)	—		—	—	

表3-7(Ⅲ)-2　部分回流操作实验数据记录表

测量对象	塔顶蒸气	塔顶回流液	冷却进水	冷却出水	釜液	原料液
温度/℃						
流量/(L/h)	—		—	—		
物料组成(酒度)	—		—	—		

2. 数据处理

(1) 在坐标纸上利用图解法得到全回流条件下理论板数。

(2) 在坐标纸上利用图解法得到部分回流条件下理论板数。

(3) 计算填料塔等板高度(HETP)。

六、注意事项

(1) 塔顶放空阀一定要打开,否则容易因塔内压力过大而影响实验进行。

(2) 料液一定要加到设定液位的 2/3 处方可打开加热管电源,否则塔釜液位过低会使电加热丝露出干烧而损坏。

(3) 实验完毕后应先关电加热器,待塔内温度降到常温后,再关闭冷却水。

七、思考题

(1) 欲知全回流与部分回流时的等板高度,分别需测取哪几个参数?取样位置应在何处?

(2) 试说明实验结果成功或失败的原因,提出改进意见。

实验 8(Ⅰ)　吸收实验

吸收实验视频

一、实验目的

(1) 了解吸收与解吸装置的结构、流程和操作方法。

(2) 掌握填料吸收塔流体力学性能的测定方法,了解填料塔流体力学性能的影响因素。

(3) 掌握吸收塔传质系数的测定方法,了解气速和喷淋密度对吸收传质系数的影响。

(4) 掌握解吸塔传质系数的测定方法,了解解吸传质系数的影响因素。

(5) 练习吸收-解吸联合操作,观察塔釜溢流及液泛现象。

二、实验原理

1. 填料塔流体力学性能测定实验

气体在填料层内的流动一般处于湍流状态。在干填料层内,气体通过填料层的压降与流速(或风量)成正比。

当气液两相逆向流动时,液膜占去一部分气体流动的空间。在相同的气体流量下,填料空隙间的实际气速有所增加,压降也有所增加。同理,在气体流量相同的情况下,液体流量越大,液膜越厚,填料空间越小,压降也越大。因此,当气液两相逆向流动时,气体通过填料层的压降要比干填料层大。

当气液两相逆向流动,低气速操作时,膜厚随气速变化不大,液膜增厚所造成的附加压降并不显著。此时压降曲线基本与干填料层的压降曲线平行。气速再提高到一定值时,由于液膜增厚对压降影响显著,此时压降曲线开始变陡,这些点称为载点。不难看出,载点的位置不是十分明确,但它提示人们,自载点开始,气液两相流动的相互影响已不容忽视。

自载点以后,气液两相的相互作用越来越强,当气液流量达到一定值时,两相的相互作用恶性发展,将出现液泛现象,在压降曲线上压降急剧升高,此点称为泛点。

吸收塔中填料的作用主要是增加气液两相的接触面积,而气体在通过填料层时,由于有局部阻力和摩擦阻力而产生压降。压降是塔设计中的重要参数,气体通过填料层压降的大小决定了塔的动力消耗。压降与气液流量有关,不同液体喷淋量(L_0、L_1、L_2、L_3,其中 $L_0=0$,$L_3>L_2>L_1$)下填料层的压降 Δp 与气速 u 的关系(双对数坐标)如图 3-8(Ⅰ)-1 所示。

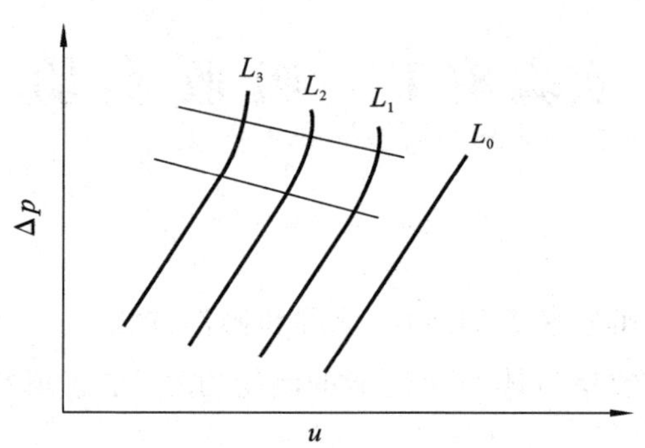

图 3-8(Ⅰ)-1　填料层的 Δp-u 关系

当无液体喷淋即喷淋量 $L_0=0$ 时,干填料的 Δp 与 u 呈线性关系。当有一定的喷淋量时,Δp-u 的关系曲线变成折线,并存在两个转折点,下转折点为载点,上转折点为泛点。这两个转折点将 Δp-u 关系曲线分为三个区段:恒持液量区、载液区与液泛区。

本实验在给定水量恒定条件下,测出不同风量下的压降。

风速计算公式为

$$u=\frac{Q_B}{A} \tag{3-8(Ⅰ)-1}$$

式中:u——风速,m/h;

Q_B——空气流量,m^3/h;

A——填料塔截面积，m^2。

其中

$$A=\pi\left(\frac{1}{2}a\right)^2$$

式中：a——填料塔内径，取 $a=0.1$ m。

2. 吸收实验

根据传质速率方程，在假定 K_Xa 为常数、等温、低吸收率（或低浓、难溶等）的条件下推导出吸收速率方程：

$$G_a=K_XaV\cdot\Delta X_m \tag{3-8(Ⅰ)-2}$$

则

$$K_Xa=G_a/(V\cdot\Delta X_m)$$

式中：K_Xa——体积吸收传质系数，kmol（CO_2）/（$m^3\cdot h$）；

G_a——填料塔的吸收量，kmol（CO_2）/h；

V——填料层的体积，m^3；

ΔX_m——填料塔的平均推动力。

（1）G_a的计算。

吸收流程如图 3-8（Ⅰ）-2 所示。由涡轮流量计和气体流量计可分别测得水流量 Q_s（m^3/h）、空气流量 Q_B（显示流量为标准状态（20 ℃、101.325 kPa）下的流量，m^3/h），进口气体 CO_2浓度 y_1、出口气体 CO_2 浓度 y_2可由二氧化碳分析仪直接读出。

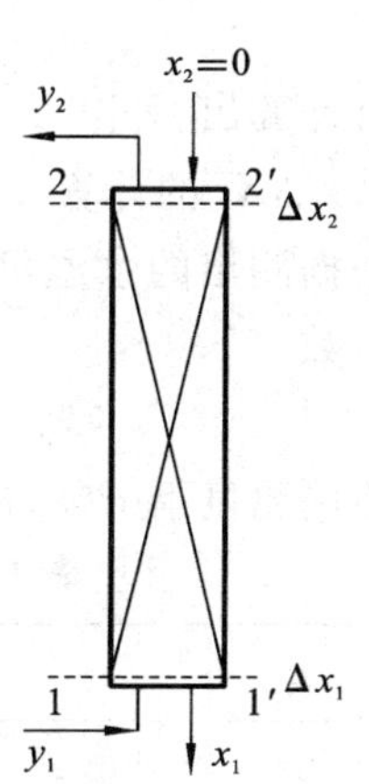

图 3-8（Ⅰ）-2　吸收流程

将水流量单位进行换算：

$$L_s(\text{kmol/h})=Q_s\rho_{水}/M_{水} \tag{3-8(Ⅰ)-3}$$

式中：Q_s——水的流量，m^3/h；

$\rho_{水}$——水的密度，kg/m^3，20 ℃时 $\rho_{水}=998.2$ kg/m^3；

$M_{水}$——水的摩尔质量，kg/kmol，$M_{水}=18$ kg/kmol。

将气体流量单位进行换算：

$$G_B(\text{kmol/h})=\frac{Q_B\rho_0}{M_{空气}} \tag{3-8(Ⅰ)-4}$$

式中：Q_B——空气流量，m^3/h；

ρ_0——空气密度，kg/m^3，标准状态下 $\rho_0=1.205$ kg/m^3；

$M_{空气}$——空气的摩尔质量，kg/kmol，$M_{空气}=29$ kg/kmol。

因此可计算出 L_s、G_B。

全塔物料衡算式：

$$G_a = L_s(X_1 - X_2) = G_B(Y_1 - Y_2)$$

先进行二氧化碳体积分数转换（在吸收、解吸的物料衡算过程中所表述的气体流量为惰性气体流量，这是因为惰性气体流量在整个过程中稳定不变。相应地所有理论中计算过程中采用的气相组分的值均为溶质相对于惰性气体组分的占比。本实验将空气看作惰性气体，用气体流量计测量空气流量，在计算过程中将二氧化碳实际体积分数转换为相对于惰性组分（空气）的体积分数，以进行物料衡算。

$$Y_1 = \frac{y_1}{1 - y_1}, \quad Y_2 = \frac{y_2}{1 - y_2}$$

其中 y_1 及 y_2 由二氧化碳分析仪直接读出。

认为吸收剂自来水中不含 CO_2，则 $X_2 = 0$。

$$X_1 = \frac{G_B(Y_1 - Y_2)}{L_s} \tag{3-8(Ⅰ)-5}$$

由此可计算出 G_a 和 X_1。

(2) ΔX_m 的计算。

根据测出的水温可插值求出亨利系数 E，本实验压力为 $p = 101.325$ kPa，相平衡常数

$$m = E/p$$

不同温度下 CO_2-H_2O 的相平衡常数 m 参见表 3-8(Ⅰ)-1。

表 3-8(Ⅰ)-1 不同温度下 CO_2-H_2O 的相平衡常数

t/℃	5	10	15	20	25	30	35	40
m	877	1040	1220	1420	1640	1860	2083	2297

$$\Delta X_m = \frac{\Delta X_2 - \Delta X_1}{\ln \frac{\Delta X_2}{\Delta X_1}} \tag{3-8(Ⅰ)-6}$$

上式中 ΔX_1、ΔX_2 由下式计算：

$$\Delta X_2 = X_{e2} - X_2$$

$$\Delta X_1 = X_{e1} - X_1$$

上式中 X_{e1} 由下式计算：

$$X_{e1} = \frac{Y_1}{m}$$

X_{e2} 可以由下式计算：

$$X_{e2} = \frac{x}{1 - x} = \frac{\frac{y_2}{m}}{1 - \frac{y_2}{m}} \approx \frac{y_2}{m}$$

也可以直接采用 $X_{e2}=\dfrac{Y_2}{m}$ 计算，两种方法都可以。

3. 解吸实验

根据传质速率方程，在假定 K_Ya 为常数、等温、低解吸率（或低浓、难溶等）的条件下推导出解吸速率方程：

$$G_a=K_YaV\Delta Y_m \tag{3-8(Ⅰ)-7}$$

则

$$K_Ya=G_a/(V\cdot\Delta Y_m)$$

式中：K_Ya——体积解吸传质系数，$kmol(CO_2)/(m^3\cdot h)$；

G_a——填料塔的解吸量，$kmol(CO_2)/h$；

V——填料层的体积，m^3；

ΔY_m——填料塔的平均推动力。

(1) G_a的计算。

解吸流程如图 3-8(Ⅰ)-3 所示。由流量计测得 Q_s (m^3/h)、Q_B(m^3/h)，进口气体 CO_2 浓度 y_1（体积分数）、出口气体 CO_2浓度 y_2（体积分数）可由二氧化碳分析仪直接读出。

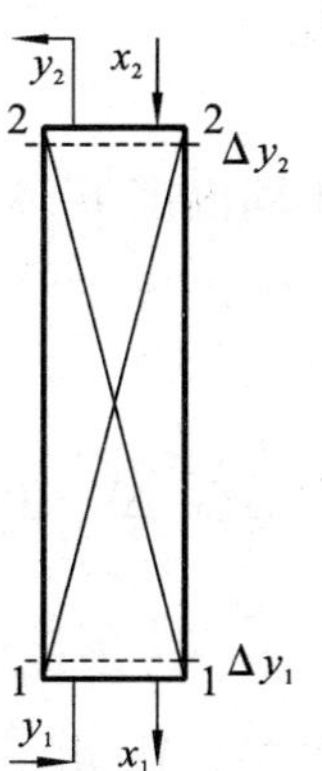

图 3-8(Ⅰ)-3　解吸流程

将水流量单位进行换算：

$$L_s(kmol/h)=Q_s\rho_{水}/M_{水} \tag{3-8(Ⅰ)-8}$$

式中：Q_s——水的流量，m^3/h；

$\rho_{水}$——水的密度，kg/m^3，20 ℃时 $\rho_{水}=998.2\ kg/m^3$；

$M_{水}$——水的摩尔质量，$kg/kmol$，$M_{水}=18\ kg/kmol$。

将气体流量单位进行换算：

$$G_B=\frac{Q_B\rho_0}{M_{空气}} \tag{3-8(Ⅰ)-9}$$

式中：Q_B——空气流量，m^3/h；

ρ_0——空气密度，kg/m^3，标准状态下 $\rho_0=1.205\ kg/m^3$；

$M_{空气}$——空气的摩尔质量，$kg/kmol$，$M_{空气}=29\ kg/kmol$。

因此可计算出 L_s、G_B。

全塔物料衡算式：

$$G_a=L_s(X_2-X_1)=G_B(Y_2-Y_1)$$

其中

$$Y_1=\frac{y_1}{1-y_1},\quad Y_2=\frac{y_2}{1-y_2}$$

默认空气中 CO_2体积分数为 0.03，则 $y_1=0.03$。进塔液体中 X_2有两种情况：

一是直接将吸收后的液体用于解吸,则其浓度为前吸收计算出来的实际浓度 X_1;二是只做解吸实验,可将 CO_2 充分溶解在液体中,近似形成该温度下的饱和浓度,其 X_2 可由亨利定律求算出,即

$$X_2 = \frac{y}{m} = \frac{1}{m}$$

则可计算出 G_a 和 X_2。

(2) ΔY_m 的计算。

根据测出的水温可插值求出亨利系数 E,本实验压力为 $p=101.325$ Pa,相平衡常数

$$m=E/p$$

不同温度下 m 值如表 3-8(Ⅰ)-1 所示。

$$\Delta Y_m = \frac{\Delta Y_2 - \Delta Y_1}{\ln \frac{\Delta Y_2}{\Delta Y_1}}$$

上式中 ΔY_1、ΔY_2 由下式计算:

$$\Delta Y_2 = Y_{e2} - Y_2$$
$$\Delta Y_1 = Y_{e1} - Y_1$$

上式中 Y_{e1}、Y_{e2} 由下式计算:

$$Y_{e2} = mX_2$$
$$Y_{e1} = mX_1$$

三、实验装置和流程

1. 流程图

本实验是在填料塔中用水吸收混合气中的 CO_2,用空气解吸富液中的 CO_2,以求取填料塔的吸收传质系数和解吸传质系数。实验流程如图 3-8(Ⅰ)-4 所示。

2. 流程说明

(1) 空气:空气来自风机出口总管,分成两路:一路经流量计 FI01 与来自流量计 FI05 的 CO_2 混合后进入吸收塔底部,与塔顶喷淋下来的吸收剂(水)逆流接触吸收,吸收后的尾气从塔顶排出;另一路经流量计 FI03 进入解吸塔底部,与塔顶喷淋下来的 CO_2 水溶液逆流接触进行解吸,解吸后的尾气从塔顶排出。

(2) CO_2:钢瓶中的 CO_2 经减压阀分成两路:一路经流量调节阀 VA05、流量计 FI05 进入吸收塔;另一路经流量计 FI06、流量调节阀 VA15 进入水箱,与循环水充分混合后形成饱和 CO_2 水溶液。

(3) 水:自来水先进水箱,经过离心泵送入塔顶,吸收液流入塔底,分成两种情况:若只做吸收实验,吸收液流经缓冲罐后直接排入地沟;若做吸收-解吸联合操作

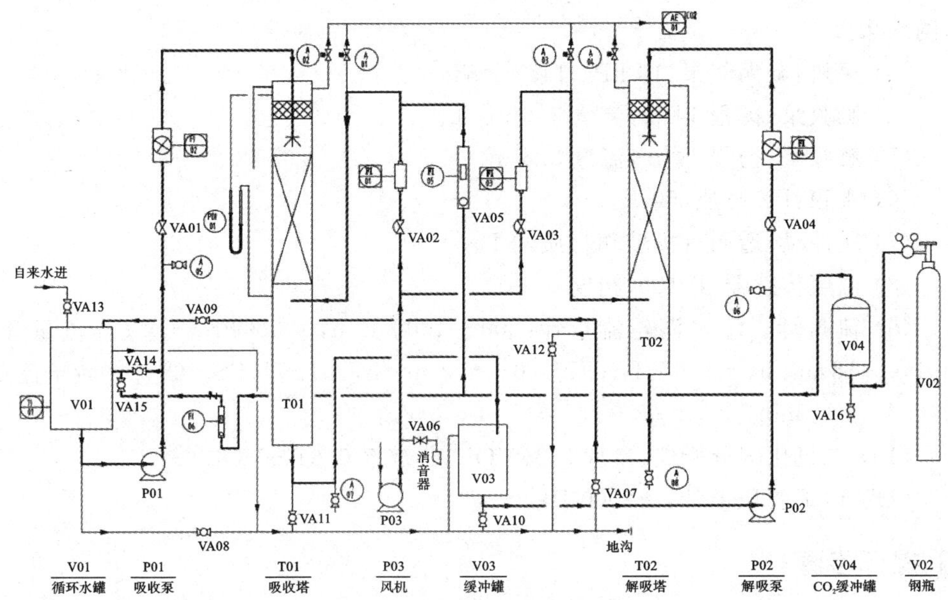

图 3-8(Ⅰ)-4　吸收与解吸实验流程图

阀门：VA01—吸收液流量调节阀，VA02—吸收塔空气流量调节阀，VA03—解吸塔空气流量调节阀，VA04—解吸液流量调节阀，VA05—吸收塔 CO_2 流量调节阀，VA06—风机旁路调节阀，VA07—解吸塔放净阀，VA08—水箱放净阀，VA09—解吸液回流阀，VA10—缓冲罐放净阀，VA11—吸收塔放净阀，VA12—解吸液排液阀，VA13—自来水进液阀，VA14—吸收液循环阀，VA15—水箱 CO_2 流量调节阀，VA16—CO_2 缓冲罐放空阀；A01—吸收塔进气采样阀，A02—吸收塔出气采样阀，A03—解吸塔进气采样阀，A04—解吸塔出气采样阀，A05—吸收塔顶部液体采样阀，A06—解吸塔顶部液体采样阀，A07—吸收塔底部液体采样阀，A08—解吸塔底部液体采样阀。

设备：V01—循环水罐，T01—吸收塔，T02—解吸塔，V03—缓冲罐，V04—CO_2 缓冲罐。

流量：FI01—吸收空气流量，FI02—吸收液流量，FI03—解吸空气流量，FI04—解吸液流量，FI05—吸收塔 CO_2 流量，FI06—水箱 CO_2 流量。

压差：PDI01—U 形管压差计。

实验，可开启解吸泵，将溶液经流量计 FI04 送入解吸塔顶部，经解吸后的溶液从解吸塔底部流经倒 U 形管排入地沟。

(4) 取样：在吸收塔气相进口设有取样点 A01，出口上设有取样点 A02，在解吸塔气体进口设有取样点 A03，出口有取样点 A04，气体从取样口进入二氧化碳分析仪进行含量分析。

3. 设备、仪表参数

(1) 吸收塔：塔内径 100 mm；填料层高 550 mm，填料为 ϕ10 mm 陶瓷拉西环；丝网除沫。

(2) 解吸塔:塔内径 100 mm;填料层高 550 mm,填料为 ϕ6 mm 不锈钢 θ 环;丝网除沫。

(3) 风机:旋涡气泵,16 kPa,145 m^3/h。

(4) 吸收泵:扬程 14 m,流量 3.6 m^3/h。

(5) 解吸泵:扬程 14 m,流量 3.6 m^3/h。

(6) 水箱:PE 材质,50 L。

(7) 缓冲罐:透明有机玻璃材质,9 L。

(8) 温度传感器:Pt100,精度 0.1 ℃。

(9) 流量计。①水涡轮流量计:200～1000 L/h,0.5%FS。②气体流量计:FI01,0～18 m^3/h,±1.5%FS;FI03,0～1.2 m^3/h,±1.5%FS。③气体转子流量计:0.3～3 L/min。

(10) 二氧化碳分析仪:量程 20%VOL,分辨率 0.01%VOL。

(11) U 形管压差计:±2000 Pa。

四、操作步骤

1. 实验前的准备工作

(1) 实验前检查所有阀门,应处于关闭状态。

(2) 向水箱加入蒸馏水或去离子水至水箱高度的 75%,依次开启实验装置的总电源、控制电源,开启计算机,运行控制软件。

(3) 检查二氧化碳气瓶与设备上二氧化碳流量计连接是否紧密。

2. 吸收塔干填料层($\Delta p/Z$)-u 关系曲线测定实验

(1) 打开吸收泵,使吸收塔底部有一定的液封,全开风机旁路调节阀 VA06 和吸收塔空气流量调节阀 VA02,后开启风机吹干吸收塔填料层的水分,再关闭阀 VA02。

(2) 通过调节吸收塔空气流量调节阀 VA02,使吸收空气流量 FI01 依次在 2 m^3/h、3 m^3/h、4 m^3/h、5 m^3/h、6 m^3/h、7 m^3/h、8 m^3/h、9 m^3/h,记录 U 形管压差计示数,即干填料的塔压降;若阀 VA02 全开仍旧无法满足实验气量要求,可关小风机旁路调节阀 VA06,增大空气流量。

(3) 测定完毕后,先全开阀 VA06,再关闭阀 VA02,待空气流量为零后关闭风机。

(4) 对实验数据进行分析处理,在对数坐标纸上以空塔气速 u 为横坐标,单位高度的压降($\Delta p/Z$)为纵坐标,标绘干填料层($\Delta p/Z$)-u 关系曲线。

3. 吸收塔在不同喷淋量下填料层($\Delta p/Z$)-u 关系曲线测定实验

(1) 开启吸收泵,待吸收塔液位稳定时,调节吸收液流量调节阀 VA01 使 FI02

数值为 200 L/h 左右，对吸收塔填料进行润湿(5 min)，然后将水流量调节到指定流量(一般为 200 L/h、300 L/h、400 L/h)进行实验。

(2) 开启风机，通过调节吸收塔空气流量调节阀 VA02，从小到大调节空气流量至液泛，观察填料塔中液体流动状况，并记下空气流量、塔压降和流动状况，塔压降由 U 形管压差计读取；接近液泛时，降低进塔气体的流量，待各参数稳定后(2～5 min)再读数据，液泛后填料层压降在几乎不变的气速下明显上升，务必掌握这个特点。并注意不要使气速远超泛点，避免冲破填料。

(3) 关闭吸收液流量调节阀 VA01，停止吸收泵，全开风机旁路调节阀 VA06，关闭吸收塔空气流量调节阀 VA02，待空气流量为零后关闭风机。

(4) 实验完毕，根据实验数据在对数坐标纸上标出液体喷淋量为 200 L/h、300 L/h、400 L/h 时的($\Delta p/Z$)-u 关系曲线。

4. 单独吸收实验

(1) 关闭水箱 CO_2 流量调节阀 VA15，开启吸收塔 CO_2 流量计 FI05(即打开 CO_2 流量调节阀 VA05)，确认减压阀处于关闭状态后开启 CO_2 钢瓶总阀，微开减压阀，根据 CO_2 流量计读数可微调阀 VA05，使 CO_2 流量为 1～2 L/min，从钢瓶中经减压释放出来的 CO_2，其流量稳定约需 30 min(建议该步骤提前半小时进行)。实验过程中维持此流量不变。

(2) CO_2 流量稳定后，开启缓冲罐放净阀 VA10，开启吸收泵，待吸收塔底液位稳定，调节吸收液流量调节阀 VA01，使 FI02 值稳定在 200 L/h。

(3) 全开风机旁路调节阀 VA06 和吸收塔空气流量调节阀 VA02，启动风机，可微调阀 VA02，使 FI01 风量为 0.7 m^3/h 左右，实验过程中维持此风量不变，此时进气 CO_2 浓度在 7.5%～11%。

(4) 当各流量维持一定时间后(填料塔体积约 5 L，气量按 0.7 m^3/h 计，全部置换时间约 26 s，稳定时间为 2～5 min)，打开吸收塔进气采样阀 A01(电磁阀)，在线分析吸收塔进口 CO_2 浓度，等待 2～5 min，检测数据稳定后采集数据，再打开吸收塔出气采样阀 A02(电磁阀)，等待 2～5 min，检测数据稳定后采集数据。

(5) 调节水量(按 200 L/h、350 L/h、500 L/h、650 L/h 调节水量)，每个水量稳定后，按上述步骤依次取样。

(6) 实验完毕，应先关闭 CO_2 钢瓶总阀，等 CO_2 流量计显示无流量后，关闭减压阀，停风机，关水泵。

5. 吸收-解吸联合实验

(1) 关闭水箱 CO_2 流量调节阀 VA15，开启吸收塔 CO_2 流量计 FI05(即打开 CO_2 流量调节阀 VA05)，确认减压阀处于关闭状态后开启 CO_2 钢瓶总阀，微开减压阀,根据 CO_2 流量计读数可微调阀 VA05,使 CO_2 流量为 1～2 L/min,从钢瓶中经减压释放出来的 CO_2,其流量稳定约需 30 min(建议该步骤提前半小时进行)。实验过程中维持此流量不变。

(2) CO_2 流量稳定后,关闭缓冲罐放净阀 VA10,开启吸收泵和吸收液流量调节阀 VA01,待缓冲罐有一定液位时,开启解吸泵,调节吸收液流量调节阀 VA01 和解吸液流量调节阀 VA04,使吸收液流量 FI02 至实验所需流量(建议按 200 L/h、350 L/h、500 L/h、650 L/h 水量调节),液体流量较大(流量大于 500 L/h)的实验过程中需注意循环水罐中的液位,保持进水,防止抽干。打开解吸液排液阀 VA12,解吸塔底部出液由塔底的倒 U 形管直接排入地沟(若实验室上下水条件有限,也可经解吸液回流阀 VA09 将解吸塔底部出液溢流至水箱中作为吸收液循环使用,特别说明的是解吸液循环使用时实验效果不如新鲜的水源)。

(3) 全开风机旁路调节阀 VA06 和吸收塔空气流量调节阀 VA02,启动风机,微调吸收塔空气流量调节阀 VA02、解吸塔空气流量调节阀 VA03,使吸收塔和解吸塔风量维持在 0.7 m^3/h 左右,并注意吸收塔风量维持不变,维持进气 CO_2 浓度在 7% ～ 10%。

(4) 当各流量维持一定时间后(填料塔体积约 5 L,气量按 0.7 m^3/h 计,全部置换时间约 26 s,稳定时间为 2～5 min),依次打开采样点阀门(吸收塔进气、出气采样阀 A01、A02,解吸塔进气、出气采样阀 A03、A04),在线分析 CO_2 浓度,注意每次要等待检测数据稳定后(每个检测数据稳定需 2～5 min)再采集数据。

(5) 实验完毕,应先关闭 CO_2 钢瓶总阀,等 CO_2 流量计显示无流量后,关闭减压阀,停风机,关水泵。

6. 单独解吸实验

(1) 在做单独解吸实验时,为避免液体中 CO_2 浓度未知,我们需要在水箱中配制饱和溶液,此时只要测得饱和溶液温度,即可根据亨利定律求得其饱和浓度。

(2) 开启吸收泵,关闭吸收塔流量调节阀 VA01,全开吸收塔循环阀 VA14,开启 CO_2 钢瓶总阀(开启前确认减压阀处于关闭状态),微开减压阀,开启水箱 CO_2 流量调节阀 VA15,调节转子流量计 FI06 控制水箱 CO_2 流量,使 CO_2 流量在 1～2 L/min。从钢瓶中经减压释放出来的 CO_2,其流量稳定约需 30 min(建议该步骤提前半小时进行),实验过程中维持此流量不变。约 10 min 后,水箱内的溶液达到饱和状态。

(3) 继续开启吸收液循环阀 VA14、水箱 CO_2 流量调节阀 VA15,然后开启吸收塔流量调节阀 VA01,饱和溶液经吸收塔进入缓冲罐,待缓冲罐中有一定液位时(需 2～3 min),开启解吸泵,开启解吸液回流阀 VA09(解吸液可溢流至水箱循环使用)，调节解吸液流量调节阀 VA04，使解吸水量维持在一定值(为了与不饱和解吸比较，建议为 200 L/h)。

(4) 全开风机旁路调节阀 VA06，关闭吸收塔空气流量调节阀 VA02，启动风机，调节解吸塔空气流量调节阀 VA03，使解吸空气流量 FI03 在 0.7 m^3/h 左右。实验过程中维持此风量不变。

(5) 当各流量维持一定时间后(填料塔体积约 5 L，气量按 0.7 m^3/h 计，全部置换时间约 26 s，稳定时间为 2～5 min)，打开解吸塔进气采样阀 A03(电磁阀)，在线分析进口 CO_2 浓度，等待 5 min，检测数据稳定后采集数据，再打开解吸塔出气采样阀 A04(电磁阀)，等待 5 min，检测数据稳定后采集数据。

(6) 实验完毕，应先关闭 CO_2 钢瓶总阀，等 CO_2 流量计显示无流量后，关闭钢瓶减压阀。停风机、吸收泵和解吸泵，使各阀门复原。

液相二氧化碳浓度检测方法：用移液管取 10 mL 0.1 mol/L$Ba(OH)_2$ 溶液于锥形瓶中，用另一支移液管取 20 mL 待测液加入盛有 $Ba(OH)_2$ 溶液的锥形瓶中，用橡胶塞塞好并充分振荡，然后加入 2 滴甲酚红指示剂，用 0.1 mol/L HCl 溶液滴定待测液至由深红色变为黄色。按以下公式计算溶液中二氧化碳的浓度(mol/L)：

$$c_{CO_2} = \frac{2\,c_{Ba(OH)_2}V_{Ba(OH)_2} - c_{HCl}V_{HCl}}{2\,V_{待测液}} \tag{3-8(Ⅰ)-10}$$

五、注意事项

(1) 在启动风机前，确保风机旁路调节阀处于打开状态，防止风机因憋压而剧烈升温。

(2) 本实验所用泵为机械密封，严禁泵内无水空转。

(3) 本实验所用泵为离心泵，开启和关闭泵前，先关闭泵的出口阀。

(4) 长期(超过一个月)不用或者室内温度达到冰点时应将设备内水放净。

(5) 严禁学生打开电气控制柜，以免发生触电事故。

(6) 单独吸收实验、吸收-解吸联合实验和单独解吸实验中，如空气流量出现轻微下降，应重新调节空气流量调节阀至实验值。

六、实验数据处理

按照实验内容列出原始数据记录表(参见表 3-8(Ⅰ)-2、表 3-8(Ⅰ)-3、表 3-8(Ⅰ)-4、表 3-8(Ⅰ)-5)，找出不同水量下的泛点流量，根据实验数据计算出吸收传质系数、解吸传质系数。

表 3-8(Ⅰ)-2 流体力学数据记录表

水量=0 L/h时		水量=200 L/h时		水量=300 L/h时		水量=400 L/h时	
流量计风量/(m^3/h)	全塔压差/Pa	流量计风量/(m^3/h)	全塔压差/Pa	流量计风量/(m^3/h)	全塔压差/Pa	流量计风量/(m^3/h)	全塔压差/Pa
3		2		2		2	
4		3		3		3	
5		⋮		⋮		⋮	
6							
7							
8							
9							

注:每套装置的液泛流量存在差异,上表仅作为样例,具体数据请以实际数据为准。

表 3-8(Ⅰ)-3 单独吸收实验数据记录表

水温=____ 空气流量=______ CO_2流量=______ 空气进口组成=______

序号	水量/(L/h)	气相组成		空气 G_a/(kmol/h)	ΔX_m	L_s/[kmol/(m^3·h)]	K_Xa/[kmol/(m^3·h)]	备注
		y_1	y_2					
1	200							
2	350							
3	500							
4	650							

表 3-8(Ⅰ)-4 吸收-解吸联合实验数据记录表

水温=____ 空气流量=______ CO_2流量=______ 空气进口组成=______

类型	水量/(L/h)	气相组成		空气 G_a/(kmol/h)	ΔX_m	ΔY_m	L_s/[kmol/(m^3·h)]	K_Xa/[kmol/(m^3·h)]
		y_1	y_2					
吸收	200					—		
解吸	200				—			

表 3-8(Ⅰ)-5 单独解吸实验数据记录表

水温=____ 空气流量=______ CO_2流量=______ 空气进口组成=______

水量/(L/h)	气相组成		空气 G_a/(kmol/h)	ΔY_m	L_s/[kmol/(m^2·h)]	K_Ya/[kmol/(m^3·h)]
	y_1	y_2				
200						

七、思考题

(1) 从传质推动力和传质阻力两方面分析吸收剂流量和吸收剂温度对吸收过程的影响。

(2) 为什么填料吸收塔底部必须有液封装置？液封装置是如何设计的？

(3) 流体通过干填料与湿填料，压降有什么不同？

(4) 试讨论加压吸收流程和常压吸收流程的异同点。

实验 8(Ⅱ)　填料吸收塔单元操作实验

一、实验目的

(1) 熟悉填料塔吸收装置的基本结构及操作方法。

(2) 掌握总体积传质系数的测定方法，了解空塔气速和液体喷淋密度对总体积传质系数的影响。

(3) 了解填料塔的流体力学性能。

(4) 了解气相色谱仪和六通阀在线检测 CO_2 浓度的方法。

二、实验内容及实验原理

(一) 实验内容

由自来水源来的水送入填料塔的塔顶，经喷头喷淋在填料顶层。由风机送来的空气和由 CO_2 钢瓶来的 CO_2 混合后，一起进入气体混合罐，然后进入塔底，与水在塔内进行逆流接触，进行质量和热量的交换，由塔顶出来的尾气放空。由于本实验为低浓度气体的吸收，因此热量交换可忽略，将整个实验过程看作等温操作。本实验内容如下：

(1) 了解填料层压降与操作气速的关系，观察填料塔在某液体喷淋量下的液泛气速。

(2) 采用水吸收 CO_2，空气解吸水中 CO_2，测定填料塔的液侧传质膜系数和总传质系数。

(二) 实验原理

气体吸收是典型的传质过程之一。由于 CO_2 气体无味、无毒、廉价，因此气体吸收实验常选择 CO_2 作为溶质。本实验采用水吸收空气中的 CO_2 组分。一般 CO_2 在水中的溶解度很小，即使预先将一定量的 CO_2 通入空气中混合以提高空气中的

CO_2浓度,水中的CO_2含量仍然很低,所以吸收的计算方法可按低浓度来处理。本实验主要测定 K_Xa 和 H_{OL}。

1. 计算公式

填料层高度

$$Z = H_{OL} N_{OL} \tag{3-8(Ⅱ)-1}$$

$$H_{OL} = \frac{Z}{N_{OL}} \tag{3-8(Ⅱ)-2}$$

$$K_X a = \frac{L}{H_{OL}\Omega} \tag{3-8(Ⅱ)-3}$$

令吸收因数 $A=L/(mG)$,有

$$N_{OL} = \frac{1}{1-A}\ln\left[(1-A)\frac{y_1 - mx_2}{y_1 - mx_1} + A\right] \tag{3-8(Ⅱ)-4}$$

式中:Z——填料层高度,m;

L——水的摩尔流量,kmol/h;

K_Xa——以 ΔX 为推动力的液相总体积传质系数,kmol/(m^3 · h);

H_{OL}——液相总传质单元高度,m;

N_{OL}——液相总传质单元数,无因次;

Ω——塔截面积,m^2;

G——气体摩尔流量,kmol/h;

A——吸收因数,无因次;

m——相平衡常数,无因次;

y_1——塔顶气体的摩尔分数,无因次;

x_1——塔底液体的摩尔分数,无因次;

x_2——塔顶进液的摩尔分数,无因次。

2. 测定方法

(1) 测定气体流量和液体流量:本实验采用转子流量计测得气体和水的流量,并根据实验条件(温度和压力)和有关公式换算成气体和水的摩尔流量。

(2) 测定填料层高度 Z 和塔径 D。

(3) 测定塔顶和塔底气相组成 y_1 和 y_2。

(4) 本实验的平衡关系可写成

$$y = mx \tag{3-8(Ⅱ)-5}$$

式中:m——相平衡常数,其计算式为

$$m = E/p$$

式中:E——亨利系数,Pa,$E=f(t)$,根据液相温度查得;

p——总压,Pa,取 101325 Pa。

对清水而言,$x_2=0$,由全塔物料衡算式

$$G(y_1 - y_2) = L(x_1 - x_2) \quad (3\text{-}8(\text{Ⅱ})\text{-}6)$$

可得 x_1。

三、实验装置

(1) TX200B 填料吸收实验装置如图 3-8(Ⅱ)-1 所示。

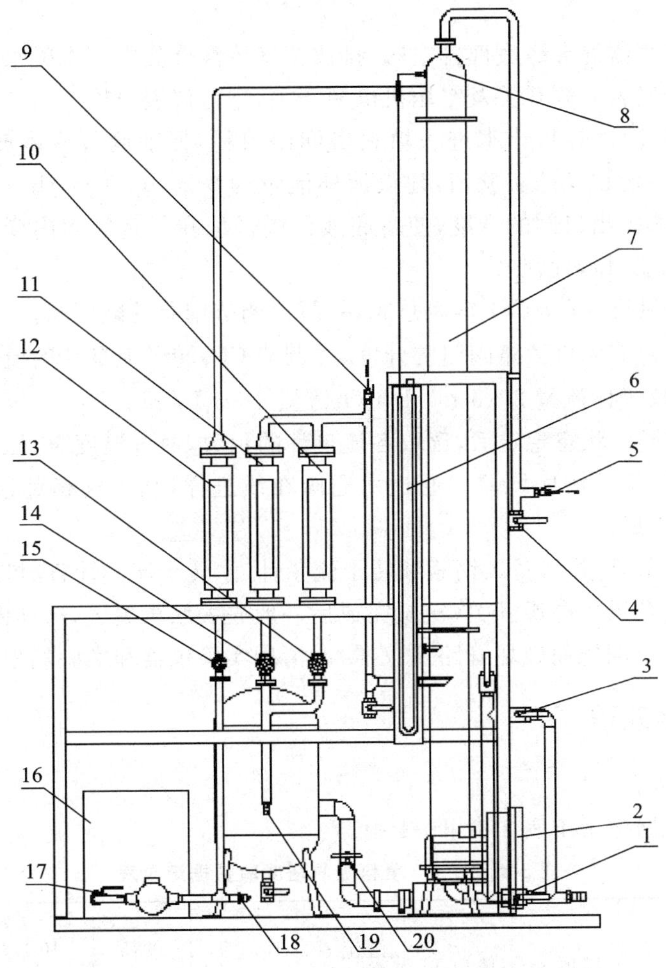

图 3-8(Ⅱ)-1　填料吸收塔实验装置

1—液体出口阀 1；2—风机；3—液体出口阀 2；4—气体出口阀；5—出塔气体取样口；6—U 形管压差计；7—填料层；8—塔顶预分离器；9—进塔气体取样口；10—气体小流量玻璃转子流量计(0.4～4 m^3/h)；11—气体大流量玻璃转子流量计(2.5～25 m^3/h)；12—液体玻璃转子流量计(100～1000 L/h)；13—气体进口闸阀 V_1；14—气体进口闸阀 V_2；15—液体进口闸阀 V_3；16—水箱；17—水泵；18—液体进口温度检测点；19—混合气体温度检测点；20—风机旁路阀

(2) SP-2100A 气相色谱仪。

(3) CO_2钢瓶。

四、操作步骤

(1) 熟悉实验流程,弄清气相色谱仪及其配套仪器的结构、原理、使用方法及注意事项。

(2) 打开气体混合罐底部排空阀,排放掉气体混合罐中的冷凝水。

(3) 打开仪表电源开关及空压机电源开关,进行仪表自检。

(4) 开启进水阀门,让水进入填料塔润湿填料,仔细调节液体玻璃转子流量计,使其流量稳定在某一实验值,建议液体流量为 0.6~0.8 m^3/h。(塔底液封控制:仔细调节液体出口阀的开度,使塔底液位缓慢地在一定区间内变化,以免塔底液封过高溢出或过低而泄气。)

(5) 启动风机,打开 CO_2钢瓶总阀,并缓慢调节钢瓶的减压阀。

(6) 仔细调节风机旁路阀门的开度,并调节 CO_2转子流量计的流量,使其稳定在某一值,建议气体流量 3~5 m^3/h,CO_2流量 2~3 L/min。

(7) 待塔操作状态稳定后,读取各流量计的示数,通过温度表、压差计、压力计读取各处温度、塔顶塔底压差。通过六通阀在线进样,利用气相色谱仪分析出塔顶、塔底气体组成。

(8) 实验完毕,关闭 CO_2钢瓶和转子流量计、水转子流量计、风机出口阀门,再关闭进水阀门及风机电源开关(实验完成后一般先关水再关气,这样做的目的是防止液体从进气口倒压而破坏管路及仪器)。清理实验仪器和实验场地。

五、实验数据处理

1. 数据记录

将实验数据记录于表 3-8(Ⅱ)-1 中。

表 3-8(Ⅱ)-1 填料吸收塔实验数据记录表

气量 G /(m^3/h)	水量 L /(L/h)	塔顶 y_1	塔顶 y_2	液温 t_2 /℃	气温 T_2 /℃	塔径 /mm	压差 /mmH_2O	填料层总高度/m
						100		2

2. 数据处理

(1) 在双对数坐标纸上标绘体积传质系数、传质单元高度与气体流量的关系。

(2) 列出实验结果与计算示例。

六、注意事项

(1) 固定好操作点后，应随时注意调整以保持各量不变。

(2) 在填料塔操作条件改变后，需要有较长的稳定时间，一定要等到稳定以后方能读取有关数据。

七、思考题

(1) 本实验中，为什么塔底要有液封？液封高度如何计算？

(2) 测定 K_Xa 在工程上有什么意义？

(3) 为什么二氧化碳吸收过程属于液膜控制？

(4) 当气体温度和液体温度不同时，应用哪个温度计算亨利系数？

实验 9　干 燥 实 验

干燥实验视频

一、实验目的

(1) 了解常压干燥设备的构造、基本流程和操作方法。

(2) 测定物料干燥速率曲线及传质系数。

(3) 研究气流速度对干燥速率曲线的影响。(选做)

(4) 研究气流温度对干燥速率曲线的影响。(选做)

二、实验原理

1. 干燥曲线

干燥曲线即物料的干基含水量 X 与干燥时间 θ 的关系曲线。它说明物料在干燥过程中，干基含水量随干燥时间的变化关系：

$$X=f(\theta) \tag{3-9-1}$$

实验过程中，在恒定的干燥条件下，测定物料总质量随时间的变化，直到物料的质量恒定为止。此时物料与空气之间达到平衡状态，物料中所含水分即为该空气条件下的平衡水分。物料的瞬间干基含水量(kg(水)/kg(绝干物料))为

$$X=\frac{m-m_c}{m_c} \tag{3-9-2}$$

式中：m——物料的瞬间质量，kg；

m_c——物料的绝干质量，kg。

典型的干燥曲线如图 3-9-1(a)所示。

干燥曲线的形状由物料性质和干燥条件决定。

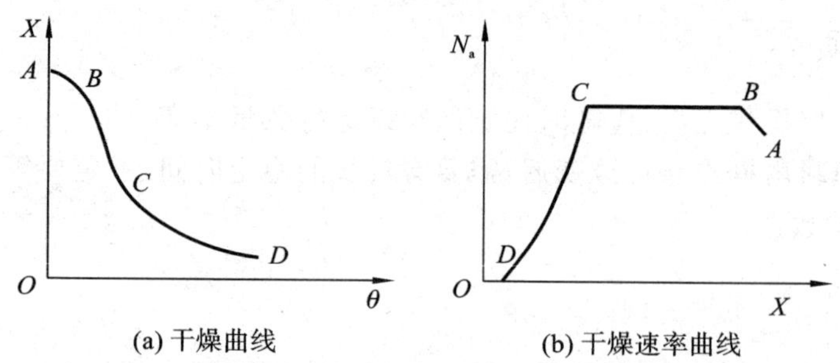

(a) 干燥曲线　　(b) 干燥速率曲线

图 3-9-1　干燥曲线和干燥速率曲线

2. 干燥速率曲线

干燥速率曲线是指在单位时间内、单位干燥面积上汽化的水分质量。

$$N_a = \frac{dW}{A\,d\theta} \tag{3-9-3}$$

式中：N_a——干燥速率，$kg/(m^2 \cdot s)$；

A——干燥面积，m^2；

W——从被干燥物料中除去的水分质量，kg。

干燥面积和绝干物料的质量均可测得，为了方便起见，可近似用下式计算干燥速率：

$$N_a = \frac{\Delta W}{A\,\Delta\theta} \tag{3-9-4}$$

本实验是通过相同时间间隔($\Delta\theta$)内挥发一定量的水分(ΔW)来测定干燥速率的。

影响干燥速率的因素很多，它与物料性质和干燥介质(空气)的情况有关。在干燥条件不变的情况下，对同类物料，当厚度和形状一定时，干燥速率 N_a 是物料干基含水量的函数(图 3-9-1(b))，即

$$N_a = f(X) \tag{3-9-5}$$

3. 传质系数计算(恒速干燥阶段)

在恒速干燥阶段，物料表面与空气之间的传热速率和传质速率可分别以下面两式表示：

$$\frac{dq}{A\,d\theta} = \alpha(t - t_w) \tag{3-9-6}$$

$$\frac{dW}{A\,d\theta} = K_H(H_w - H) \tag{3-9-7}$$

式中：q——由空气传给物料的热量，kJ；

α——对流传热系数，$kW/(m^2 \cdot ℃)$；

t、t_w——空气的干、湿球温度，℃；

K_H——以湿度差为推动力的传质系数，kg/(m^2·s)；

H、H_w——与 t、t_w 相对应的空气的湿度，kg/kg(干空气)。

当物料一定，干燥条件恒定时，α、K_H 的值也恒定。在恒速干燥阶段，物料表面保持足够湿润，干燥速率由表面水分汽化速率控制。若忽略以辐射及传导方式传递给物料的热量，则物料表面水分汽化所需要的热量全部由空气以对流的方式供给，此时物料表面温度即空气的湿球温度 t_w，水分汽化所需热量等于空气传入的热量，即

$$r_w \, dW = dq \tag{3-9-8}$$

式中：r_w——t_w 时水的汽化热，kJ/kg。

因此有

$$\frac{r_w dW}{A d\theta} = \frac{dq}{A d\theta}$$

即

$$r_w K_H (H_w - H) = \alpha (t - t_w) \tag{3-9-9}$$

$$K_H = \frac{\alpha}{r_w} \cdot \frac{t - t_w}{H_w - H} \tag{3-9-10}$$

对于水-空气干燥传质系统，当被测气流的温度不太高，流速>5 m/s 时，式(3-9-10)又可简化为

$$K_H = \frac{\alpha}{1.09} \tag{3-9-11}$$

4. K_H 的计算

(1) 查(或计算)H、H_w。

由干、湿球温度 t、t_w，根据湿焓图查出或计算出相应的 H、H_w。

(2) 计算流量计处的空气性质。

从流量计到干燥室，虽然空气的温度、相对湿度发生变化，但其湿度未变。因此，可以利用干燥室处的 H 值来计算流量计处的物性。已测得孔板流量计前气温是 t_L，则

流量计处湿空气的比体积(kg(水)/m^3(干气))

$$v_H = (2.83\times10^{-3} + 4.56\times10^{-3} H)(t + 273)$$

流量计处湿空气的密度(kg/m^3(湿气))

$$\rho = (1 + H)/v_H$$

(3) 计算流量计处的质量流量 m(kg/s)。

由孔板流量计处的压差计测得 Δp(Pa)。

流量计的孔流速度(m/s)

$$u_0 = C_0 \sqrt{\frac{2 \cdot \Delta p}{\rho}}$$

其中

$$C_0=0.74$$

流量计处的质量流量(kg/s)

$$Q=u_0A_0\rho$$

其中孔板孔面积

$$A_0=0.001697\ \text{m}^2$$

(4) 计算干燥室的质量流速 G(kg/(m² · s))。

虽然从流量计到干燥室空气的温度、相对湿度、压力、流速等均发生变化,但两个截面的湿度 H 和质量流量 Q 一样。因此,可以利用流量计处的 Q 值来计算干燥室处的质量流速 G。

干燥室的质量流速

$$G=Q/A$$

式中:A——干燥室的横截面积。

(5) 计算传热系数 α。

干燥介质(空气)流过物料表面时可以是平行的,也可以是垂直的,还可以是倾斜的。实践证明,空气平行于物料表面流动时,其对流传热系数最大,干燥最快、最经济。因此将干燥物料做成薄板状,其平行气流的干燥面最大,而在计算传热系数时,因为两个垂直面面积较小,传热系数也远远小于平行流动时的传热系数,所以其两个垂直面面积的影响可忽略。

对于水-空气系统,空气平行于物料表面流动时,给热系数 α 经验式为

$$\alpha=0.0143G^{0.8} \tag{3-9-12}$$

式中:α——给热系数,kW/(m² · ℃);

G——气体的质量流速,kg/(m² · s)。

上式实验条件为 $G=0.68\sim8.14$ kg/(m² · s),气温 $t=45\sim150$ ℃。

(6) 计算 K_H。

由式(3-9-12)计算出 α,代入式(3-9-11)即可计算出传质系数 K_H。

三、实验装置和流程

1. 流程图

实验流程如图 3-9-2 所示。

2. 流程说明

本装置由离心式风机送风,先经过圆管,由孔板流量计测风量,经电加热器加热后,进入方形风道,流入干燥室,再经方变圆管流入蝶阀(可手动调节流量),流入风机进口,形成循环风洞干燥。

为防止循环风的湿度增加,保证恒定的干燥条件,在风机进、出口分别装有阀

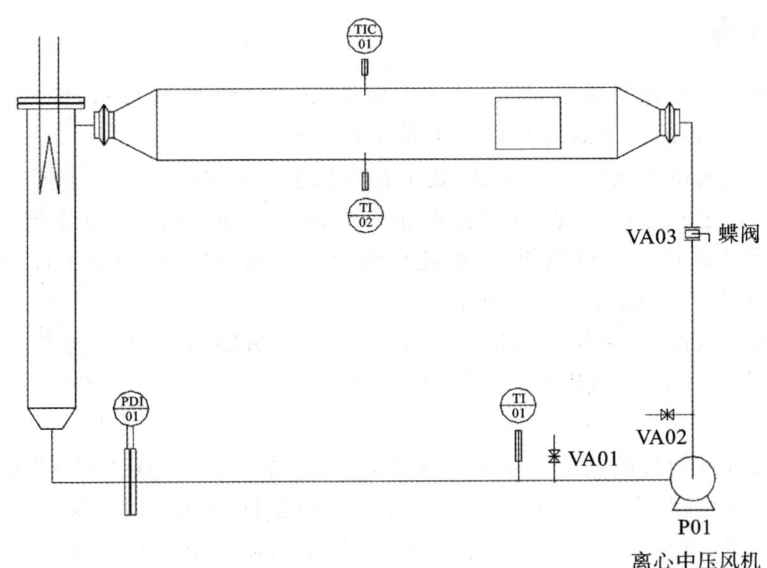

图 3-9-2 风洞干燥实验装置流程图

阀门：VA02—风机进口闸阀，VA01—风机出口球阀，VA03—蝶阀。

温度：TIC01—干球温度，TI01—风机出口温度，TI02—湿球温度。

压差：PDI01—孔板压差。

门，风机出口不断排出废气，风气进口不断流入新鲜气，以保证循环风湿度不变。

为保证进入干燥室的风温恒定，保证恒定的干燥条件，电加热器的两组电热丝采用自动控温，具体温度可人为设定。

本实验有三个计算温度：一是进干燥室的干球温度 TIC01(为设定的仪表读数)，二是进干燥室的湿球温度 TI02，三是风机出口温度 TI01，其位置如图 3-9-2 所示。

本装置管道系统均由不锈钢板加工而成，电加热室和风道采用保温措施。

3. 设备、仪表参数

(1) 中压风机：全风压 2 kPa，风量 16 m^3/min，功率 750 W，电压 380 V。

(2) 圆管：内径 60 mm。

(3) 风洞内方管：120 mm×150 mm(宽×高)。

(4) 电加热器：两组电热丝(2×2 kW)，自动控温。

(5) 孔板流量计：全不锈钢，环隙取压，孔径 46.48 mm，孔面积比 $m=0.6$，孔板流量系数 $C_0=0.74$。

(6) 差压传感器：0～10 kPa。

(7) 热电阻传感器：Pt100，显示分度 0.1 ℃。

(8) 称重传感器：0～1000 g，测量精度 0.1 g。

四、操作步骤

(1) 称量干燥物料质量,并记录绝干质量,将待干燥物料浸水,使试样含有适量水分(70～100 g,不能滴水),以备干燥实验用。

(2) 检查风机进出口放空阀,应处于开启状态。往湿球温度计小杯中加水。

(3) 检查电源连接情况,开启控制柜总电源。启动风机,并调节阀门 VA03,使仪表显示达到预定的风速值,一般孔板前后压差调节到 800 Pa 左右(等加热稳定后再调节风量,升温后会影响风量)。

(4) 调好风速后,操作一体机触摸屏,打开电加热器控制,设定加热温度(一般在 80～95 ℃);开启电加热器,逐渐达到设定温度(这个温度对应于干燥箱内的干球温度)。

(5) 放置湿物料前调节称重显示仪表,点击称重示数旁边的"清零"按钮。

(6) 状态稳定(干、湿球温度不再变化)后,将试样放到干燥室架子上,等物料质量停止上升,开始下降时开始读取物料质量,手动输入记录时间间隔(180 s),点击"开始记录实验数据",直至试样质量基本稳定,停止记录,然后点击"数据处理"。

(7) 取出被干燥的试样,先关闭电加热器。当干球温度 TIC01 降到 50 ℃以下时,关闭风机,退出系统,关闭计算机,关闭控制电源,关闭总电源。

五、注意事项

(1) 实验前务必检查湿球温度测量装置,保证有机玻璃管水位超过棉线。

(2) 开加热电压器前必须先开启风机,关闭风机前必须先关闭电加热器。

(3) 干球温度一般控制在 80～95 ℃。

(4) 放物料时,需戴隔热手套,以免烫手,检查物料是否与风向平行。

(5) 干球温度 TIC01 降到 50 ℃以下,方可关闭风机。

六、实验数据处理

记录实验数据,完成实验记录表,并计算干基含水量、水分汽化速率,绘制干燥曲线、干燥速率曲线。

表 3-9-1　实验记录表

绝干质量/g	湿物料长/mm	湿物料宽/mm	湿物料高/mm	干球温度/℃
湿球温度/℃	孔板压差/Pa	风机出口温度/℃	孔板孔截面积/m^2	风洞截面积/m^2

续表

湿物料质量 /g	时间间隔 Δt /s	干燥时间 t /s	干基含水量 X /(kg(水)/kg(绝干物料))	水分汽化速率 N_a /[g/(m^2 · s)]

七、思考题

(1) 测定干燥速率曲线的意义是什么?

(2) 有一些物料在热气流中干燥时,热气流相对湿度要小,而又有一些物料要在相对湿度较大的热气流中干燥,为什么?

(3) 影响干燥速率的因素有哪些?

实验 10　液-液萃取实验

液-液萃取实验视频

一、实验目的

(1) 熟悉转盘式萃取塔的结构、流程及各部件的作用。

(2) 了解萃取塔的操作方法。

(3) 测定转速对分离提纯效果的影响,并计算传质单元高度。

二、实验原理

1. 萃取的基本原理

萃取常用于分离提纯液-液溶液或乳浊液,特别是植物浸提液的纯化。虽然蒸馏也是分离液-液体系,但它和萃取在原理上是完全不同的。萃取在原理上非常类似于吸收,均是根据溶质在两相中溶解度的不同进行分离操作,都是相间传质过程,吸收剂、萃取剂都可以回收再利用。但它又不同于吸收:吸收中两相密度差别大,只需逆流接触而不需外能;萃取中两相密度差别小,界面张力差也不大,在搅拌、脉动、振动等过程中需外加能量。另外,萃取分散的两相分层分离的效率也不高,萃取需要足够大的分层空间。

萃取是重要的化工单元过程。萃取工艺成本低廉,应用前景良好。学术上主要研究萃取剂的合成与选取、萃取过程的强化等课题。为了获得高的萃取率,萃取设备的设计和操作人员必须对萃取过程有全面深刻的了解,通过本实验可以达到这方面的训练目的。本实验是用水对白油中的苯甲酸进行萃取的验证性实验。

2. 萃取塔设备运行条件

为保证本实验设备正常运行,需要适度的外加能量和足够大的分层空间。

3. 分散相的选择

分散相的选择原则如下：

(1) 体积流量大的相作为分散相(本实验中油的体积流量大)；

(2) 不易润湿的相作为分散相(本实验中油为不易润湿的相)；

(3) 根据液-液萃取界面张力理论,对于界面张力梯度大于零的物质,溶质从液滴向连续相传递；

(4) 黏度大的、含放射性的、成本高的相作为分散相；

(5) 从安全考虑,易燃易爆的相作为分散相。

4. 外加能量

有利的方面：

(1) 增加液液传质表面积；

(2) 增加液液界面的湍动,提高界面传质系数。

不利的方面：

(1) 返混增加,传质推动力下降；

(2) 液滴太小,内循环消失,传质系数下降；

(3) 外加能量过大时,容易产生液泛,通量下降。

5. 液泛

当连续相速度增加或分散相速度降低时,分散相上升(或下降)速度为零,对应的连续相速度即为液泛速度。

产生原因:外加能量过大,液滴过多、太小,造成液滴浮不上去;连续相流量过大或分散相流量过小,也可能导致分散相上升速度为零;另外,和系统的物性等也有关。

6. 传质单元法计算传质单元数

塔式萃取设备,其计算和气液传质设备一样,即要求确定塔径和塔高两个基本尺寸。塔径取决于两液相的流量及适宜的操作速度,影响设备的产能;而塔高则取决于分离浓度要求及分离的难易程度。本实验装置属于塔式微分设备,其计算采用传质单元法,采用与计算吸收操作中填料层高度相似的方法计算萃取段的有效高度。

假设:(1) B和S完全不互溶,此时浓度 X 用质量比表示比较方便；

(2) 溶质质量比组成较小时,体积传质系数 $K_X a$ 在整个萃取段近似为常数。

$$h = \frac{B}{K_X a \Omega}\int_{X_R}^{X_F}\frac{dX}{X - X^*} \quad 或 \quad h = H_{OR}N_{OR} \tag{3-10-1}$$

式中:h——萃取段有效高度,本实验 $h=0.65$ m；

B——萃取剂流量；

$K_X a$——以萃取相中溶质的质量比组成为推动力的总体积传质系数；

Ω——塔截面积；

X——萃取相中溶质的质量比组成；

X^*——与萃余相组成平衡的萃取相中溶质的质量比组成；

H_{OR}——传质单元高度；

N_{OR}——传质单元数。

传质单元数 N_{OR}，在平衡线和操作线均可看作直线的情况下，其计算方法仍可采用平均推动力法进行计算，如图 3-10-1 所示。

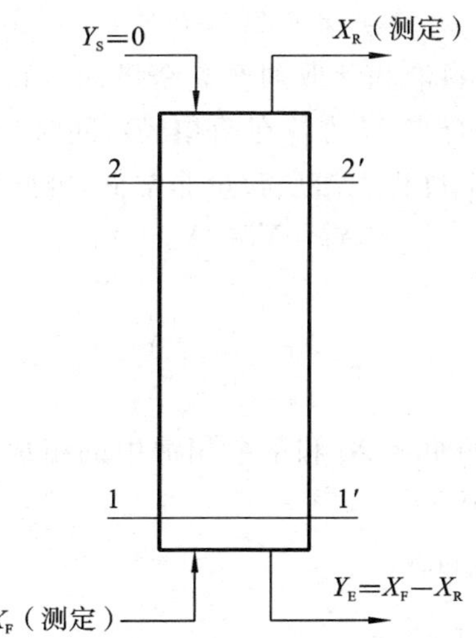

图 3-10-1　液-液萃取过程计算分解示意图

E—萃取相；F—原料液；S—萃取剂；R—萃余相；X—原料液浓度；Y—萃取相浓度

其计算式为

$$N_{OR} = \frac{\Delta X}{\Delta X_m}$$

其中

$$\Delta X = X_F - X_R$$

$$\Delta X_m = \frac{\Delta X_1 - \Delta X_2}{\ln \frac{\Delta X_1}{\Delta X_2}}$$

其中

$$\Delta X_1 = X_F - X_F^*, \quad \Delta X_2 = X_R - X_R^*$$

式中 X_F、X_R 可以测得，Y_E 为出塔的萃取相的质量比组成，可以测得或根据物料衡算式得到，而平衡组成 X^* 可根据操作线方程和平衡曲线图解求得。

根据以上计算，即可获得在该实验条件下的实际传质单元高度。然后，可以通过改变实验条件进行不同条件下的传质单元高度计算，并比较其影响。

为使以上计算过程更加清晰，说明以下几个问题。

(1) 物料流的计算。

根据全塔物料衡算,有

$$F+S=R+E$$

$$FX_F+SY_S=RX_R+EY_E$$

式中:F——原料液流量;

S——萃取剂流量;

E——萃取相流量;

R——萃余相流量。

本实验中,为了让原料液和萃取剂在整个塔内维持在两相区(见图 3-10-2 液-液萃取三角形相图,图中合点 M 维持在两相区),同时为了计算和操作更加直观方便,取 $F=S$。又由于整个过程中溶质含量非常低,因此得到 $F=S=R=E$。

$$X_F+Y_S=X_R+Y_E$$

本实验中 $Y_S=0$,因此有

$$X_F=X_R+Y_E$$

即

$$Y_E=X_F-X_R$$

只要测得原料白油的组成 X_F 和萃余相油中的组成 X_R,即可根据物料衡算式计算出萃取相水中的组成 Y_E。

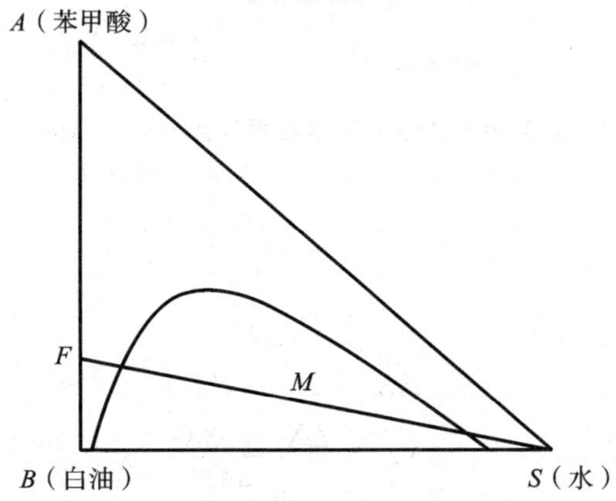

图 3-10-2　液-液萃取三角形相图

(2) 转子流量计的校正。

本实验中用到的转子流量计是以水在 20 ℃、常压的条件下进行标定的,本实验的条件也是在接近常温(20 ℃)和常压的条件下进行的,由于温度和压力对不可压缩流体的密度影响很微小,可不进行刻度校正。但如果用于测量白油,因其与水在同等条件下密度相差很大,则必须进行刻度校正,否则会给实验结果带来很大误差。

转子流量计校正公式：

$$\frac{Q_1}{Q_0}=\sqrt{\frac{\rho_0(\rho_f-\rho_1)}{\rho_1(\rho_f-\rho_0)}}=\sqrt{\frac{1000\times(7920-820)}{820\times(7920-1000)}}=1.119 \tag{3-10-2}$$

式中：Q_1——实际体积流量，L/h；

Q_0——刻度读数流量，L/h；

ρ_1——实际油的密度，kg/m^3，本实验中为 820 kg/m^3（参考值）；

ρ_0——标定时水的密度，kg/m^3，取 1000 kg/m^3；

ρ_f——不锈钢金属转子的密度，kg/m^3，取 7920 kg/m^3。

本实验测定时，以水流量为基准，转子流量计读数取 $Q_S=10$ L/h，则

$$S=Q_S\rho_水=10/1000\times1000\ \text{kg(水)/h}=10\ \text{kg(水)/h}$$

由于 $F=S$，有 $F=10$ kg(油)/h，则

$$Q_F=F/\rho_油=10/820\times1000\ \text{L(油)/h}=12.2\ \text{L(油)/h}$$

实际油流量 $Q_1=Q_F=12.2$ L/h，根据转子流量计校正公式，刻度读数值应为

$$Q_0=Q_1/1.119=12.2/1.119\ \text{L(油)/h}=11\ \text{L(油)/h}$$

即在本实验中，若使萃取剂水流量 $Q_S=10$ L(水)/h，则必须保持原料油转子流量计读数 $Q_0=11$ L(油)/h，这样才能保证质量流量 F 与 S 一致。

（3）物质的量浓度的测定。

取 25 mL 原料油（或萃余相油），以酚酞为指示剂，用配制好的浓度（c_{NaOH}）约为 0.1 mol/L 的 NaOH 标准溶液进行滴定，测出 NaOH 标准溶液用量 V_{NaOH}(mL)，则原料液的浓度 c_F(mol/L)为

$$c_F=\frac{\frac{V_{NaOH}}{1000}\times c_{NaOH}}{0.025} \tag{3-10-3}$$

同理可测出 c_R。

（4）物质的量浓度 c 与质量比 $X(Y)$ 的换算。

质量比 $X(Y)$ 与质量分数 $x(y)$ 的区别如下：

$$X=\frac{溶质质量}{溶剂质量},\quad x=\frac{溶质质量}{溶质质量+溶剂质量}$$

本实验因为溶质含量很低，且以溶剂不损耗为计算基准更科学，因此采用质量比 X 而不采用质量分数 x。

$$X_R=c_RM_A/\rho_{白油}=c_R\times122/820$$

$$X_F=c_FM_A/\rho_{白油}=c_F\times122/820$$

$$Y_E=X_F-X_R$$

（5）萃取率的计算。

$$\eta=\frac{X_F-X_R}{X_F}\times100\% \tag{3-10-4}$$

三、实验装置和流程

1. 流程图

实验流程如图 3-10-3 所示。

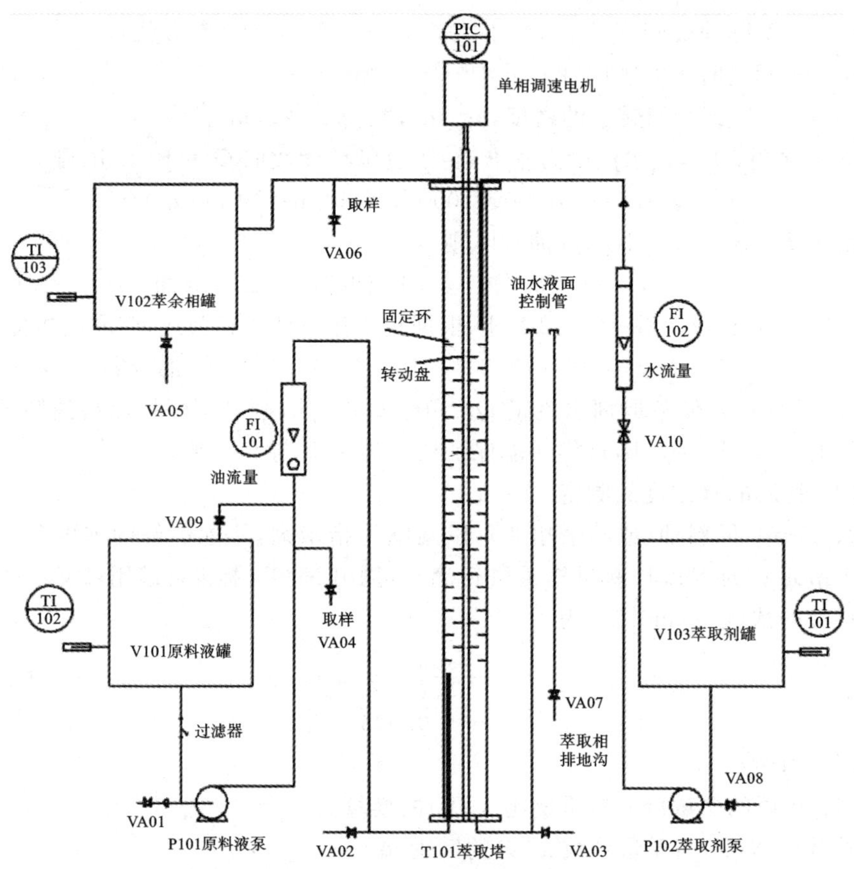

图 3-10-3　萃取实验流程图

TI01～TI04—温度指示器;VA01～VA10—阀门;FI01、FI02—流量计

2. 流程说明

将萃取剂和原料液分别加入萃取剂罐和原料液罐,经泵输送至萃取塔中,电机驱动萃取塔内转动盘转动进行萃取实验,电机转速可调,油相从上法兰处溢流至萃余相罐。实验中,从取样阀 VA06 取萃余相样品进行分析,从取样阀 VA04 取原料液样品进行分析。

萃取剂:萃取剂罐—水泵—流量计—塔上部—塔下部—油水液面控制管—地沟。

原料液：原料液罐—油泵—流量计—塔下部—塔上部—萃余相罐—原料液罐。

本实验中油为 7 号工业白油。

3. 设备、仪器参数

(1) 萃取塔：内径 84 mm，总高 1300 mm，有效高度 650 mm；塔内固定环 14 个，转动盘 12 个（从上到下编序），盘间距、环间距均为 50 mm；塔顶、塔底分离空间均为 250 mm。

(2) 循环泵：15 W 磁力循环泵。

(3) 原料液罐、萃取剂罐、萃余相罐：ϕ290 mm×400 mm，约 25 L，配不锈钢槽。

(4) 调速电机：100 W，0～1300 r/min 无级调速。

(5) 流量计：量程 2.5～25 L/h。

四、操作步骤

1. 开机准备阶段

(1) 灌塔：在萃取剂罐 V103 中倒入蒸馏水，打开泵 P102，打开进塔水流量计 FI102 向塔内灌水，塔内水上升到最上面（第一个）固定环与法兰约中间位置即可，关闭进水阀。

(2) 配原料液：在原料液罐中先加白油至 3/4 容积处，再加苯甲酸配制约 0.01 mol/L 的（配比约为每 1 L 白油 1.22 g 苯甲酸）原料液，此时可分析出大致的原料浓度，后续可通过酸碱滴定法测定原料液较准确的苯甲酸浓度。注意：苯甲酸要提前溶解在白油中，搅拌溶解后再加入原料液罐，防止未溶解的苯甲酸堵塞原料液罐底部过滤器。

1%的酚酞乙醇溶液的配制：称取 1 g 酚酞，用无水乙醇溶解并稀释至 100 mL。

0.1 mol/L 氢氧化钠溶液的配制：称取 1 g 氢氧化钠，溶于 25 mL 无水乙醇中，后定容至 250 mL。

(3) 开启原料液泵 P101、调节阀 VA09，排出管内气体，使原料能顺利进入塔内；然后半开调节阀 VA09。

(4) 开启转动盘电机，转速为 200 r/min 左右（具体转速可根据实际情况确定）。

2. 实验操作（保持一定流量，改变转速）

(1) 保持一定转速，开启水阀 VA10 至一定流量（如 10 L/h），再开启进料阀 FI101 至一定流量（如 11 L/h），维持在一定值。注意：转子流量计使用过程中有流量指示值逐渐减小的情况，注意观察流量，及时手动调节至目标流量。

(2) 调节油水分界面调节阀 VA07,使阀门全开,观察塔顶油-水分界面,并维持分界面在第一个转动盘与法兰约中间位置,最后水流量也应该稳定在和进口水流量相同的状态。(油水分界面应在第一个转动盘上玻璃管段约中间位置,可微调阀 VA07,维持界面位置,界面的偏移对实验结果没有影响。)

(3) 一定时间后(稳定时间约 10 min),分别取 25 mL 原料液和萃余相(产品白油)样品进行分析。(本实验替代时间的计算:设分界面在第一个固定环与法兰中间位置,则油的塔内存储体积是$(0.084/2)^2 \times 3.14 \times 0.125\ m^3 = 0.7\ L$,流量按 11 L/h,替换时间为 $0.7/11 \times 60\ min = 3.8\ min$。根据稳定时间=3×替代时间设计,因此稳定时间约为 10 min。

(4) 改变转速至 400 r/min、600 r/min(建议值)等值,重复以上操作。并记录下相应的转速与出口组成分析数据。

3. 观察液泛

将转速调到约 1000 r/min,外加能量过大。观察塔内现象。油与水乳化强烈,油滴微小,使油浮力下降,油水分层程度降低,塔内绝大部分处于乳化状态。此为塔不正常状态,正常运行时应避免。

4. 停机

(1) 实验完毕,关闭进料阀 FI101,关闭原料液泵 P101,关闭调速电机,关闭流量计阀门,关闭水泵。

(2) 整理萃余相罐 V102、原料液罐 V101 中料液,以备下次实验用。

五、注意事项

(1) 在启动加料泵前,必须保证原料罐内有原料液,长期使磁力泵空转会使泵温升高而损坏磁力泵。第一次运行磁力泵时,须排除泵内空气。若不进料应及时关闭进料泵。

(2) 严禁学生打开电气控制柜,以免发生触电事故。

(3) 塔釜出料操作时,应紧密观察塔顶分界面,防止分界面过高或过低。塔釜放料时严禁无人看守。

(4) 在冬季室内温度达到冰点时,严禁设备内存水。

(5) 泵长期不用时,一定要排净油泵内的白油,因为泵内密封材料是橡胶类,被有机溶剂(白油)长期浸泡会发生慢性溶解和浸涨,导致密封不严而发生泄漏。

六、实验数据处理

记录有关实验数据,完成表 3-10-1、表 3-10-2、表 3-10-3。

表 3-10-1　塔及有关物性数据

塔内径/mm	塔总高/mm	有效高度/mm	转动盘数	固定环数	环间距/mm
84	1300	650	12	14	50
温度/℃	水密度/(kg/m³)	分配系数 K	$M_{苯甲酸}$/(g/mol)	油密度/(kg/m³)	
20.0	998.2	2.2	122	820	

表 3-10-2　浓度测定数据记录表

序号	转速/(r/min)	原料液 F				萃余相 R			
		初体积/mL	终体积/mL	V_{NaOH}/mL	c_F	初体积/mL	终体积/mL	V_{NaOH}/mL	c_R
1									
2									
3									

表 3-10-3　液-液萃取实验数据记录表

序号	转速/(r/min)	X_F	X_R	Y_E	ΔX_m	N_{OR}	H_{OR}
1		1	1	1			
2							
3							

对不同转速下计算出的结果进行比较分析。

七、思考题

(1) 液-液萃取设备与气-液传质设备主要有何区别？

(2) 对液-液萃取过程来说，是否外加能量越大越有利？

(3) 什么是萃取塔的液泛现象？在操作中，你是怎么确定液泛速度的？

第四部分　演示性实验

实验1　雷诺实验

一、实验目的

（1）演示层流、过渡流、湍流等各种流型。

（2）观察流体在圆管内流动过程的速度分布。

（3）测定不同流型对应的雷诺数。

二、实验原理

流体在圆管内的流型分为层流、过渡流和湍流，可根据雷诺数来予以判断。本实验通过测定不同流型下的雷诺数值来验证该理论的正确性。

雷诺数

$$Re = \frac{ud\rho}{\mu}$$

式中：d——管径，m；

u——流体的流速，m/s；

μ——流体的黏度，N·s/m^2；

ρ——流体的密度，kg/m^3。

三、实验装置和流程

1. 流程图

实验流程如图4-1-1所示。

2. 实验装置主要技术参数

实验管道有效长度1000 mm，外径30 mm，内径25 mm。

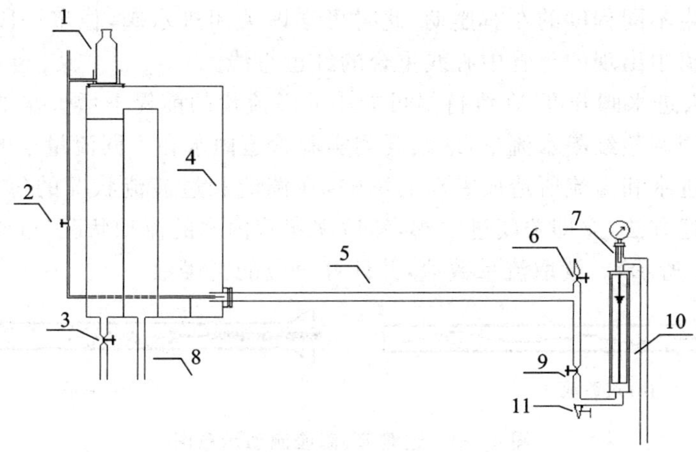

图 4-1-1 雷诺实验流程图

1—下口瓶；2—调节夹；3—进水阀；4—高位水箱；5—测试管；6—排气阀；
7—温度计；8—溢流口；9—水流量调节阀；10—转子流量计；11—排水阀

四、操作步骤

1. 实验前准备工作

(1) 向棕色瓶中加入适量用水稀释过的红墨水，打开进水阀，使红墨水充满小进样管。

(2) 观察小进样管位置，判断是否处于实验管道中心线上，适当调整细管，使其处于实验管道的中心线上。

(3) 关闭水流量调节阀、排气阀，打开进水阀、排水阀，向高位水箱注水，使水充满水箱并产生溢流，保持一定溢流量。

(4) 缓慢开启水流量调节阀，让水缓慢流过实验管道，使红墨水连续流动充满整个管道。

2. 雷诺实验(演示)

(1) 在做好以上准备的基础上，调节进水阀，维持尽可能小的溢流量。

(2) 缓慢打开红墨水流量调节夹，红墨水流束即呈现不同流动状态，红墨水流束所表现的就是当前水流量下实验管道内水的流动状况(图 4-1-2 表示层流流动)。读取流量数值，并计算出对应的雷诺数。

图 4-1-2 层流流动示意图

(3) 因进水和溢流造成的震动，有时会使实验管道中的红墨水流束偏离管内中心线或发生不同程度的左右摆动,此时可立即关闭进水阀,稳定一段时间,即可看到实验管道中出现的与管中心线重合的红色直线。

(4) 加大进水阀开度,在维持尽可能小的溢流量的前提下增大水的流量,根据实际情况适当调整红墨水流量,继续观测实验管道内水在不同流量下的流动状况。为部分消除进水和溢流所造成震动的影响,在湍流和过渡流状况的每一种流量下均可采用上述方法,立即关闭进水阀,然后观察管内水的流动状况(过渡流、湍流流动如图 4-1-3 所示)。读取流量数值,并计算对应的雷诺数。

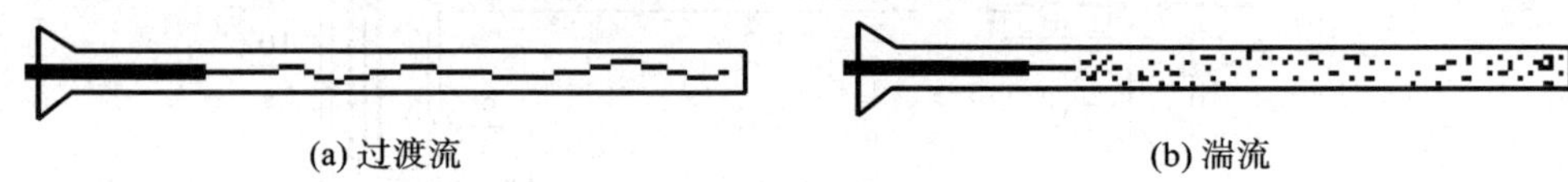

(a) 过渡流　　(b) 湍流

图 4-1-3　过渡流、湍流流动示意图

3. 圆管内流体速度分布实验(演示)

(1) 关闭进水阀、水流量调节阀。

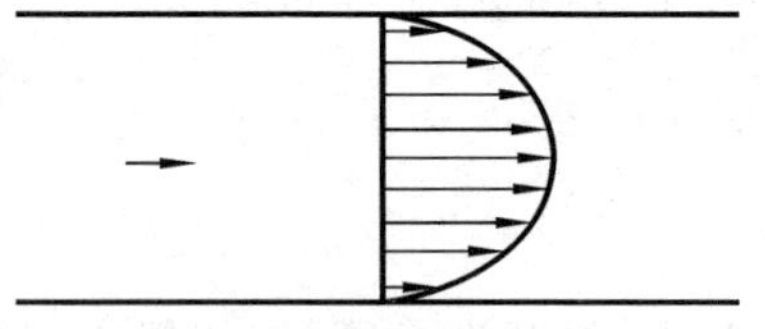

图 4-1-4　流速分布示意图

(2) 将红墨水流量调节夹打开,使红墨水滴落在不流动的实验管路中。

(3) 突然打开水流量调节阀,在实验管路中可以清晰看到红墨水线流动所形成的如图 4-1-4 所示的速度分布。

4. 实验结束操作

(1) 首先关闭红墨水流量调节夹,使红墨水停止流动。

(2) 关闭进水阀,使自来水停止流入水槽。

(3) 待实验管道中红色消失时,关闭水流量调节阀。

(4) 如果以后较长时间不再使用该套装置,应将设备内各处存水放净。

五、实验数据处理

(1) 填写原始数据记录表,将有关数据进行整理。

(2) 列出实验结果,写出典型数据的计算过程,分析和讨论实验现象。

表 4-1-1 为实验数据处理示例。

表 4-1-1　雷诺实验数据记录表

序号	流量 /(L/h)	流量 $Q\times10^5$ /(m^3/s)	流速 $u\times10^2$ /(m/s)	雷诺数 $Re\times10^{-2}$	观察现象	流型
1	60	1.67	0.034	1083.2	管中一条红线	层 流
2	70	1.94	4.00	12.63	管中一条红线	层 流

续表

序号	流量 /(L/h)	流量 $Q\times10^5$ /(m^3/s)	流速 $u\times10^2$ /(m/s)	雷诺数 $Re\times10^{-2}$	观察现象	流型
3	90	2.50	5.10	16.25	管中一条红线	层流
4	100	2.78	0.057	18.05	管中红线波动	过渡流
5	120	3.33	6.80	21.66	管中红线波动	过渡流
6	140	3.89	7.90	25.28	红墨水扩散	湍流
7	160	4.44	9.10	28.89	红墨水扩散	湍流

实验 2　能量转换(伯努利方程)实验

一、实验目的

(1) 演示流体在管内流动时静压能、动能、位能相互之间的转换关系，加深对伯努利方程的理解。

(2) 通过能量之间的转化了解流体在管内流动时流体阻力的表现形式。

(3) 直接观测当流体经过扩大、收缩管段时，各截面上静压头的变化过程。

二、实验原理

在实验管路中沿管内水流方向取 n 个过水断面。运用不可压缩流体的定常流动的总流伯努利方程，可以列出进口附近断面(1)至另一缓变流断面(i)的伯努利方程：

$$Z_1+\frac{p_1}{\rho g}+\frac{\alpha_1 u_1^2}{2g}=Z_i+\frac{p_i}{\rho g}+\frac{\alpha_i u_i^2}{2g}+H_{f,1-i}$$

其中 $i=2,3,\cdots,n$，取 $\alpha_1=\alpha_2=\cdots\alpha_i=\cdots=\alpha_n=1$。

选好基准面，从断面处已设置的静压测管中读出测管压头 $Z+\frac{p}{\rho g}$ 的值；通过测量管路的流量，计算出各断面的平均流速 u 和 $\frac{\alpha u^2}{2g}$ 的值，即可得到各断面的总压头 $Z+\frac{p}{\rho g}+\frac{\alpha u^2}{2g}$ 的值。

三、实验装置和流程

1. 流程图

实验测试导管管路如图 4-2-1 所示。实验流程如图 4-2-2 所示。

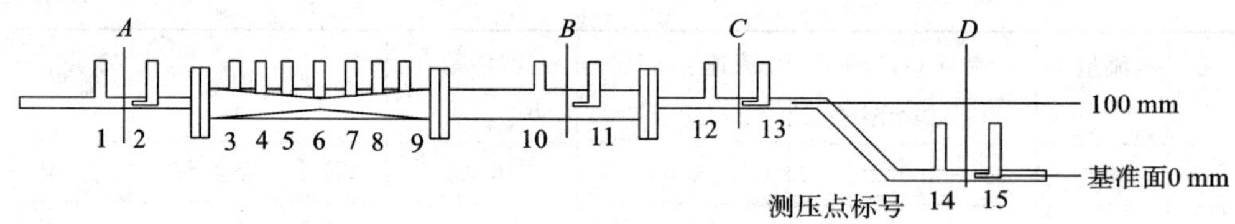

图 4-2-1　实验测试导管管路图

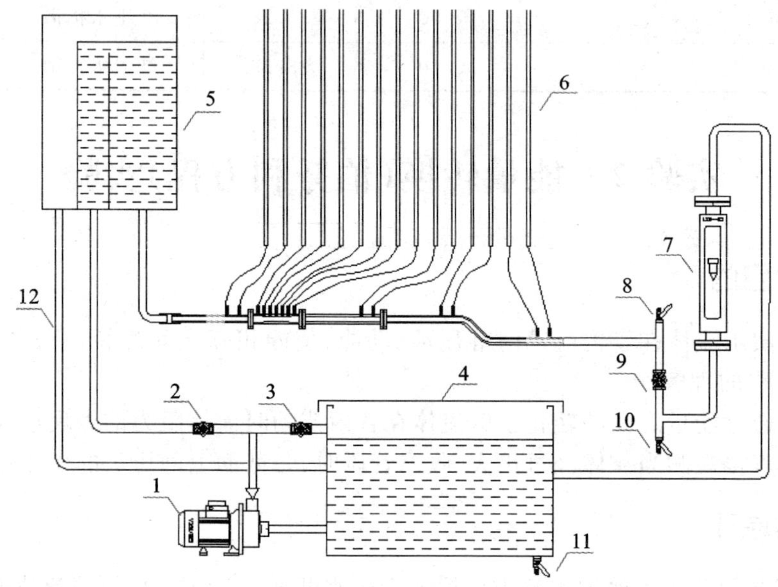

图 4-2-2　能量转换实验流程图

1—离心泵;2—泵出口上水阀;3—旁路调节阀;4—水箱;5—高位槽;6—玻璃管压差计;7—转子流量计;8—排气阀;9—流量调节阀;10—排水阀;11—水箱放水阀;12—回水管路

2. 设备参数

(1) 离心泵:型号 WB50/025,不锈钢材质。

(2) 水箱:880 mm×370 mm×550 mm,不锈钢材质。

(3) 高位槽:445 mm×445 mm×730 mm,有机玻璃材质。

四、操作步骤

(1) 将一定量的蒸馏水灌入水箱,关闭离心泵出口上水阀、旁路调节阀及实验测试导管出口流量调节阀、排气阀、排水阀。

(2) 逐步开大离心泵出口上水阀,当高位槽溢流管有液体溢流后,打开流量调节阀,同时利用旁路调节阀调节溢流水量。稳定一段时间。

(3) 待流体稳定后读取转子流量计示数并记录各点数据。

(4) 逐步关小流量调节阀，重复以上步骤，继续测定多组数据。

(5) 关闭离心泵，结束实验。

五、实验数据处理

(1) 填写原始数据记录表，将有关数据进行整理。

(2) 列出实验结果，写出典型数据的计算过程，分析和讨论实验现象。

下面举例说明实验数据处理。

A 截面的直径 14 mm，*B* 截面直径 28 mm，*C* 截面、*D* 截面直径 14 mm。

以 *D* 截面的中心所在水平面为零基准面，*D* 截面中心和基准面间距离 $Z_D=$ 0 mm。

A、*B*、*C* 截面和 *D* 截面中心点的高度差均为 100 mm。原始数据如表 4-2-1、表 4-2-2 所示。

表 4-2-1　第一台实验装置数据记录表

序号	压头种类	流量为 600 L/h 时的压头/mmH_2O	流量为 500 L/h 时的压头/mmH_2O	流量为 400 L/h 时的压头/mmH_2O
1	静压头	917	936	954
2	冲压头	949	959	968
3	静压头	893	917	943
4	静压头	878	911	937
5	静压头	808	864	910
6	静压头	687	781	852
7	静压头	756	826	878
8	静压头	809	864	906
9	静压头	822	875	917
10	静压头	840	885	919
11	冲压头	849	889	923
12	静压头	801	857	900
13	冲压头	838	883	917
14	静压头	767	833	886
15	冲压头	797	854	898

表 4-2-2　第二台实验装置数据记录表

序号	压头种类	流量为 600 L/h 时的压头/mmH_2O	流量为 500 L/h 时的压头/mmH_2O	流量为 400 L/h 时的压头/mmH_2O
1	静压头	900	923	943
2	冲压头	923	942	958
3	静压头	878	910	932
4	静压头	869	903	924
5	静压头	817	865	898
6	静压头	656	734	813
7	静压头	736	804	852
8	静压头	788	842	884
9	静压头	804	857	892
10	静压头	812	859	900
11	冲压头	823	867	906
12	静压头	775	832	877
13	冲压头	810	839	896
14	静压头	741	811	860
15	冲压头	774	833	878

1. 冲压头分析

冲压头为静压头与动压头之和。实验中观测到,从测压点 2 至测压点 11,截面上的冲压头依次减小,这符合下面的从截面 2 流至截面 11 的伯努利方程:

$$\frac{p_2}{\rho g}+\frac{u_2^2}{2g}=\left(\frac{p_{11}}{\rho g}+\frac{u_{11}^2}{2g}\right)+H_{f,2-11}$$

$$H_{f,2-11}=\left(\frac{p_2}{\rho g}+\frac{u_2^2}{2g}\right)-\left(\frac{p_{11}}{\rho g}+\frac{u_{11}^2}{2g}\right)$$

$$=(949-849)\ mmH_2O=100\ mmH_2O$$

2. 截面间静压头分析(同一水平面处静压头变化)

截面 1 与截面 10 处于同一水平位置,截面 10 的面积比截面 1 的面积大,这样截面 10 处的流速比截面 1 处的流速小。设流体从截面 1 流到截面 10 的压头损失为 $H_{f,1-10}$,以 1—10 面为基准列伯努利方程,即

$$\frac{p_1}{\rho g}+\frac{u_1^2}{2g}=\left(\frac{p_{10}}{\rho g}+\frac{u_{10}^2}{2g}\right)+H_{f,1-10}\,,\quad Z_1=Z_{10}$$

$$\frac{p_{10}}{\rho g}-\frac{p_1}{\rho g}=\left(\frac{u_1^2}{2g}-\frac{u_{10}^2}{2g}\right)-H_{f,1-10}$$

即两截面处静压头之差取决于动压头减小和两截面间的压头损失，$\frac{u_1^2}{2g}-\frac{u_{10}^2}{2g}<H_{f,1-10}$。当实验导管出口调节阀全开时，截面 1 处的静压头为 917 mmH_2O，截面 10 处的静压头为 840 mmH_2O，$p_A>p_B$。说明 A 处动能转化为静压能。

3．截面间静压头分析（不同水平面处静压头变化）

当出口流量为 600 L/h 时，截面 12 处和截面 14 处的静压头分别为 801 mmH_2O 和 767 mmH_2O，流体从 12 测压点流到 14 测压点，静压头降低了 34 mmH_2O。由于截面 12、截面 14 的面积相等，即动能相同，在 C、D 间列伯努利方程，即

$$\frac{p_{14}}{\rho g}-\frac{p_{12}}{\rho g}=(Z_{12}-Z_{14})-H_{f,12-14}$$

可以看出，从截面 12 到截面 14 静压头的减小值取决于 $Z_{12}-Z_{14}$ 和 $H_{f,12-14}$。当 $Z_{12}-Z_{14}>H_{f,12-14}$ 时，静压头增值为正；反之，静压头增值为负。

4．压头损失的计算

以出口流量为 600 L/h 时从 C 到 D 的压头损失和 $H_{f,C-D}$ 为例。现在在 C、D 间列伯努利方程，即

$$\frac{p_C}{\rho g}+\frac{u_C^2}{2g}+Z_C=\frac{p_D}{\rho g}+\frac{u_D^2}{2g}+Z_D+H_{f,C-D}$$

压头损失的算法之一是用冲压头来计算：

$$\begin{aligned}H_{f,C-D}&=\left[\left(\frac{p_C}{\rho g}+\frac{u_C^2}{2g}\right)-\left(\frac{p_D}{\rho g}+\frac{u_D^2}{2g}\right)\right]+(Z_C-Z_D)\\&=[(838-100)-797+100]\ mmH_2O=41\ mmH_2O\end{aligned}$$

压头损失的算法之二是用静压头来计算（$u_C=u_D$）：

$$\begin{aligned}H_{f,C-D}&=\left(\frac{p_C}{\rho g}-\frac{p_D}{\rho g}\right)+(Z_C-Z_D)\\&=[(801-100)-767+100]\ mmH_2O=34\ mmH_2O\end{aligned}$$

两种计算方法所得结果基本一致，说明所得实验数据是正确的。

5．文丘里测量段分析结论

本实验 3～9 测量段为文丘里管路。3～6 测压点处的横截面积依次减小，6～9 测压点处的横截面积依次增大。测压点 6 为喉径，横截面积最小。通过测量数

据(图 4-2-3、图 4-2-4、图 4-2-5、图 4-2-6)可以看出,由于横截面积不断减小,通过测压点 3～6 的流速逐渐增大,静压能转化为动能,从而得到结论:3～6 测压点处静压头在不断减小,在测量点 6 处横截面积最小、流速最大、静压头最小。反之,6～9 测压点处动能转化为静压能,静压能逐渐升高。

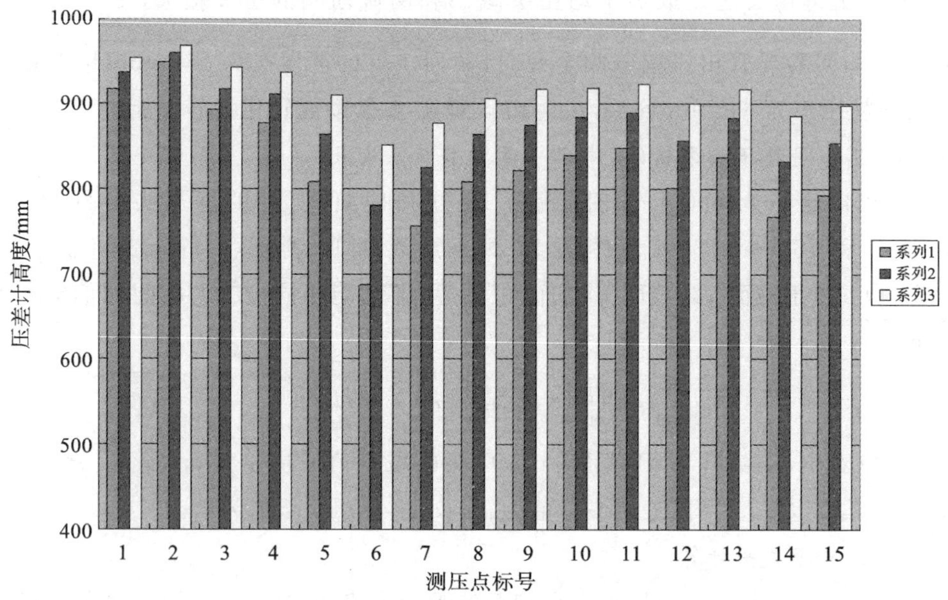

图 4-2-3　第一台实验装置测压点高度示意图

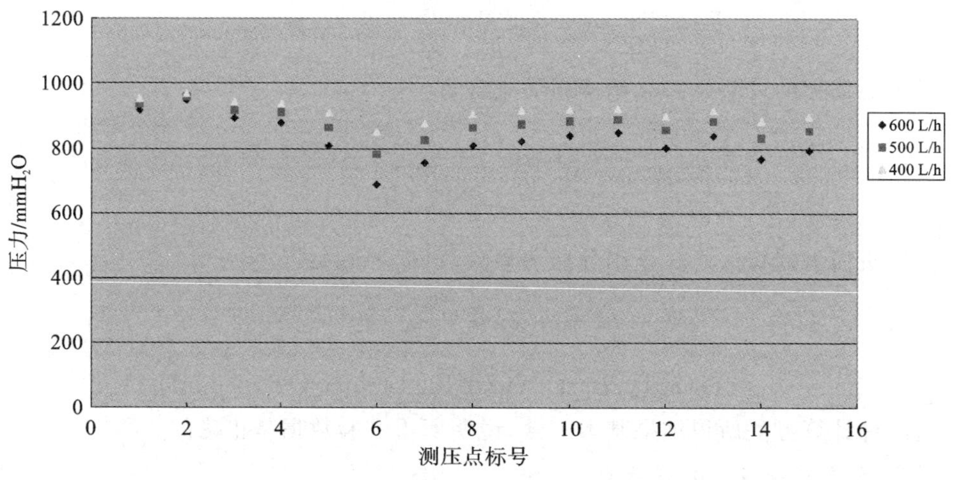

图 4-2-4　第一台实验装置能量转换位置与压力图

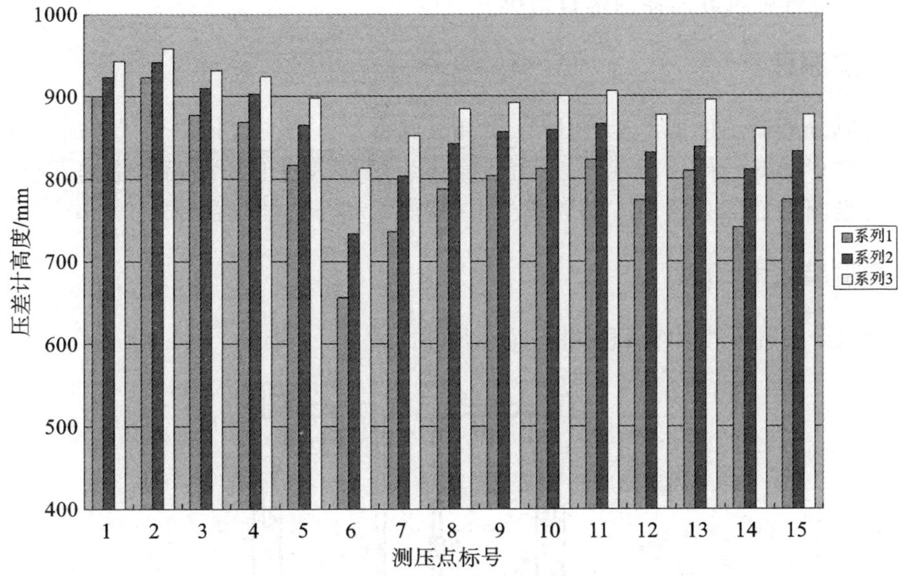

图 4-2-5　第二台实验装置测压点高度示意图

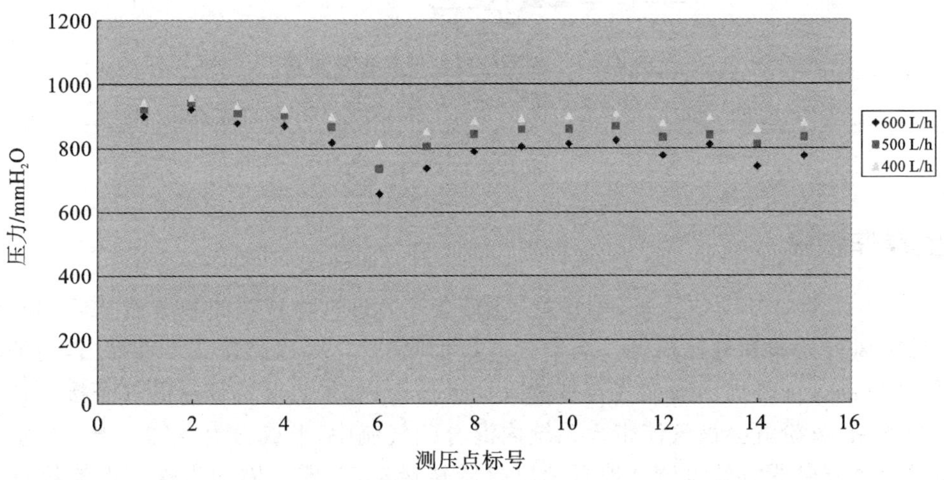

图 4-2-6　第二台实验装置能量转换位置与压力图

实验 3　旋风分离器实验

一、实验目的

（1）了解旋风分离器的工作原理。

(2) 观察旋风分离器的运行情况。

二、实验原理

旋风分离器主体上部呈圆柱形,下部呈圆锥形。含尘气体由切线方向进入,由于受圆柱形器壁的作用而旋转,从而使气体中颗粒因离心作用而被甩向器壁。固体颗粒沿圆锥形部分落入下部的灰斗中,从而达到分离的目的。

三、实验装置和流程

旋风分离器及其工作流程如图 4-3-1 所示。

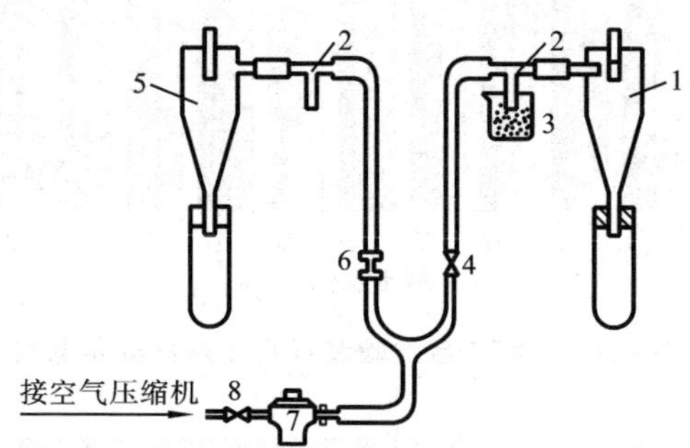

图 4-3-1　旋风分离器及其工作流程

1—旋风分离器;2—抽吸器;3—煤粉杯;
4—旋塞阀;5—对比模型;6—节流孔;
7—过滤减压阀;8—总气阀

四、操作步骤

(1) 实验时开动空压机,全开总气阀,空气通过过滤减压阀和节流孔后同时供应给旋风分离器和对比模型。当空气通过抽吸器时,因以高速从喷嘴喷出,使抽吸器形成负压,这时周围的大气会被抽入抽吸器中,如果将装有煤粉的杯子接触抽吸器的下端,煤粉就会被气流带入系统内混合到气流中,形成含尘空气。当含尘空气通过旋风分离器时就可清楚地看见煤粉旋转运动,一圈一圈地沿螺旋形流线落入灰斗内的情景。从旋风分离器出口排出的空气由于煤粉已被分离,清洁无色。

(2) 将煤粉杯移到对比模型的抽吸器上,对比模型的外形和旋风分离器相同,区别仅是进口管不在切线上而在圆筒部分的直径上,这样气流就不能旋转。当含煤粉的空气进入后就可看出气流是混乱的。由于缺少离心作用,因此煤粉的分离效果差,粒度较细的煤粉不能沉降下来而随气流从出口喷出,可看到出口冒黑烟。如果用白纸挡在对比模型出口的上方,白纸就会被煤粉熏黑。

实验4　电除尘实验

一、实验目的

(1) 了解电除尘仪的基本结构。

(2) 观察电除尘现象，以了解工业电除尘原理。

二、实验原理

电除尘是气体净化方法中的一种，它是利用电场的作用力使气体中所含微尘或微液滴沉降，从而达到净化气体的目的。电除尘能除去直径 1 μm 左右的尘粒，效率较高，可以处理高温和具有化学腐蚀性的气体，应用广泛，特别适用于消除烟囱排烟的环境污染。但由于电除尘一般使用几万伏的高压，因此在工业现场是不能轻易观察其现象的。本实验所用的电除尘仪正是针对这个问题而设计的，它可让学生直接观察电除尘现象，增加感性认识。

三、实验装置和流程

本实验仪器结构如图 4-4-1 所示。

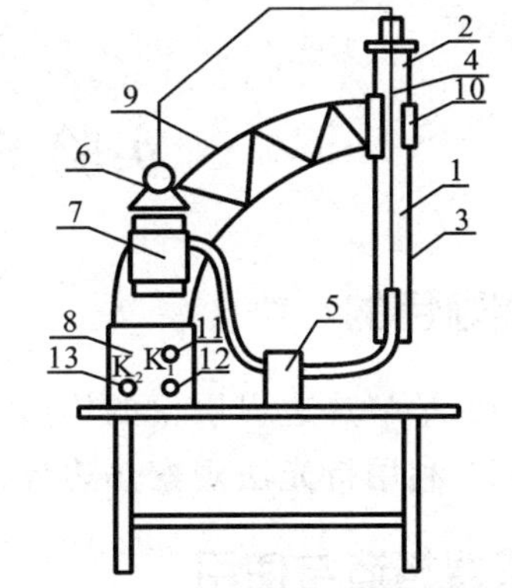

图 4-4-1　电除尘仪结构示意图

1—除尘管；2—电晕极；3—沉降极；4—云母片；5—尘发生器；6—汽车感应圈；7—泵；8—电气箱；9—支架；10—夹箍；11—气泵开关；12—烘干机开关；13—脉冲开关

仪器主要由高压发生器、除尘管和尘发生器组成。高压发生器包括电气箱和感应圈(汽车感应圈)。电气箱将 220 V 交流电降压、整流后，经继电器作用将低压直流电变为脉冲电流供给感应圈，感应圈再将电流变为高压脉冲电流。除尘管是一根玻璃管，管外绕上金属丝作为电极(沉降极)，管中央设一金属丝作为另一电极(电晕极)，两极分别接高压正、负端。当通以高压电时，两极间形成不均匀电场，越靠近中心处电场越强。当中心处电场足够强时，附近的气体电离，产生正、负离子，正离子受中心负极吸引向中心移动，负离子受管壁正极吸引向管壁移动。气体的尘粒碰上负离子时带负电荷，所以尘粒也就受正极吸引而沉降到管壁上，从而达到除尘的目的。实际上应用时的除尘管是金属，也就无须绕金属丝作为电极了。

四、操作步骤

(1) 演示火花放电现象。电除尘设备如果设计不当，两极距离过小，就会产生火花放电现象,这项演示也可以作为检验仪器是否能正常产生高压的办法。

实验时只合上脉冲开关 K_2,让感应圈产生高压,然后用螺丝刀的金属杆先接触支架(正极),再使螺丝刀尖接近感应圈的高压输出端(负极),当距离达到 9 mm 时,就会产生火花放电(注意:螺丝刀的方向不可倒置,否则会触电!),演示完毕立即关掉脉冲开关 K_2。

(2) 演示电除尘现象。先将浓氨水和 5 mol/L 盐酸充至药瓶(尘发生器)刻线处,再接好由气泵通向药瓶和药瓶通向除尘管底部的软管。打开气泵开关,此时即有含氯化铵的"白烟"通入除尘管。因为有粉尘均匀悬浮在气流中,所以管内气体呈乳白色。待混浊气体升到管子中下部时,合上脉冲开关 K_2,产生高压,马上可看见粉尘被电场吸引附着在玻璃管内壁(正极)上,小部分吸附在中心电极(负极)上,虽然含尘气体继续不断通入除尘管,但由于空气已被净化,故管内变得透明。当关掉脉冲开关 K_2 时,管内又恢复混浊,再打开脉冲开关 K_2,又变得透明。

除尘管的气流速度有一定限制,气速过大,粉尘会被气流带走而不能沉降。

另外,此实验中如果空气过分湿冷,则现象不明显,可事先打开烘干机开关把空气烘干。

实验 5 热边界层实验

一、实验目的

(1) 了解热边界层仪的构造。

(2) 利用折光法观察热边界层。

二、仪器构造与使用

如图 4-5-1 所示,亮室型热边界层仪设有前遮光筒、后遮光筒,可在无强烈直射光的普通房间内使用。

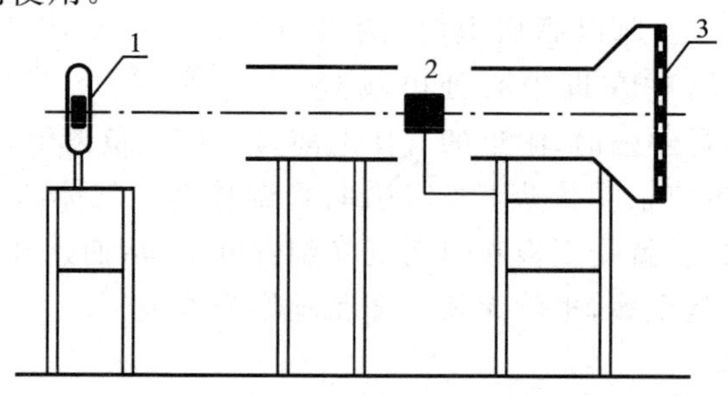

图 4-5-1 热边界层仪结构图

1—点光灯泡;2—热模型;3—磨砂玻璃

影像投射在遮光筒的磨砂玻璃上，如卸去遮光筒，可改为暗室使用。仪器的点光灯泡是一种电影机专用灯泡，发光面积小而亮度大。热模型采用铜质外壳，内装瓷芯和电阻丝，为确保安全，采用低压供电。使用前要对模型通电加热约半小时。

三、实验原理及实验现象

流体流经固体壁面或者固体在静止的流体中运动时，由于流体黏性作用，会在紧贴固体壁面处产生边界层。当流体流经曲面时，同样会形成边界层，而且会产生边界层的分离现象，形成旋涡。列管式换热器壳程就是这种情况的具体实例。

使用热边界层仪，可以直接观察到边界层的折光现象。其原理如下。

如图 4-5-2 所示，点光灯泡的光线从离模型几米的地方射向模型，它以很小的入射角 i 射入边界层。若光线不偏折，它应投射到 b 点。但由于高温空气折射率不同，光线发生偏折，折射角 r 大于入射角 i，射出光线在离开边界层时再产生一些偏折后射到 a 点。在 a 点原来已经有背景的投射光，加上偏折光就显得特别明亮，无数亮点组成的图形就反映了边界层的形状。此外，原投射位置（b 点）因为得不到投射光线，所以显得较暗，形成暗区。这个暗区也是边界层折射现象引起的，因此也代表边界层的形状。

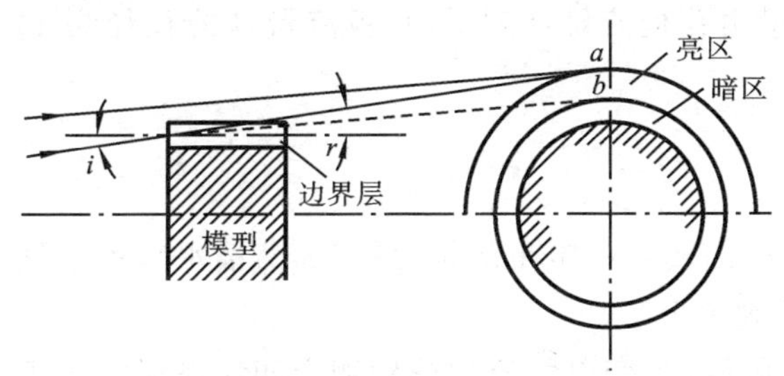

图 4-5-2　热边界层演示示意图

仪器可以清楚地表现出流体流经圆柱体的层流边界层形象。圆柱底部由于动压的影响，边界层最薄，越到上部越厚，最后产生边界层分离，形成旋涡。此外，折射现象的出现是由高温空气引起的，这点也就证明边界层是不流动的。

边界层的厚度随流速的增加而减小。这个现象也能看到，对模型吹气，就会看见迎风一侧边界层影像外沿退到模型壁上，表明边界层厚度减小。

实验 6　板式塔实验

一、实验目的

(1) 本套装置同时装有筛板、浮阀板、泡罩板及舌形塔板等四种塔板，观察、掌握四种塔板的结构特点。

(2) 观察、掌握板式塔内部每块塔板上气液流动情况。

二、实验原理

板式塔是常用的精馏和吸收单元操作设备。在精馏塔中,加热釜产生的蒸汽沿塔逐渐上升,来自塔顶冷凝器的回流液从塔顶逐渐下降,气液两相在塔内塔板上实现多次接触,进行传热、传质过程,轻组分上升,重组分下降,使混合液达到一定程度的分离。在吸收塔中,吸收剂与气体混合物在筛板上经过多次接触,达到溶解平衡。

三、实验装置和流程

实验教具如图 4-6-1 所示。空气由旋涡风机经过孔板流量计计量后输送到板式塔底部,板式塔塔板由下向上依次是筛板、浮阀板、泡罩板、舌形塔板。液体则由离心泵经过转子流量计计量后由塔顶进入塔内并与空气进行接触,由塔底流回水槽内。

板式塔塔高:920 mm。塔板:ϕ100 mm×5.5 mm,材料为有机玻璃。板间距:180 mm。空气流量由孔板流量计测得,孔板流量计的孔径为 14 mm,流量系数为 0.67。

四、操作步骤

(1) 首先向水槽内放入一定量的水(最好为蒸馏水),将空气流量调节阀打开,将离心泵流量调节阀关上。

(2) 启动旋涡风机,改变空气流量分别测定四块塔板的干板压降,并观察鼓泡现象。

(3) 将图 4-6-1 中所示下进水阀打开,上进水阀关闭后,启动离心泵,分别改变空气、液体流量,用观察法测出筛板的操作负荷性能图,观察鼓泡现象及压降情况。

(4) 将上进水阀打开,关闭下进水阀,分别改变空气流量测定其四块塔板的压降,同时观察实验现象。

(5) 实验结束时先关闭上进水阀,待塔内液体大部分流回到塔底时再关闭旋涡风机。

五、注意事项

(1) 为保护有机玻璃塔的透明度,实验用水最好采用蒸馏水。

(2) 开机时先开旋涡风机,后开离心泵,停机时反之,这样可避免板式塔内的液体进入风机中。

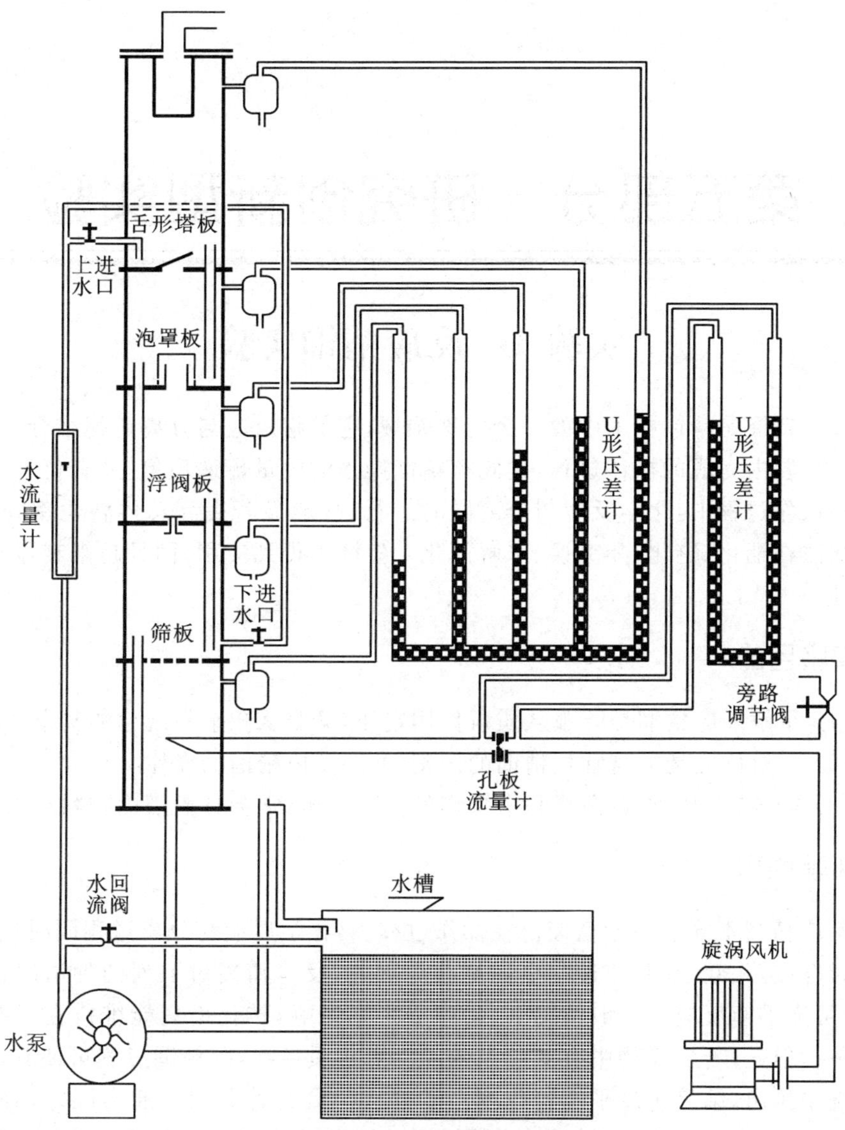

图 4-6-1　板式塔演示流程图

(3) 实验过程中改变空气流量或水流量时，流量计会因为流体的流动而上下波动，取中间数值为测取数据。

(4) 水槽必须充满水，否则空气压力过大易走短路。

第五部分　研究创新型实验

实验1　反应精馏实验

反应精馏是精馏技术中的一个特殊领域，它是将反应与分离过程结合在一起，在一个装置内完成的操作过程，它既有精馏操作的质量传递现象，又有化学反应现象。在操作过程中，化学反应与分离同时进行，故能显著提高总体转化率，降低能耗。此法在酯化、醚化、酯交换、水解等化工生产中得到应用，而且越来越显示出其优越性。

一、实验目的

(1) 了解反应精馏是既服从质量作用定律，又服从相平衡规律的复杂过程。

(2) 了解反应精馏与常规精馏的区别，掌握反应精馏的操作。

(3) 能进行全塔物料衡算和塔操作的过程分析，学会分析塔内物料组成。

二、实验原理

反应精馏不同于一般精馏。在操作过程中，化学反应与分离过程同时进行，二者同时存在，相互影响，使过程更加复杂。因此，反应精馏对下列两种情况特别适用：①可逆平衡反应。一般情况下，反应受平衡影响，转化率只能维持在平衡转化的水平。但是，若生成物中有低沸点或高沸点物质存在，则精馏过程可使其连续地从系统中排出，结果超过平衡转化率。②异构体混合物分离。通常因它们的沸点接近，靠精馏方法不易分离提纯，若异构体中某组分能发生化学反应并能生成沸点不同的物质，这时可在过程中得以分离。

醇酸酯化反应属于第一种情况。该反应若无催化剂存在，单独采用反应精馏操作也达不到高效分离的目的，这是因为反应速率非常小，故一般采用催化反应方式。该反应的催化剂为酸性催化剂，常用硫酸，反应随酸浓度增高而加快。此外，还可用离子交换树脂、重金属盐类和丝光沸石分子筛等固体催化剂。反应精馏的催化剂用硫酸，是由于其催化作用不受塔内温度限制，在全塔内都能进行催化反应，而应用固体催化剂则由于存在一个最适宜的温度，精馏塔本身难以达到此条件，故很难实现最优化操作。本实验是以酯化反应（如乙酸乙酯、乙酸己酯、乙酸甲酯等的合成）为研究对象。现以乙酸和乙醇为原料，在酸催化剂作用下生成乙酸乙酯的可逆反应为例说明反应精馏实验原理。该反应的化学方程式为

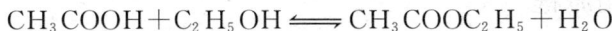

$$CH_3COOH + C_2H_5OH \rightleftharpoons CH_3COOC_2H_5 + H_2O$$

实验的进料方式有两种：一是直接从塔釜进料；另一种是在塔的某处进料。前者有间歇和连续式操作，后者只有连续式操作。本实验用后一种方式进料，即在塔上部某处加带有催化剂（硫酸）的乙酸，塔下部某处加乙醇。在沸腾状态下塔内轻组分逐渐向上移动，重组分向下移动。具体地说，乙酸从上段向下段移动，与向上段移动的乙醇接触，在不同填料高度上均发生反应，生成乙酸乙酯和水。塔内此时有四种组分。由于乙酸在气相中有缔合作用，除乙酸外，其他三个组分形成三元或二元共沸物。水-酯、水-醇共沸物沸点较低，醇和酯能不断地从塔顶排出。若控制反应原料比例，可使某组分全部转化。因此，可认为反应精馏的分离塔也是反应器。全过程可用物料衡算式和热量衡算式描述。

（1）物料平衡方程。全塔物料总平衡如图 5-1-1 所示。

对第 j 块理论板上的 i 组分进行物料衡算如下：

$$L_{j-1}X_{i,j-1} + V_{j+1}Y_{i,j+1} + F_jZ_{i,j} + R_{i,j} = V_jY_{i,j} + L_jX_{i,j} \tag{5-1-1}$$

$$2 \leqslant j \leqslant n, \quad i = 1,2,3,4$$

（2）气液平衡方程。对平衡级上某组分 i 有如下平衡关系：

$$K_{i,j}X_{i,j} - Y_{i,j} = 0 \tag{5-1-2}$$

每块板上组成的总和应符合下式：

$$\sum_{i=1}^{n} Y_{i,j} = 1, \quad \sum_{i=1}^{n} X_{i,j} = 1 \tag{5-1-3}$$

图 5-1-1　反应精馏过程的气液流动示意图

（3）反应速率方程为

$$R_{i,j} = K_jP_j\left(\frac{X_{i,j}}{\sum Q_{i,j}X_{i,j}}\right)^2 \times 10^5 \tag{5-1-4}$$

式(5-1-4)在原料中各组分的浓度相等的条件下才能成立，否则应予修正。

（4）热量衡量方程。在平衡级上进行热量衡算，最终得到下式：

$$L_{i-1}h_{j-1} - V_jH_j - L_jh_j + V_{i+1}H_{j+1} + F_iH_{rj} - Q_i + R_jH_{rj} = 0 \tag{5-1-5}$$

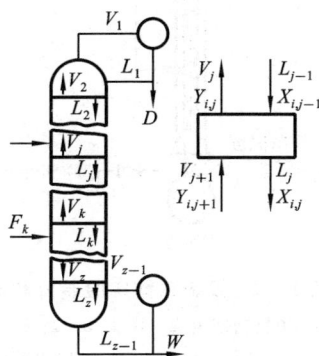

（5）符号说明。F_j——j 板进料流量；h_j——j 板上液体的焓；H_j——j 板上气体的焓；H_{rj}——j 板上反应焓；L_j——j 板下降液体量；$K_{i,j}$——i 组分的气液平衡常数；P_j——j 板上液体混合物体积（持液量）；$R_{i,j}$——j 板上单位时间单位液体体积内 i 组分反应量；V_j——j 板上升蒸气量；$X_{i,j}$——j 板上 i 组分的液相摩尔分

数;$Y_{i,j}$——j 板上 i 组分的气相摩尔分数;$Z_{i,j}$——j 板上 i 组分的原料组成;Q_j——j 板上冷却或加热的热量。

三、实验装置和流程

实验装置和流程如图 5-1-2 所示。

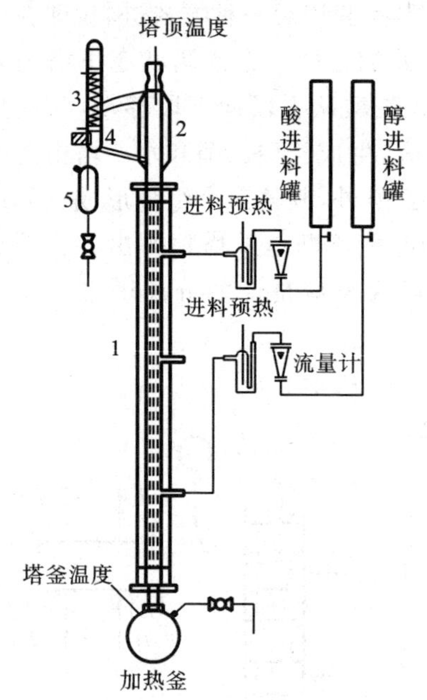

图 5-1-2　反应精馏实验装置和流程图

1—填料精馏塔;2—塔头;3—塔顶冷凝器;4—回流比控制器;5—塔顶液接收罐

反应精馏塔用玻璃制成,直径 29 mm,塔高 1400 mm,塔内填装不锈钢 θ 环型填料($\phi 3$ mm×3 mm)。塔釜双循环自动出料,容积 250 mL,塔外壁镀有金属膜,通电流为塔身加热保温。塔釜用 500 W 电热棒进行加热,采用电压控制器控制釜温。塔顶冷凝液体的回流采用摆动式回流比控制器操作。此控制系统由塔头上摆锤、电磁铁线圈、回流比计数拨码电子仪表组成。进料采用高位槽经转子流量计进入塔内。

四、操作步骤

(1) 操作前在釜内加入 200 g 接近稳定操作组成的釜液(可为前次反应所得釜液),并分析其组成。

(2) 检查进料系统各管线是否连接正常,确认无误后将乙酸(内含 0.3%硫酸)、乙醇注入计量管内。进料时可打开进料流量计阀门向釜内加料。

(3) 开启加热釜系统,开始时用手动挡,注意不要使电流过大,以免设备突然受热而损坏。待釜液沸腾后,开启塔身保温电源,调节保温电流(注意:不能过大),开塔头冷却水。当塔头有液体出现,全回流 10～15 min,开始进料,实验按规定条件进行。一般可把回流比控制在 3∶1(可根据操作情况调整)。酸醇物质的量比可设定为酸过量或醇过量,如可将酸醇物质的量比定在 1∶1.3,进料速度为 3～5 mL(乙醇)/min。进料后仔细观察塔底和塔顶温度与压力,调节塔顶与塔釜出料速度。

(4) 记录所有数据,及时调节进出料,使其处于平衡状态。稳定操作 2 h,其中每隔 30 min 用小样品瓶取塔顶与塔釜流出液,称重并分析组成。在稳定操作下用微量注射器在塔身各取样口内取液样,直接注入色谱仪内,取得塔内组分浓度分布曲线。

（5）如果时间允许，可改变回流比或加料物质的量比，重复操作，取样分析，并进行对比。

（6）实验完成后关闭加料，停止加热，让持液全部流至塔釜，取出釜液称重，分析组成，停止通冷却水。采用傅里叶变换红外光谱仪（FT-IR）对精制产品进行红外光谱分析。

五、实验数据处理

自行设计实验数据记录表格。根据实验测得数据，按下列要求写出实验报告：①实验目的与实验流程、步骤；②实验数据与数据处理；③实验结果与讨论及改进实验的建议。

可根据下式计算反应转化率和收率。

（1）醇过量时，以酸为基准计算转化率和收率。

$$\text{转化率} = \frac{(\text{乙酸加料量} + \text{原釜内乙酸量}) - (\text{馏出物乙酸量} + \text{釜残液乙酸量})}{\text{乙酸加料量} + \text{原釜内乙酸量}}$$

$$\text{收率} = \frac{(\text{馏出物乙酸乙酯量} + \text{釜残液乙酸乙酯量}) - \text{原釜内乙酸乙酯量}}{\text{乙酸加料量} + \text{原釜内乙酸量}}$$

（2）酸过量时，以醇为基准计算转化率和收率。

$$\text{转化率} = \frac{(\text{乙醇加料量} + \text{原釜内乙醇量}) - (\text{馏出物乙醇量} + \text{釜残液乙醇量})}{\text{乙醇加料量} + \text{原釜内乙醇量}}$$

$$\text{收率} = \frac{(\text{馏出物乙酸乙酯量} + \text{釜残液乙酸乙酯量}) - \text{原釜内乙酸乙酯量}}{\text{乙醇加料量} + \text{原釜内乙醇量}}$$

进行乙酸和乙醇的全塔物料衡算，计算塔内浓度分布、反应收率、转化率等。

六、思考题

（1）怎样提高酯化收率？

（2）不同回流比对产物分布影响如何？

（3）采用釜内进料，操作条件要进行哪些改变？酯化率能否提高？

（4）进料物质的量比应保持多少为最佳？

（5）用实验数据能否进行模拟计算？如果数据不充分，还要测定哪些数据？

实验2　超临界萃取实验

一、实验目的

（1）了解超临界萃取的基本原理。

（2）熟悉超临界萃取的工艺流程。

(3) 掌握采用超临界萃取方法萃取植物油的方法。

二、实验原理

超临界萃取技术是20世纪70年代兴起的一种化工分离技术。由于具有低能耗、无环境污染和适合处理受热易分解的高沸点物质等特点,该技术引起化工、能源、医药、食品、香精香料、分析化学等多领域的广泛兴趣和应用。所谓超临界流体,是指热力学状态处于临界点(p_c、T_c)之上的流体,临界点是气、液界面刚刚消失的状态点。超临界流体具有十分独特的物理化学性质,它的密度接近液体,黏度接近气体,而扩散系数大、黏度大、介电常数大等特点,使其分离效果好,是很好的溶剂。超临界萃取是在高压、合适温度下,在萃取缸中使溶剂与被萃取物接触,让溶质扩散到溶剂中,再在分离器中改变操作条件,使溶解物质析出以达到分离目的的方法。近几年来,超临界萃取技术在国内外得到迅速发展,先后在啤酒花、香料、中草药、油脂、石油化工、食品保健等领域实现工业化。

超临界萃取装置通常选择CO_2作为超临界萃取剂,具有以下特点:①操作范围宽,便于调节;②选择性好,可通过控制压力和温度,有针对性地萃取所需成分;③操作温度低,在接近室温条件下进行萃取,这对于热敏性成分的萃取尤其适宜;④从萃取到分离一步完成,萃取后的CO_2不残留在萃取物上;⑤CO_2无毒、无味、不燃、价廉易得,且可循环使用;⑥萃取速度快。

三、实验装置和流程

超临界萃取实验装置由下列部分组成:CO_2(纯度高于99%)钢瓶、制冷装置、温度控显系统、安全保护装置、携带剂罐、净化器、混合器、储罐、流量为50 L/h和4 L/h的柱塞泵、1 L(或2 L)/50 MPa萃取缸、30 MPa分离器、精馏柱、电控柜、阀门、管件及柜架等。

具体流程如图5-2-1所示。

主要技术参数:最高萃取压力为50 MPa;单缸萃取容积为1 L(或2 L)。萃取温度:20～75 ℃。流量:0～50 L/h,可调。

四、操作步骤

1. 开机前的准备工作

(1) 首先检查电源,三相四线是否完好无缺。

(2) 保持冷冻气瓶储罐的冷却水源畅通。冷箱内为30%乙二醇的水溶液。

(3) 检查管路接头以及各连接部位是否牢靠。

(4) 向各冷箱内加入冷水,不宜太满,水面离箱盖2 cm左右为宜。

(5) 将萃取原料装入料筒,原料不应装太满,离过滤网2～3 cm为宜。

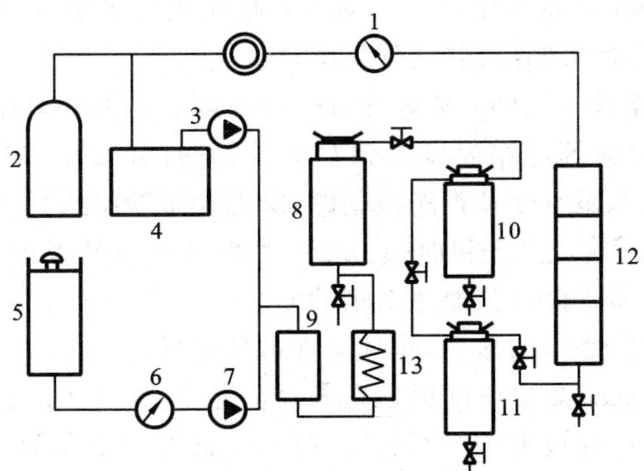

图 5-2-1　超临界萃取装置和流程图

1—流量计；2—CO_2钢瓶；3—柱塞泵Ⅰ；4—冷箱；5—携带剂罐；6—流量计；7—柱塞泵Ⅱ；8—萃取缸；9—混合器；10—分离器Ⅰ；11—分离器Ⅱ；12—精馏柱；13—净化器

(6) 将料筒装入萃取缸，盖好压环及上堵头（如果萃取液体物料需加入携带剂，可将液料放入携带剂罐，用泵压入萃取缸内）。

2. 开机操作顺序

(1) 先开启送空气开关，再启动（绿色按钮）电源（如三相电源指示灯亮，则说明电源已接通）。

(2) 接通制冷开关，同时接通水循环开关。

(3) 开始加热，将萃取缸、分离器Ⅰ、分离器Ⅱ温度升至接近设定的要求。

(4) 将冷箱温度降到 0 ℃左右。

(5) 开始制冷的同时将 CO_2进行液化，液态 CO_2通过泵、混合器、净化器进入萃取缸（萃取缸已装样品且关闭上堵头），等压力平衡后，打开萃取缸放空阀门，慢慢放掉残留空气，降低部分压力后，关闭放空阀。

(6) 加压。先将电极点拨到需要的压力上限，启动（绿色按钮）柱塞泵Ⅰ，再手按操作面板的绿色触摸开关“RUN”。

(7) 中途停泵时，只需按操作面板的“STOP”键。

(8) 萃取完成后，先关闭冷冻机、柱塞泵及各种加热循环开关，再关闭总电源，萃取缸卸压后取出料筒，整个萃取过程结束。

五、注意事项

(1) 此装置为高压流动装置，非熟悉本系统流程者不得操作，高压运转时操作人员不得离开岗位，如发生异常情况要立即停机，关闭电源后检查。

(2) 制冷系统。①开机前及正常运转时须检查压缩机油面线是否正常，一般情况下不会缺油，如过低须加入冷冻机专用油。②冷冻机正常运转时，夏天高压表指示为 1.5～2.0 MPa(高压保护 2.2 MPa),低压表指示为 0.2～0.3 MPa。如果制冷效果差,可适当加入制冷剂(从低压阀口加入)。

(3) CO_2流体系统。①CO_2泵运行前应检查泵头是否有循环冷却水(冷箱内供给)。②开始加压时应等冷箱温度达到要求,同时打开泵出口端放空阀门进行放空。③应检查电接点压力计是否能控制停泵(人为试验检查)。

(4) 加热控温系统。①开机时须检查三相四线电源是否正确,禁止缺相运行。②每次开机(每班)都要检查各加热水箱的水位。水不够时应及时补充(因温度高水分会蒸发),否则会烧坏加热管,同时须查水泵电机是否正常运转,防止水垢卡死轴而烧坏电机。③如果测量温度远远高于设定温度,或者水浴装置内的水被烧开,原因可能为双向可控硅被击穿而不起控制作用,此时只需更换对应的可控硅就可以了。

(5) 对于泵,要定期更换润滑油。

(6) 加热水箱保养。①若长时间不用,需将水排放掉。②一般开机前应检查水箱水位。

实验 3　膜分离实验

一、实验目的

(1) 了解超滤膜分离的主要工艺设计参数。

(2) 了解液相膜分离技术的特点。

(3) 练习并掌握超滤膜分离的操作技术。

(4) 熟悉浓差极化、截流率、膜通量、膜污染等概念。

二、实验原理

超滤膜分离的基本原理是在压差推动下,利用膜孔的渗透和截留性质,使得不同组分得到分级或分离。超滤膜分离的工作效率以膜通量和物料截流率为衡量指标,二者与膜结构、体系性质以及操作条件等密切相关。影响膜分离的主要因素如下:①膜材料,指膜的亲(疏)水性和电荷会影响膜与溶质之间的作用力;②膜孔径,膜孔径的大小直接影响膜通量和膜的截流率,一般来说,在不影响截流率的情况下尽可能选取膜孔径较大的膜,这样有利于提高膜通量;③操作条件(压力和流量)。另外,料液本身的一些性质(如溶液 pH 值、盐浓度、温度等)都对膜通量和膜的截流率有较大的影响。

超滤膜分离性能通常以料液截留率 R、透过液通量 J 及浓缩因子 N 来表示。

$$R=\frac{C_0-C_1}{C_0} \tag{5-3-1}$$

式中：C_0——原料初始浓度；

C_1——透过液浓度。

$$J=\frac{V}{\theta S} \tag{5-3-2}$$

式中：V——渗透液体积；

S——膜面积；

θ——实验时间。

$$N=\frac{C_2}{C_0} \tag{5-3-3}$$

式中：C_2——浓缩液浓度。

膜分离单元操作装置的分离组件采用超滤中空纤维膜。当欲被分离的混合物料流过膜组件孔道时，某组分可穿过膜孔而被分离。通过测定料液浓度和流量，可计算被分离物的脱除率、回收率及其他有关数据。当配置真空系统和其他部件后，可组成多功能膜分离装置，进行膜渗透蒸发、超滤、反渗透等实验。

三、实验装置与流程

1. 中空纤维超滤膜分离实验装置和流程

超滤膜分离实验装置及流程如图 5-3-1 所示。

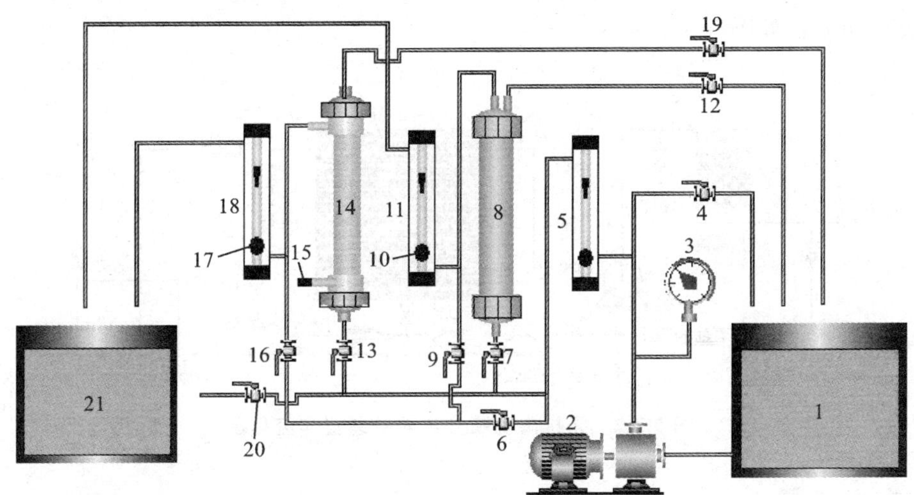

图 5-3-1　超滤膜分离实验装置和流程图

1—原料液箱；2—循环泵；3—压力计；4—旁路调压阀；5—总流量计；6—阀；7—阀；8—膜组件 PP100；9—反冲洗阀；10—流量计阀；11—透过液转子流量计；12—浓缩液阀；13—阀；14—膜组件 PS10；15—备用口；16—反冲洗阀；17—流量计阀；18—透过液转子流量计；19—浓缩液阀；20—阀；21—透过液箱

中空纤维超滤膜组件：PS10 截留相对分子质量为 10000，内压式，膜面积为 0.1 m^2，纯水通量为 3～4 L/h；PS50 截留相对分子质量为 50000，内压式，膜面积为 0.1 m^2，纯水通量为 6～8 L/h；PP100 截留相对分子质量为 100000，卷式膜，膜面积为 0.1 m^2，纯水通量为 40～60 L/h。

本实验将聚乙烯醇(PVA)料液由输液泵输送，经粗滤器和精密过滤器过滤、转子流量计计量后，从下部进入中空纤维超滤膜组件中，经过膜分离将 PVA 料液分为两股：一股是透过液，即透过膜的稀溶液（主要由低相对分子质量物质构成），经流量计计量后回到低浓度料液储罐（淡水箱）；另一股是浓缩液，即未透过膜的溶液（浓度高于料液，主要由大分子物质构成），回到高浓度料液储罐（浓水箱）。

溶液中聚乙烯醇的浓度采用分光光度计分析。

在进行一段时间实验后，膜组件需要清洗。反冲洗时，只需向淡水箱中接入清水，打开反冲洗阀，其他操作与分离实验相同。

中空纤维膜组件容易被微生物侵蚀而损伤，故在不使用时应加入保护液。在本实验系统中，拆卸膜组件后加入保护液（1%～5%甲醛溶液）以保护膜组件。

2. 无机陶瓷膜分离实验装置

膜分离系统通常由过滤器、膜组件、清水箱、高压泵、冲洗泵组成。高压泵提供操作压力、膜面流速。膜组件以串联与并联的形式组成膜设备，无机陶瓷膜分离实验装置和流程如图 5-3-2 所示。

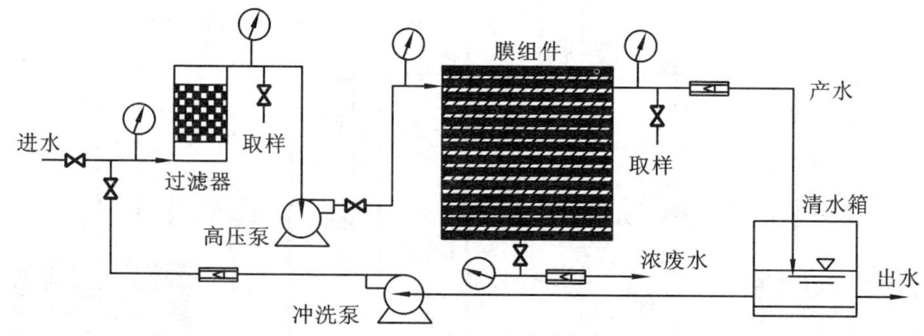

图 5-3-2　无机陶瓷膜分离实验装置和流程图

四、操作步骤

1. 中空纤维超滤膜分离实验

1）实验操作

（1）用自来水清洗膜组件 2～3 次，洗去组件中的保护液。排尽清洗液，安装膜组件。

（2）打开阀7，关闭阀4、阀6及反冲洗阀。

（3）将配制好的料液加入原料液箱中，分析料液的初始浓度并记录。

（4）开启电源，使泵正常运转，这时泵打循环水。

（5）选择需要做实验的膜组件，打开相应的进口阀，如选择做超滤膜分离中的相对分子质量为10000的膜组件实验时，打开阀13。

（6）组合调节阀13、浓缩液阀，调节膜组件的操作压力。超滤膜组件进口压力为0.04～0.07 MPa，反渗透及纳滤时为0.4～0.6 MPa。

（7）启动泵，稳定运转5 min后，分别取透过液和浓缩液样品，用分光光度计分析样品中聚乙烯醇的浓度。然后改变流量，重复进行实验，测1～3个流量。此期间注意膜组件进口压力的变化情况，并做好记录，实验完毕后方可停泵。

（8）清洗中空纤维膜组件。待膜组件中料液放完之后，用自来水代替料液，在较大流量下运转20 min左右，清洗超滤膜组件中残余的料液。

（9）实验结束后，把膜组件拆卸下来，加入保护液至膜组件的2/3高度处。然后密闭系统，避免保护液损失。

（10）将分光光度计清洗干净，放在指定位置，切断电源。

（11）实验结束后检查水、电是否关闭，确保所用系统水电关闭。

2）注意事项

（1）进行实验前必须将保护液从膜组件中放出，然后用自来水认真清洗，除掉保护液；实验后，也必须用自来水认真清洗膜组件，洗掉膜组件中的聚乙烯醇，然后加入保护液。加入保护液的目的是防止系统生菌和膜组件干燥而影响分离性能。

（2）若长时间不用实验装置，应将膜组件拆下，用去离子水清洗后加上保护液以保护膜组件。

（3）受膜组件工作条件限制，实验操作压力须严格控制，建议操作压力不超过0.10 MPa，工作温度不超过45 ℃，pH值为2～13。

2. 无机陶瓷膜分离实验

1）实验操作

（1）手动过滤过程。

①将操作箱面板上的“手动/自动”开关扳到“手动”位置。

②打开泵出口手动截止阀，完全打开后，再关闭一半，打开膜系统出口手动截止阀。检查工作阀是否打开，排气阀和反冲洗阀是否关闭。

③在循环水箱内加入料液，启动循环泵。

④调整循环泵出口截止阀和膜系统出口截止阀，调整系统运行压力使其达到要求，此时系统运行正常。

(2) 手动反冲洗过程。

根据物料的不同性质,判断是否采用反冲洗系统,如采用反冲洗系统,手动操作如下:

①关闭工作阀;

②打开排气阀进行排气,当排气阀有液体排出后,关闭排气阀;

③打开反冲洗阀进行反冲洗操作,反冲洗时间一般不超过 3 s。

(3) 自动操作过程。

①将操作箱面板上的"手动/自动"开关扳到"自动"位置。

②打开泵出口手动截止阀,完全打开后,再关闭一半,打开膜系统出口手动截止阀。检查工作阀是否打开,排气阀和反冲洗阀是否关闭。

③在循环水箱内加入料液,启动循环泵。

④调整循环泵出口截止阀和膜系统出口截止阀,调整系统运行压力使其达到要求,此时系统运行正常。

2) 注意事项

(1) 陶瓷膜装置的保养包括循环泵、陶瓷膜管等设备的保养。

(2) 陶瓷膜装置停机后系统内需充满液体,停机时膜系统应清洗至中性,加纯水保存。长期停机时,定期循环清洗膜系统。清洗方法同陶瓷膜装置的清洗程序。

(3) 霜冻期间不用陶瓷膜装置时,须将陶瓷膜装置清洗干净后将系统内(包括泵、管道等)的液体全部排空以防装置损坏。

五、实验报告

(1) 将实验数据和计算结果列在数据表中,并以其中一组数据为例,写出典型的数据计算过程。

(2) 在坐标系中绘制料液流量与截留率 R、透过液通量 J 及浓缩因子 N 的关系曲线。

(3) 对实验结果进行分析、讨论。

六、思考题

(1) 简要说明超滤膜分离的基本机理。

(2) 超滤组件长期不用时,为何要加保护液?

(3) 在实验中,如果操作压力过高会有什么后果?

(4) 提高料液的温度对膜通量有什么影响?

实验 4　分子蒸馏实验

一、实验目的

(1) 了解分子蒸馏实验装置及流程。

(2) 熟悉分子蒸馏操作。

(3) 掌握分子蒸馏提取天然维生素 E 的方法。

二、实验原理

分子蒸馏的原理(图 5-4-1)不同于常规蒸馏依靠沸点差分离物质的原理。分子蒸馏依靠不同分子运动平均自由程的差别实现物质的分离。它具有常规蒸馏不可比拟的优点,如蒸馏压力低、受热时间短、操作温度低和分离程度高等。

根据分子运动理论,液体混合物受热后分子运动会加剧,当接受到足够能量时,就会从液面逸出成为气相分子。随着液面上方气相分子的增加,有一部分气相分子就会返回液相。在外界条件保持恒定的情况下,最终会达到分子运动的动态平衡,从宏观上看即达到平衡。

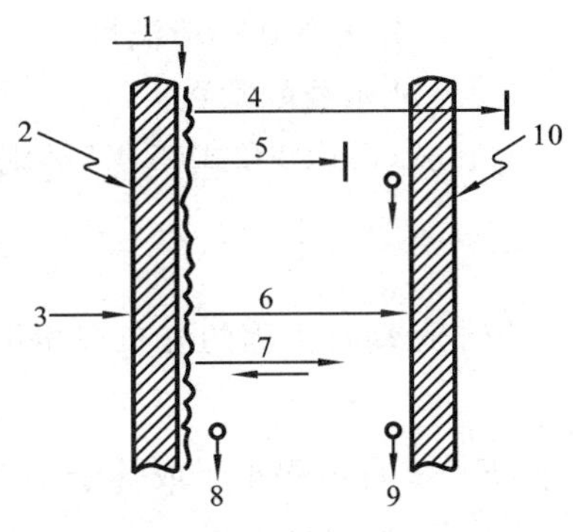

图 5-4-1　分子蒸馏原理示意图

1—混合液;2—加热板;3—加热;4—$\lambda_{轻}$;5—$\lambda_{重}$;6—轻分子;7—重分子;8—重组分;9—轻组分;10—冷凝板

任一分子在运动过程中都在不断变化自由程,而在一定的外界条件下,不同分子的自由程各不相同,在某时间间隔内自由程的平均值称为平均自由程。

根据分子运动平均自由程公式,不同种类的分子,由于有效直径不同,其平均自由程也不同,从统计学观点看,不同种类分子逸出液面后不与其他分子碰撞的飞行距离是不同的。

分子蒸馏的分离作用就是依据液体分子受热会从液面逸出,而不同种类分子逸出后,在气相中运动平均自由程不同这一性质来实现的。

分子蒸馏应满足两个条件:①轻、重分子的平均自由程有差异,且差异越大越好;②蒸发面与冷凝面间距小于轻分子的平均自由程。

如图 5-4-1 所示,液体混合物沿加热板自上而下流动,被加热后能量足够高的分子逸出液面,轻分子运动平均自由程大,重分子运动平均自由程小。若在离液面距离小于轻分子运动平均自由程,大于重分子运动平均自由程处设置一冷凝板,此时气体中的轻分子能够到达冷凝板,在冷凝板上不断被冷凝,从而破坏了体系中轻分子的动态平衡,使混合液中的轻分子不断逸出;相反,气相中重分子因不能到达冷凝板,很快与液相重分子趋于动态平衡,表观上重分子不再从液相中逸出。这样,便达到分离液体混合物的目的。

设 v_m 为某一分子的平均速度,f 为碰撞频率,λ_m 为平均自由程,则

$$\lambda_m = \frac{v_m}{f} \tag{5-4-1}$$

所以

$$f = \frac{v_m}{\lambda_m} \tag{5-4-2}$$

由热力学原理可知

$$f = \sqrt{2} v_m \frac{\pi d^2 p}{kT} \tag{5-4-3}$$

式中:d——分子有效直径;

p——分子所处空间压力;

T——分子所处环境温度;

k——玻尔兹曼常数。

对比式(5-4-2)和式(5-4-3),则有

$$\lambda_m = \frac{k}{\sqrt{2}\pi} \cdot \frac{T}{d^2 p} \tag{5-4-4}$$

分子运动自由程的分布规律可用概率公式表示为

$$F = 1 - e^{-\frac{\lambda}{\lambda_m}} \tag{5-4-5}$$

式中:F——自由程小于或等于 λ_m 的概率;

λ_m——平均自由程;

λ——分子运动自由程。

由式(5-4-5)可以看出,对于一群相同状态下的运动分子,其自由程大于平均自由程 λ_m 的概率为

$$1 - F = e^{-\frac{\lambda_m}{\lambda_m}} = e^{-1} = 36.8\%$$

三、实验装置和流程

分子蒸馏实验装置和流程如图 5-4-2 所示。

四、操作步骤

(1) 熟悉分子蒸馏实验装置及流程。

(2) 将物料加入蒸馏釜,接通电源。

(3) 观察釜内压力及温度,当压力达到 2.3 Pa,温度为 260 ℃时,开始计时,蒸

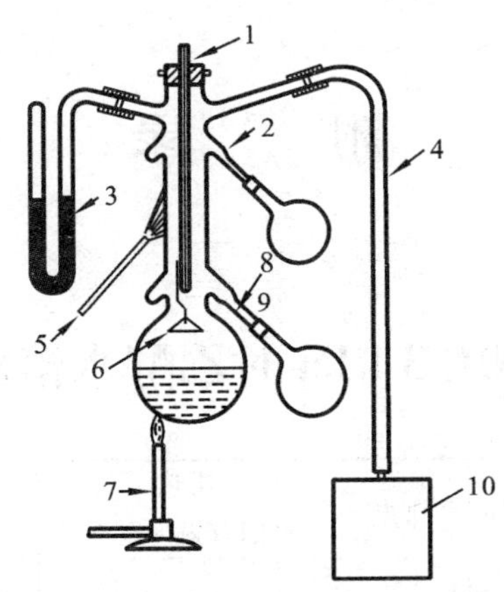

图 5-4-2 分子蒸馏实验装置和流程图

1—温度计；2—易挥发物收集导管；3—压力计；4—管道；5—空气喷嘴；6—挡板；7—加热装置(煤气灯)；8—蒸出物；9—其他组分收集导管；10—真空泵

馏时间为 1 h。

(4) 切断电源，降压、降温。取出物料，分析测试。

天然维生素 E 产品指标如表 5-4-1 所示。

表 5-4-1 天然维生素 E 的产品指标

项 目	指 标
性状	棕红色黏性油，气味温和
维生素 E 总含量/(%) $\alpha-(\beta+\gamma+\delta)$型含量/(%)	71.9 ≥80.0
酸度/(mg(KOH)/g)	≤1.0
铅含量/(mg/kg)	≤10
重金属含量(以 Pb 计)/(%)	≤0.004
旋光度 α_D^{25}	≥+20°

附　　录

附录 A　p=101.3 kPa 时乙醇水溶液的物理常数

浓度(15 ℃)		15 ℃时的相对密度	沸点/℃	比热/(kJ/(kg·℃))		焓/(kJ/kg)		
体积分数/(%)	质量分数/(%)			α	β	饱和液体焓	干饱和蒸气焓	汽化热
10	8.05	0.986 7	92.63	4.422	0.00832	446.1	2581.9	2135.9
12	9.69	0.9845	91.59	4.443	0.00840	447.1	2556.5	2113.4
14	11.33	0.9822	90.67	4.452	0.00844	439.1	2529.9	2091.5
16	12.97	0.9802	89.83	4.460	0.00848	435.6	2503.9	2064.9
18	14.62	0.9782	89.07	4.464	0.00853	432.1	2477.7	2045.6
20	16.28	0.9763	88.39	4.456	0.00857	427.8	2450.9	2023.6
22	17.95	0.9742	87.75	4.448	0.00861	424.0	2424.2	1991.1
24	19.62	0.9721	87.16	4.439	0.00869	420.6	2400.3	1977.2
26	21.30	0.9700	86.67	4.431	0.00882	417.5	2371.9	1954.5
28	24.99	0.9679	86.10	4.422	0.00899	414.7	2345.7	1930.9
30	24.69	0.9657	85.66	4.410	0.00915	412.0	2319.7	1907.7
32	26.40	0.9633	85.27	4.393	0.00948	409.4	2292.6	1884.1
34	28.13	0.9608	84.92	4.376	0.00961	406.9	2267.2	1860.5
36	29.86	0.9581	84.62	4.360	0.00986	404.7	2241.7	1836.9
38	31.62	0.9558	84.32	4.339	0.01012	402.4	2215.1	1812.7
40	33.39	0.9523	84.08	4.276	0.01037	400.0	2188.4	1788.4

注:比热公式 $c=\alpha+\beta\frac{t_1+t_2}{2}$ 单位为 kJ/(kg·℃),α、β 系数从表中查出,t_1、t_2 为乙醇溶液的升温范围。乙醇汽化热为 803.81 kJ/kg(78.3℃)。

附录 B　$p=1.013$ kPa 下乙醇蒸气的密度及比容

蒸气中乙醇的质量分数/(%)	沸点/℃	密度/(kg/m^3)	比容/(m^3/kg)
70	80.1	1.085	0.9216
75	79.7	1.145	0.8717
80	79.3	1.224	0.8156
85	78.9	1.309	0.7633
90	78.5	1.396	0.7168
95	78.2	1.498	0.6667
100	78.33	1.592	0.622

附录 C　乙醇水溶液气液平衡数据($p=101.325$ kPa)

液相组成		气相组成		沸点/℃
乙醇质量分数/(%)	乙醇摩尔分数/(%)	乙醇质量分数/(%)	乙醇摩尔分数/(%)	
0.01	0.004	0.13	0.053	99.9
0.10	0.04	1.3	0.51	99.8
0.25	0.055	1.95	0.77	99.7
0.30	0.08	2.6	1.06	99.6
0.40	0.12	3.8	1.57	99.5
0.50	0.16	4.9	1.98	99.4
0.60	0.19	6.1	2.48	99.3
0.70	0.23	7.1	2.80	99.2
0.80	0.27	8.1	3.33	99.1
0.90	0.31	9.0	3.75	99.0
0.95	0.35	9.9	4.12	98.9
1.00	0.39	10.1	4.21	98.75
2.00	0.79	19.7	8.76	97.65
3.00	1.19	27.2	12.75	96.65
4.00	1.61	33.3	16.34	95.8
5.00	2.01	37.0	18.68	94.95
6.00	2.43	41.0	21.45	94.15
7.00	2.36	44.6	23.96	93.35

续表

液相组成		气相组成		沸点/℃
乙醇质量分数/(%)	乙醇摩尔分数/(%)	乙醇质量分数/(%)	乙醇摩尔分数/(%)	
8.00	3.29	47.6	26.21	92.6
9.00	3.73	50.0	28.12	91.9
10.00	4.16	52.2	29.92	91.3
11.00	4.61	54.1	31.58	90.8
12.00	5.07	55.8	33.06	90.5
13.00	5.51	57.4	34.51	89.7
14.00	5.98	58.8	35.83	89.2
15.00	6.46	60.0	36.98	89.0
16.00	6.86	61.1	38.06	88.3
17.00	7.41	62.2	39.16	87.9
18.00	7.95	63.2	40.18	87.7
19.00	8.41	64.3	41.27	87.4
20.00	8.92	65.0	42.09	87.0
21.00	9.42	65.8	42.94	86.7
22.00	9.93	66.6	43.82	86.4
23.00	10.48	67.3	44.61	86.2
24.00	11.00	68.0	45.41	85.95
25.00	11.53	68.6	46.08	85.7
26.00	12.08	69.3	46.90	85.4
27.00	12.64	69.8	47.49	85.2
28.00	13.19	70.3	48.08	85.0
29.00	13.77	70.8	48.68	84.8
30.00	14.35	71.3	49.30	84.7
31.00	14.95	71.7	49.77	84.5
32.00	15.55	72.1	50.27	84.3
33.00	16.15	72.5	50.78	84.2
34.00	16.77	72.9	51.27	83.85
35.00	17.41	73.2	51.67	83.75
36.00	18.03	73.5	52.04	83.7
37.00	18.08	73.8	52.43	83.5
38.00	18.34	74.0	52.68	83.4
39.00	20.00	74.3	53.09	83.3
40.00	20.68	74.6	53.46	83.1
41.00	21.38	74.8	53.76	82.95
42.00	22.07	75.1	54.12	82.78

续表

液相组成		气相组成		沸点/℃
乙醇质量分数/(%)	乙醇摩尔分数/(%)	乙醇质量分数/(%)	乙醇摩尔分数/(%)	
43.00	22.78	75.4	54.54	82.65
44.00	23.51	75.6	54.80	82.48
45.00	24.25	75.9	55.22	82.40
46.00	25.00	76.1	55.48	82.35
47.00	25.75	76.3	55.74	82.3
48.00	26.53	76.5	56.03	82.15
49.00	27.32	76.8	56.44	82.0
50.00	28.12	77.0	56.71	81.9
51.00	28.93	77.3	57.12	81.8
52.00	29.80	77.5	57.41	81.7
53.00	30.61	77.7	57.70	81.6
54.00	31.47	78.0	58.11	81.5
55.00	32.34	78.2	58.39	81.4
56.00	33.24	78.5	58.78	81.3
57.00	34.16	78.7	59.10	81.25
58.00	35.09	79.0	59.55	81.2
59.00	36.02	79.2	59.84	81.1
60.00	36.93	79.5	60.29	81.0
61.00	37.97	79.7	60.58	80.95
62.00	38.95	80.0	61.02	80.85
63.00	40.00	80.3	61.44	80.75
64.00	41.02	80.5	61.61	80.65
65.00	42.09	80.8	62.22	80.6
66.00	43.17	81.0	62.52	80.5
67.00	44.27	81.3	62.99	80.45
68.00	45.41	81.6	63.43	80.4
69.00	46.55	81.9	63.91	80.3
70.00	47.74	82.1	64.21	80.2
71.00	48.92	82.4	64.70	80.1
72.00	50.16	82.8	65.34	80.0
73.00	51.39	83.1	65.81	79.95
74.00	52.68	83.4	66.28	79.85
75.00	54.00	83.8	66.92	79.75
76.00	55.34	84.1	67.42	79.72
77.00	56.71	84.5	68.07	79.70
78.00	58.11	84.9	68.76	79.65
79.00	59.55	85.4	69.59	79.55
80.00	61.02	85.8	70.29	79.5

续表

液相组成		气相组成		沸点/℃
乙醇质量分数/(%)	乙醇摩尔分数/(%)	乙醇质量分数/(%)	乙醇摩尔分数/(%)	
81.00	62.52	86.0	70.63	79.4
82.00	64.05	86.7	71.86	79.3
83.00	65.64	87.2	72.71	79.2
84.00	67.27	87.7	73.61	79.1
85.00	68.92	88.3	74.69	78.95
86.00	70.63	88.9	75.82	78.85
87.00	72.36	89.5	76.93	78.75
88.00	74.15	90.1	78.00	78.65
89.00	75.99	90.7	79.26	78.6
90.00	77.88	91.3	80.42	78.5
91.00	79.82	92.0	81.83	78.4
92.00	81.88	92.7	83.26	78.3
93.00	83.87	93.5	84.26	78.27
94.00	85.97	94.2	86.40	78.2
95.00	88.13	95.05	88.13	78.17
95.57	89.41	95.57	89.41	78.15

附录D　氨的平衡浓度

液相浓度/(kg(NH_3)/100 kg(H_2O))	NH_3的平衡分压/mmHg					
	0 ℃	10 ℃	20 ℃	25 ℃	30 ℃	40 ℃
10	25.1	41.8	69.6	—	110	167
7.5	17.7	29.9	50.0	—	79.7	120
5	11.2	19.9	31.7	—	51.0	76.5
4	—	16.1	24.9	—	40.1	60.8
3	—	11.3	18.2	23.5	29.6	45
2.5	—	—	15.0	19.4	24.4	(37.6)
2	—	—	12.0	15.3	19.3	(30.6)
1.6	—	—	—	12.0	15.3	(24.1)
1.2	—	—	—	9.1	11.5	(18.3)
1	—	—	—	7.1	—	(15.4)
0.5	—	—	—	3.7	—	—

注:括号内的数值为外推值。

附录 E　液相浓度 5%以下氨水的亨利系数与温度关系

温度/℃	0	10	20	25	30	40
亨利系数	0.293	0.502	0.778	0.947	1.250	1.938

参考文献

[1] 孙德,徐冬梅,刘慧君.化工原理实验[M].2版.武汉:华中科技大学出版社,2016.

[2] 杨祖荣.化工原理实验[M].2版.北京:化学工业出版社,2014.

[3] 史贤林,张秋香,周文勇,等.化工原理实验[M].2版.上海:华东理工大学出版社,2015.

[4] 冯晖,居沈贵,夏毅.化工原理实验[M].南京:东南大学出版社,2003.

[5] 张金利,郭翠梨,胡瑞杰,等.化工原理实验[M].2版.天津:天津大学出版社,2016.

[6] 大连理工大学化工原理教研室.化工原理实验[M].大连:大连理工大学出版社,2008.

[7] 李宁,孟祥春.化工原理[M].武汉:华中科技大学出版社,2024.

[8] 陈敏恒,丛德滋,齐鸣斋,等.化工原理[M].5版.北京:化学工业出版社,2020.

[9] 柴诚敬,贾绍义.化工原理[M].4版.北京:高等教育出版杜,2022.

[10] 杨祖荣.化工原理[M].4版.北京:化学工业出版社,2021.

[11] 柴诚敬,张国亮.化工流体流动与传热[M].2版.北京:化学工业出版社,2007.

[12] 贾绍义,柴诚敬.化工传质与分离过程[M].2版.北京:化学工业出版社,2007.

[13] 房鼎业,乐清华,李福清.化学工程与工艺专业实验[M].北京:化学工业出版社,2000.

[14] 冯亚云.化工基础实验[M].北京:化学工业出版社,2000.

[15] 郭庆丰,彭勇.化工基础实验[M].北京:清华大学出版社,2004.

[16] 胡坪,王氢.仪器分析[M].5版.北京:高等教育出版社,2019.

[17] 厉玉鸣.化工仪表及自动化[M].5版.北京:化学工业出版社,2015.

[18] 刘光永.化工开发实验技术[M].天津:天津大学出版社,1994.

[19] 贾沛璋.误差分析与数据处理[M].北京:国防工业出版社,1992.

[20] 江体乾.化工数据处理[M].北京:化学工业出版社,1984.

[21] 陈同芸,瞿谷仁,吴乃登.化工原理实验[M].上海:华东理工大学出版社,1999.